JN312506

植物の養分欠乏（典型的な症状）*

(*：各写真・解説の引用元については，目次のページに記載した．)

N欠乏症

P欠乏症

古い葉から新しい葉に黄化が進み，草丈が伸びず全体が小型となる．

葉幅が狭く，葉色は暗緑色となり下葉は紫色となる．葉は小型．

K欠乏症

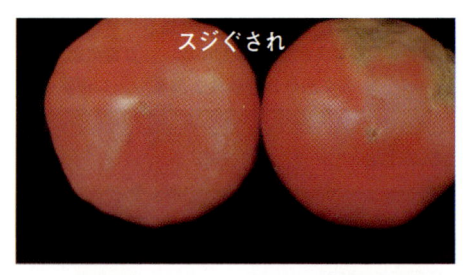

全体の葉が暗緑色で下葉の先端，葉縁が黄化，やがて褐色となり壊死する．キュウリなどでは白斑が生じる．葉が暗緑色でしわが多くごわごわした形となる．カブなども下葉に白斑が生じる．

Ca欠乏症

スジぐされ

尻ぐされ

心ぐされ

芽つぶれ

新しい葉の先端や葉縁が，白色あるいは褐色に枯死する

Mg 欠乏症

下葉が黄化する．葉脈間から黄化し始めることが多いが，ときには葉先から始まり葉縁，葉脈間へと移ることもある．葉脈は緑色に残る．数珠玉状になる．

Fe 欠乏症

新しい葉が黄白色になり，はなはだしいときは新葉が出ない．古い葉は緑のまま，頂芽・新葉が黄白色となり，かすかに葉脈に緑が残る．

B 欠乏症

頂芽が黄化し，萎凋してくる．新芽の先端が枯死するふちぐされや，中心部が萎縮したり黄化する芯ぐされが起きる．

Zn 欠乏症

新葉に黄斑が入り,小葉が叢生状になる.
黄斑は次第に全葉に広がる.

Mo 欠乏症

葉脈間に黄斑ができ,葉縁が内側に巻き込み,コップ状となることもある.葉身が少なく,葉の中肋にわずかにつき,鞭葉状となる.

S 欠乏症

Cu 欠乏症

新植物栄養・肥料学

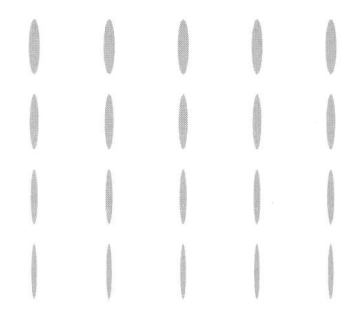

米山忠克　長谷川功　関本　均
牧野　周　間藤　徹
河合成直　森田明雄
著

朝倉書店

執　筆　者 ［執筆箇所］

東京大学名誉教授 農業技術研究機構フェロー	米山　忠克（よねやま ただかつ）	[4章, 5章]
日本大学生物資源科学部教授	長谷川　功（はせがわ いさお）	[6章, 7章]
宇都宮大学農学部教授	関本　均（せきもと ひとし）	[1章]
東北大学大学院農学研究科教授	牧野　周（まきの あまね）	[2章]
京都大学大学院農学研究科教授	間藤　徹（まとう とおる）	[3章]
岩手大学農学部教授	河合　成直（かわい しげなお）	[6章囲み記事]
静岡大学農学部教授	森田　明雄（もりた あきお）	[6章囲み記事]

序

　2007年2月，北海道大学名誉教授 但野利秋先生から，朝倉書店が1993年に刊行した『植物栄養・肥料学』（茅野充男，杉山達夫，高橋英一，但野利秋，麻生昇平，山崎耕宇 共著）の新版を考えているから手伝うように，との連絡を受け，編集の幹事役に長谷川功・関本　均両先生と私がなりました．編集の方針として前書のスタイル，すなわち執筆者は章ごとにお願いし，内容としては研究の進歩を重要視するものの，現場で（in situ）の植物栄養学・肥料学を大切にする伝統を引き継ぎ，この分野に関心を持つすべての方々の参考になるものとしました．第1章「植物栄養と肥料」で全体像を，その後の章で研究の進歩を示しました．章の執筆には牧野　周・間藤　徹両先生，さらにトピックス執筆に河合成直・森田明雄両先生の参加を得ました．

　今日の植物生産は，自然環境のもと適切な肥料と農薬を用いた穀物，野菜，果樹，茶樹そして花の生産が進められており，これの基礎となる知識が集積されています．これに対し，植物工場のように人工的な環境下で自然環境のストレスをなくし高生産を上げる試みと，他方では化学肥料や農薬を使用せず植物の栄養や病害虫抵抗性を自然のシステムの中に求める有機農業や自然栽培が試みられています．これらの植物生産システムの科学を明らかにしなければなりません．本書を出発として，植物生産のための環境の科学と植物体内の生理生化学や分子生物学が深まり，日本のみならず世界の多様な生態圏における三つの植物生産システムがより確かなものとなることを願っています．

　今日植物生産に求められるものは，これまでの食糧・食物の生産に加えて，バイオマスエネルギーの生産，さらには植物による地域とグローバル環境の健康を取り戻す役割など多様化しています．いずれも，これまでの栽培研究を超えた重要な課題を含み，植物生産研究は新時代を迎えているといえるでしょう．本書がこれらの方向で参考になることを願っています．

　なお，巻頭の口絵には，モノクロの本文を補う資料として，栄養元素欠乏症のカラー写真を掲載しました．本書のほかの内容，すなわちグローバルな炭

素・窒素循環，バイオマスエネルギー，窒素固定微生物や菌根菌，バイオテクノロジーの活用，ファイトレメディエーション等の環境技術，世界の農業などについても，紹介したい写真は数多くあります．機会をみつけ追補できればと思っておりますので，ご要望などありましたら，本書内容についてのご意見等とともに朝倉書店編集部までお寄せいただければ幸いです．

 2010 年 2 月

執筆者を代表して 米 山 忠 克

目　　次

1. **植物栄養と肥料** ……………………………………〔関本　均〕… 1
   1.1 養水分フロー ……………………………………………… 1
   1.2 植物の栄養特性と栄養診断 ……………………………… 25
   1.3 肥料と環境と人間 ………………………………………… 33

2. **光合成と呼吸** ………………………………………〔牧野　周〕… 61
   2.1 光合成 ……………………………………………………… 61
   2.2 呼吸 ………………………………………………………… 80
   2.3 光合成と呼吸と物質生産 ………………………………… 85

3. **多量元素の獲得と機能** ……………………………〔間藤　徹〕… 92
   3.1 窒素（nitrogen, N）……………………………………… 92
   3.2 リン（phosphorus, P）…………………………………… 99
   3.3 カリウム（potassium, K）……………………………… 101
   3.4 イオウ（sulfur, S）……………………………………… 105
   3.5 カルシウム（calcium, Ca）……………………………… 107
   3.6 マグネシウム（magnesium, Mg）……………………… 109

4. **共生系の植物栄養** …………………………………〔米山忠克〕… 112
   4.1 共生系とは ………………………………………………… 112
   4.2 植物に窒素栄養を供給する３つの窒素固定システム … 113
   4.3 マメ科植物-根粒菌共生系 ……………………………… 118
   4.4 植物-ミコリザ共生系 …………………………………… 126

5. **栄養素とシグナルの長距離移行** …………………〔米山忠克〕… 131
   5.1 器官間の栄養素とシグナルのネットワーク …………… 131

5.2 篩管・導管による移行と分配：循環（サーキュレーション）……… 133
5.3 篩管による栄養分の移行 ………………………………………………… 134
5.4 篩管によるシグナルの移行 ……………………………………………… 139

6. 微量要素の獲得と機能 …………………………………………〔長谷川功〕… 147
   6.1 微量要素とは ……………………………………………………………… 147
   6.2 鉄（iron, Fe）……………………………………………………………… 148
   6.3 マンガン（manganese, Mn）…………………………………………… 154
   6.4 銅（copper, Cu）………………………………………………………… 155
   6.5 亜鉛（zinc, Zn）………………………………………………………… 158
   6.6 モリブデン（molybdenum, Mo）……………………………………… 160
   6.7 ニッケル（nickel, Ni）…………………………………………………… 161
   6.8 ホウ素（boron, B）……………………………………………………… 162
   6.9 塩素（chlorine, Cl）……………………………………………………… 165
   6.10 特殊な生理作用を有する元素 …………………………………………… 166
       a. ケイ素（silica, Si）…………………………………………………… 166
       b. アルミニウム（aluminum, Al）…………………………………… 170
       c. コバルト（cobalt, Co）……………………………………………… 176
       d. セレニウム（selenium, Se）………………………………………… 176

7. ストレスに対する植物の反応 …………………………………〔長谷川功〕… 178
   7.1 植物に負荷されるストレスとは ………………………………………… 178
   7.2 養分の欠乏ストレス ……………………………………………………… 180
   7.3 元素の過剰ストレス ……………………………………………………… 186
   7.4 物理的ストレス …………………………………………………………… 196
   7.5 生物的ストレス …………………………………………………………… 199
   7.6 ストレス耐性植物とその利用 …………………………………………… 202

引用文献および参考文献 ……………………………………………………………… 207
索　　　引 …………………………………………………………………………… 213

トピックス（囲み記事）目次

- 植物栄養学とは？ ……………………………………〔関本　均〕… 32
- 肥料の分類 ……………………………………………〔関本　均〕… 46
- 地力と環境 ……………………………………………〔米山忠克〕… 56
- バイオマスエネルギー ………………………………〔関本　均〕… 87
- 植物根環境の機能性物質 ……………………………〔米山忠克〕… 143
- ムギネ酸 ………………………………………………〔河合成直〕… 149
- チャの栄養生理 ………………………………………〔森田明雄〕… 172

*：巻頭カラー口絵の写真および解説は，以下の文献より抜粋・編集した．

Bennett, W. F. (ed.)：*Nutrient deficiencies and toxicities in crop plants*, APS press, 1996.
出井嘉光，井上隆弘，真弓洋一，諸岡　稔：施肥の理論と実際，全国肥料商連合会，1991.
清水　武：原色 要素障害診断事典，農文協，1990.
Taiz, L. and Zeiger, E.：*Plant Physiology* (*4th ed*) *ONLINE*　［http://4e.plantphys.net/］
高橋英一，吉野　実，前田正男：新版 原色作物の要素欠乏・過剰症，農文協，1980.
渡辺和彦：原色 生理障害の診断法，農文協，1986.

1. 植物栄養と肥料

1.1 養水分フロー

a. 地球上における元素のフロー

地球には壮大な元素の輪廻がある．あらゆる生物は生きて元素を取り込み，死して元素を放つことを繰り返す．地球全体の命は，この元素の循環に支えられている．

1) 炭素と窒素の循環

図1.1と図1.2に地球上における炭素（C）と窒素（N）の存在と循環を示した．大気におけるCやNの主体はCO_2とN_2であり，海洋でも無機態の溶存

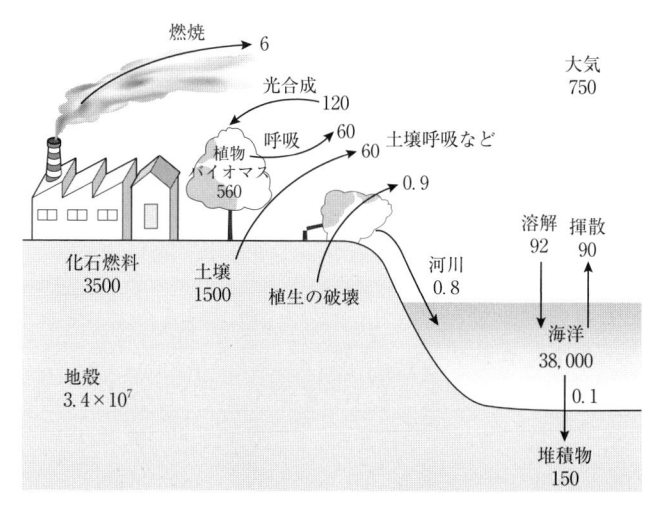

図1.1 地球上における炭素の現存量とその循環（単位：10億tまたは10億t/年）（Schlesinger 1997を基本に，UNEP 1998, 農環研 2004, およびIPCC第4次報告書 2007のデータを用いて改変）

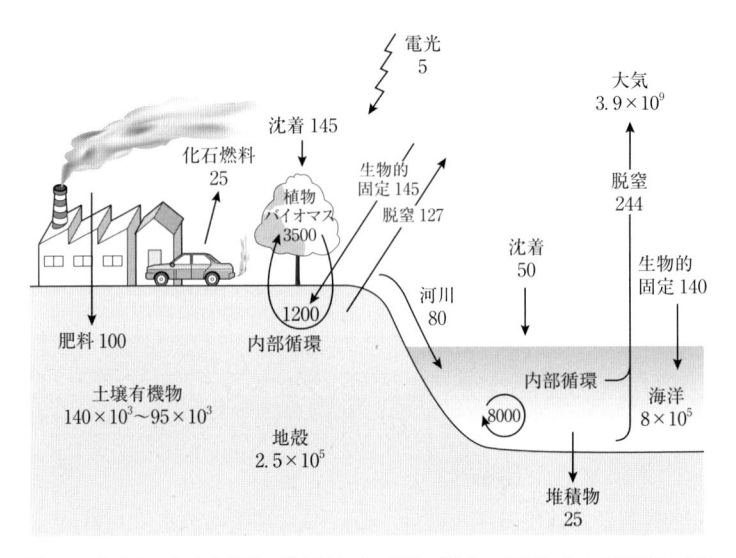

図1.2 地球上における窒素の現存量とその循環（単位：100万tまたは100万t/年）（Schlesinger 1997 を基本に，農環研 2004，および Gruber & Galloway 2008 のデータを用いて改変）

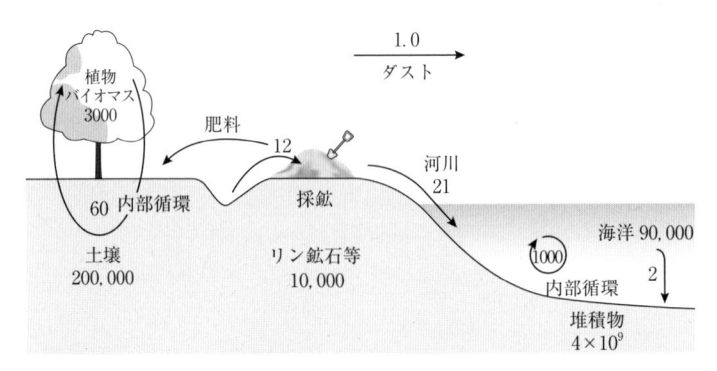

図1.3 地球上におけるリンの現存量とその循環（単位：100万tまたは100万t/年）（Schlesinger 1997を一部改変）

CO_2 と N_2 が大半を占める．一方，陸域では有機態のCやNが多く，土壌では大部分が腐植などの土壌有機物として存在する．大気と海洋および陸域の間のCの循環には，光合成と呼吸，および海洋への溶解・揮散の影響が大きい．Nの循環には窒素固定（生物的窒素固定や肥料）や脱窒の影響が大きい．近年，人為的なCとNのフローが増大している．地球温暖化抑止のためには，温室効果ガスである CO_2 はもちろん，CO_2 の23倍の温室効果を持つメタン（CH_4）や

296 倍の温室効果とオゾン層の破壊にも関与する亜酸化窒素（一酸化二窒素，N_2O）の排出を削減しなければならない．2005 年時点で，地球大気中の CO_2 濃度，CH_4 濃度，N_2O 濃度は，それぞれ 379，1.77，0.32 ppm（mg L^{-1}）であり，18 世紀の産業革命以降，急激に上昇している．人間活動に伴ったこれらの温室効果ガスの排出削減が直近の人類の課題であることはいうまでもない．

2）リンの循環

リン（P）は，大部分が陸域と海洋に存在する（図 1.3）．また，C や N とは異なって，大気と陸域・海洋の間での移動量はきわめて少ないという特徴がある．土壌には非常に多くの P が存在する．また，P は肥料を通じて土壌に，生活廃水などを通じて河川や湖沼に負荷される．

b. 食料生産システムにおける養水分フロー

世界人口は，1950 年には 25 億人であったが，2009 年現在 68 億人（推計）になった．2025 年には 80 億人，2050 年には 94 億人になると予測されている．現在，12 億人の人々が慢性的な栄養不足で苦しみ，毎年 1800 万人が飢えに起因する疾病で死亡しているといわれている．しかし，1961 年から 1996 年までの 35 年間の世界穀物生産量の増加は，人口増加を上回っている．1 人あたりの平均穀物生産量は 356 kg（1997〜1998 年）であり，食料の分配が均等に行われるのであれば，飢餓は回避できる状況にある．食料不足は，地球全体的な不足や貧困の結果ではなく，政治・経済・社会的な影響力や農業環境の違いによって起こる不均等な食料の生産・分配・消費の結果であるといえる．そのため，アフリカ，アジア，中南米諸国の多くの国民が栄養失調であるにもかかわらず，先進国の国民は栄養過剰になっているという現状が生じている．

1）食料生産システムにおける窒素とリンのフロー

生物生産の産業である農業は，「自然の物質循環を利用した食料生産システム」と位置づけられる．この食料生産システムは，生産，加工，廃棄，農地還元などの一連の過程を経過し循環する，養分フローを基本としている．

最近では，食料輸入の実態を，食料の輸入量（t）に輸送距離（km）を乗じた計算値（フード・マイレージ）を指標として表すことがある．食料輸入大国である日本のフード・マイレージは 9002 億 t·km であり，アメリカや韓国の約 3 倍，フランスの約 9 倍であり，世界で突出している（図 1.4）．日本のフー

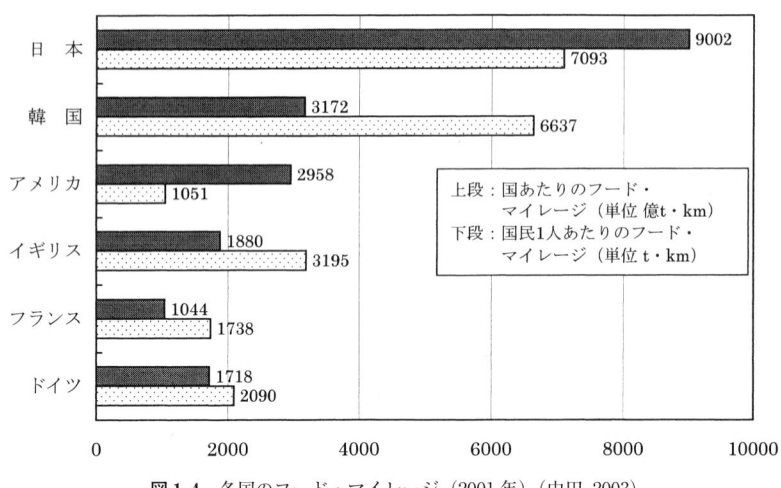

図1.4　各国のフード・マイレージ（2001年）（中田 2003）

上段：国あたりのフード・マイレージ（単位 億t・km）
下段：国民1人あたりのフード・マイレージ（単位 t・km）

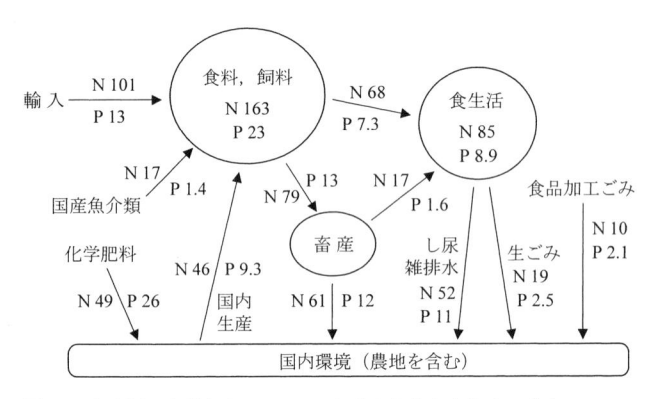

日本　9002 / 7093
韓国　3172 / 6637
アメリカ　2958 / 1051
イギリス　1880 / 3195
フランス　1044 / 1738
ドイツ　1718 / 2090

図1.5　わが国の食料生産システムにおける窒素（N）とリン（P）のフロー（単位：万t，2000年）（松田・間藤 2003）

ド・マイレージの品目別のうちわけは，51%が穀物，21%が油料種子（ダイズ，ナタネなど）であり，輸入相手国別のうちわけは，59%がアメリカ，12%がオーストラリア，5%がカナダである．

　食料や飼料輸入量に，これらに含まれる養分濃度を乗じれば，食料貿易に伴う養分フローが把握できる．2000年度の食料需給から計算されたNとPのフローを図1.5に示した．食料・飼料としてN 163万tが国内にあり，62%が輸入食料・飼料に由来するN（101万t）であった．国内生産の食料・飼料由来のNは63万t（農産物：46万t，魚介類：17万t）で，Nからみた食料自

給率は39%（63/163）であり，わが国の食料自給率（カロリーベース）にほぼ等しい．なお，1983年と比較して国産の食料・飼料由来のNは16万t減少し，輸入食料・飼料に由来するNは20万t増加している．163万tのNのうち食生活に利用されたものは85万tで，そのうちわけは畜産物17万t，農産物53万t，加工食品15万tであった．畜産には79万tのNが飼料として供給され，61万tのNが畜産廃棄物として排出された．輸入食料・飼料から「食」を経由するNフローが増大し，畜産・食品廃棄物としてのNが大きな環境負荷をもたらすようになった．畜産・食品廃棄物として排出されるNは，142万tであり，化学肥料由来のN 49万tを加えれば，191万tのNが国内環境に負荷されたことになる．この排出N量はわが国の農地が受け入れることができる量（環境容量）を上回り，余剰のNは環境問題（水系の硝酸態窒素汚染や富栄養化，大気汚染など）を引き起こすことになる．一方，PはNよりも，化学肥料として国内環境に負荷される割合が多く，国内生産の食料・飼料として回収される割合が少ないという特徴がある．これは，わが国ではP肥料の消費量が多いこと，Pは土壌に蓄積されやすいことに起因する．

　輸入食料や飼料は，「外国から，さらに言えば外国の土壌から，一方的に日本に流れるNのフロー」をもたらす．日本の自給率の低さは，これを助長する．食料貿易の結果を反映するNフローは，232万tのNがアメリカから，さらにその20%程度のNがアルゼンチン，フランス，オーストラリアからそれぞれ世界中にまかれている（1984および1986年の平均値）（袴田1997）．食料・飼料輸入大国である日本には87万tのNが流入し，ヨーロッパ各国，サウジアラビア，韓国へのN流入も多い．流入した食料・飼料由来のNなどの養分は，おもに流入国の土壌に負荷されることになるので，食料・飼料輸入が多い国では農地の養分過剰が起こりやすくなる．

　世界の農地の養分の不均衡は，世界の養分フローが一方向的であることに起因し，本来，循環型の養分フローであるべき食料生産システムが機能していないことを意味する．わが国の食料自給率（カロリーベース）は39%にすぎない（2006年）．一方的に流入する日本への養分フローを断ち切り，食料生産システムを本来の循環型に是正するためにも，また食料安全保障の見地からも，食生活の見直しを図りながら食料自給率を向上させなければならない．

　しかし，食料自給率を急激に上げることは困難であるから，食料・飼料とし

て養分の輸入は今後も続き，これらに由来する養分の農地への負荷も継続するだろう．このような状況にあって，家畜排泄物中の養分の利用を積極的に図る必要がある．日本における家畜排泄物の総量（年間）はNで72万tといわれており，化学肥料（N）消費量の1.5倍である．これはわが国の農地が受け入れられるN量（58万t）を上回る．しかし，72万tのすべてが作物の養分として利用できるわけではないので，養分として農地に投入されるN量は36万t程度と見積もられる．したがって，日本におけるN資源としての家畜排泄物は，わが国の農地で受け入れが可能であるといわれている．化学肥料と家畜排泄物のあり方を吟味し，地域的な滞留または不足が生じないように耕畜連携などの総合的な家畜排泄物の受け入れ体制を整備する必要がある．

　食料不足は食生活の変化による穀物需要の増加によっても起こる．すなわち，牛肉1 kgの生産には11 kg，豚肉では7 kg，鶏肉では4 kg，鶏卵では3 kgのトウモロコシが飼料として必要であるため，先進国のみならず発展途上国における，肉類中心の食の嗜好が食料不足に拍車をかけることになる．また，バイオマスエネルギーの利用・普及も食料生産システムに影響することはいうまでもない．

2） 食料生産システムにおける水のフロー

　アフリカとアジアの乾燥した地域の国々が最も水に困窮しており，5億人が慢性的な水不足に陥っている．2050年には，慢性的な水不足は40億人に達するという試算がある．

　海から陸へは大気を通じて年間約4万5500 km^{3}の水蒸気が移動し，陸から海へも同じ量が移動する．その約90%が河川を通じて流れ，残りの約10%が地下水である．毎年約4000 km^3，平均1人あたり1日に1700 L相当の淡水が取水され（2000年），その約70%が農業に利用されている．世界の食料生産に灌漑は不可欠である．灌漑農地は世界の農地の18%であるが，世界の作物生産の35%を担っている．多くの発展途上国では，自然の水循環で最大限利用可能な淡水の約40%を灌漑のために使っているが，用水路や給水過程の漏水などで失われ作物に届くのは数%であり，水の利用効率は著しく低いといわれている．

　肉類中心の食の嗜好は，前述したようなNなどの養分フローの不均衡のみならず水フローの不均衡をもたらして水不足を助長する．牛肉1 kgの生産に

は 20700 L, 豚肉および鶏肉 1 kg の生産には, それぞれ 5900 L, 4500 L, コメ (白米), ダイズ, トウモロコシ, コムギ 1 kg の生産には, それぞれ 3600 L, 2500 L, 1900 L, 2000 L の水が必要だからである. 輸入食料を自国で生産した場合の水資源量を仮想投入水量 (バーチャル・ウォーター) で食料貿易に伴う水のフローを表すことがある. 2000 年度の日本のバーチャル・ウォーター総輸入量は 640 億 t であった. 日本の水消費量は 1 年間で約 870 億 t であり, 国内消費量に近い水を海外から輸入していることになる. 日本のバーチャル・ウォーター総輸入量の品目別のうちわけは, 23% がトウモロコシ, 22% が牛肉, 19% がダイズであり, 輸入相手国別のうちわけは, 61% がアメリカ, 14% がオーストラリア, 8% がカナダである.

水は有限な地球の資源である. 水は食料生産のみならず, 工業用水や生活用水としても利用されるので, 水不足は食料不足以上に複雑な問題を引き起こす.

3) 肥料の効用

前述したように, 世界の穀物生産量の増加は人口増加を上回っているが, 農地面積の大幅な増加は期待できないので, 増える人口を養うためには単位面積あたりの収穫量 (単収) を上げるしかない. 単収を上げる方法は, 作物のもつ生産能力の開発とそれを支配する要因の制御である. 前者は品種改良, 後者は圃場整備, 機械化, 灌漑, 施肥, 育苗, 雑草防除, 病害虫防除などである. 肥料は単収の増大に大きく貢献し, 施肥をすればするほど収量が上がった時代があった. 現在では, 環境を考えずに安易に肥料や施肥に依存することがあってはならないが, 食料生産のために養分の補給は不可欠であり, 食料生産の維持・向上に対する肥料の貢献度は依然として高い. 循環型の養分フローを意識しながら, 土壌への養分補給量を化学肥料と有機質資材で適切に配分し, 養分の利用率を高めて環境負荷量を削減することを常に考えていく必要がある.

c. 土壌圏と根圏

1) 岩石圏・水圏・大気圏・生物圏のインターフェイスとしての土壌圏

地球の半径は約 6400 km (そのうち地殻は 30～40 km) に対して, 土壌はわずかに平均 18 cm にすぎない. 食料生産システムは, この地球の「皮ふ」に依存している. 岩石から土壌になるには, 数百年から数万年かかるといわれているが, 土壌は単に風化した岩石でも単なる無機物でもない. 鉱物と腐植など

の有機物や生物などが混じりあった，複合システム（土壌圏）である．

土壌には固相・液相・気相があり，土壌鉱物，土壌水，土壌気体，土壌生物（小動物や微生物），植物根の間で物質が交換され，動的平衡を保っている．粘土鉱物や腐植は養分の吸着・交換を行い，土壌溶液には養分が溶解し，生物（小動物，微生物，植物）がそれを吸収する．生物は粘土鉱物や腐植に作用して養分の可給化を行う．このように，土壌圏は，岩石圏・水圏・大気圏・生物圏のインターフェイスである．

土壌は，地球の生物にとってなくてはならない生息培地である．植物をはじめとする多くの生物の生命を育む表土1cmが生成されるには，100～数百年のきわめて長い年月を要する．世界では土壌の浸食（エロージョン，erosion）によって，年間240億tの土壌（表土）が流失しているといわれており，土壌中の平均N含量を0.05%程度とすると1200万tのNが失われていることになる．養分の損失はもちろんであるが，何よりも生命の基盤といって過言ではない土壌という地球の資源が失われることは大きな問題である．

2）根　圏

植物根は，培地（土壌）から養水分や酸素を吸収する一方，炭酸ガスや各種の有機物を土壌に分泌する．植物根から分泌される糖，アミノ酸，有機酸，酵素，成長促進物質などを利用する微生物が植物根の近傍で活発に物質代謝を行っている．植物根には粘液性のコロイド状炭水化物（ムシゲル，mucigel）で覆われる領域（図1.6）があり，植物と微生物の物質代謝の場になっている．根の近傍では，植物根がない場合またはそれから離れている場合（非根圏）と比べて，水分含量，酸化還元電位，養分や各種の有機物の濃度およびそれに伴う微生物の種類や密度などが明らかに異なる．このような植物根と微生物の影響を受ける領域を根圏（rhizosphere）という．根から数mm～1cmの範囲の土壌を根圏土壌といい，作土の5～数十％を占めるといわれている．

d．土壌における養分フロー
1）炭素のフロー

動植物および微生物由来の有機態炭素は土壌微生物などによる分解を受けて，低分子の炭素化合物やCO_2に変換される．同時に，微生物自体とその代謝産物を構成する有機態炭素に再構築される．このような分解・生成が繰り返

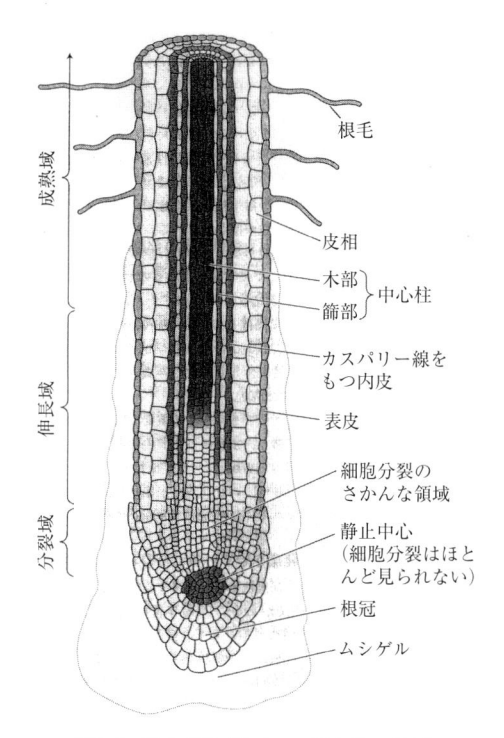

図1.6 根の構造(テイツ・ザイガー 2004)

され,多種多様な腐植物質とCO_2が形成される.

2) 窒素のフロー(次頁図1.7)

　土壌有機物および土壌に投入された有機質資材(堆肥など)は分解されて,無機態のアンモニア(NH_3)に変化する.有機態から無機態窒素に変化するのでNの無機化(mineralization),または,アンモニアや水に溶けたアンモニウムイオン(NH_4^+, ammonium)を生成するのでアンモニア化成(ammonification)と称する.生成されたアンモニウムイオンは,亜硝酸イオン(NO_2^-, nitrite)を経て,硝酸イオン(NO_3^-, nitrate)に酸化される.この過程を硝酸化成(硝化)(nitrification)という.このように,堆肥などの有機質資材も,最終的には土壌中で無機態のNO_3^-になる.なお,無機態窒素が微生物に取り込まれて微生物体を構成するタンパク質などの有機態窒素に変換されることをNの有機化(immobilization)という.

　陰イオンであるNO_3^-は,表面に負荷電をもつ土壌粒子に吸着されずに土

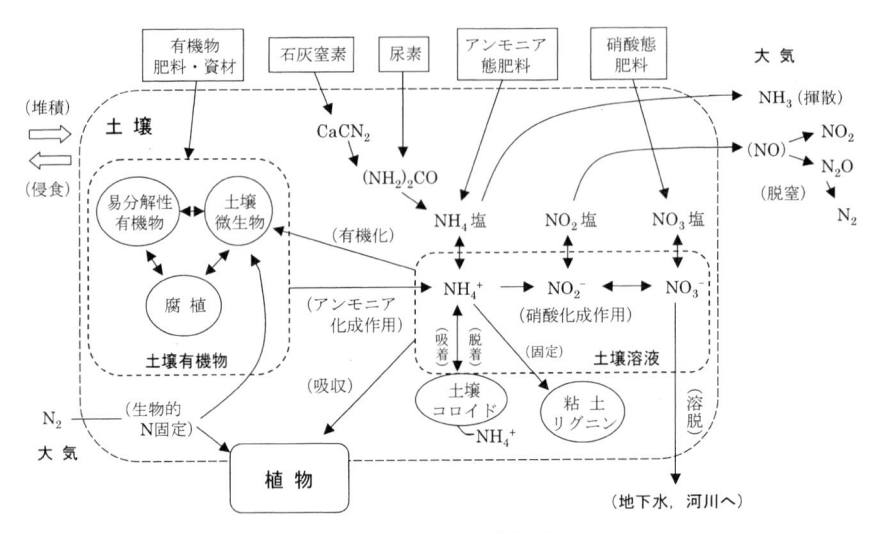

図1.7 土壌における窒素の形態変化とフロー

壌溶液中に放出されるので，降雨や灌水によって溶脱・流亡しやすい．そのため，養分としてのNの損失や水系の硝酸汚染を引き起こすことがある．人間が飲料水などから硝酸イオンを過剰摂取すると硝酸中毒になるという指摘があり，環境基準として10 mg L^{-1}（硝酸態窒素として）が設定されている．ただし，植物中の硝酸イオン濃度については，硝酸イオン自体には毒性はほとんどないことや硝酸中毒の発症の実態が明確ではないこと，一方で過剰な窒素施肥によって植物中の硝酸イオン濃度は明らかに上がることなどから，植物中の硝酸イオン濃度は，人間の健康のためというよりも植物のN利用率とNの環境影響の指標として扱われる．

アンモニアの酸化（硝化）によって生じたNO_3^-は逆に還元されて，NO_2^-を経て一酸化窒素（NO）から亜酸化窒素（N_2O）に，さらに窒素ガス（N_2）に変換される．これを脱窒（denitrification）という．NOは光化学スモッグや酸性雨の原因物質の1つであり，温室効果ガスであるN_2Oはオゾン層の破壊にも関与する．大気環境に大きな影響を及ぼす窒素酸化物を生成することになる脱窒は，水田，降雨，灌水などによって土壌が還元的になると起こりやすい（なお，酸化的な畑土壌でも硝化過程の副産物としてN_2OやNOが生成される．またNO_2^-とアミノ基（$-NH_2$）の反応などによってN_2Oが生成する．これは非生物的に起こるので，化学的脱窒と呼ばれるが，量的には少ない）．脱窒は

大気環境に影響するばかりでなく，養分としてのNの損失でもある．

施肥Nの利用効率を向上させ，環境中へのNの排出を抑えるためには，このような硝化と脱窒を抑制することが必要である．そのために，緩効的にNH_4^+に変化する尿素や石灰窒素の利用，Nの溶出が制御できる肥効調節型肥料の利用，NH_4^+からNO_2^-への変換を阻害する硝化抑制材（剤）（nitrification inhibitor）や硝化抑制材入り肥料の利用などの化学的対処や，水田の中干し徹底などの栽培的対処がなされている．

Nのインプットとしては，根粒菌をはじめとする窒素固定菌による空中窒素の生物的固定，N肥料および降雨に含まれるN化合物がある．土壌におけるNフローには，多くの有機栄養微生物（アンモニア化成），亜硝酸菌や硝酸菌（硝化），脱窒菌（脱窒）などの土壌微生物の作用が大きく関与する．一方，NH_4^+やNO_3^-を吸収利用して無機栄養を営む植物も土壌のNフローに大きな影響をもたらす．

3）リンのフロー（図1.8）

土壌中のPの形態は，有機態P，無機態P，植物遺体や土壌微生物自体に含まれるPに大別される．無機態Pは，リン鉱石やアルミニウム，鉄，カルシウムと反応した難溶性P，土壌吸着態および土壌溶液中の水溶性または希酸可溶性のPに分けられる．Pは土壌に固定されやすい．それはPが遊離のアルミニウム，鉄およびカルシウムと反応して難溶性塩を生じて沈殿すること，土壌粒子表面への吸着や土壌微生物に取り込まれることによって起こる．このP

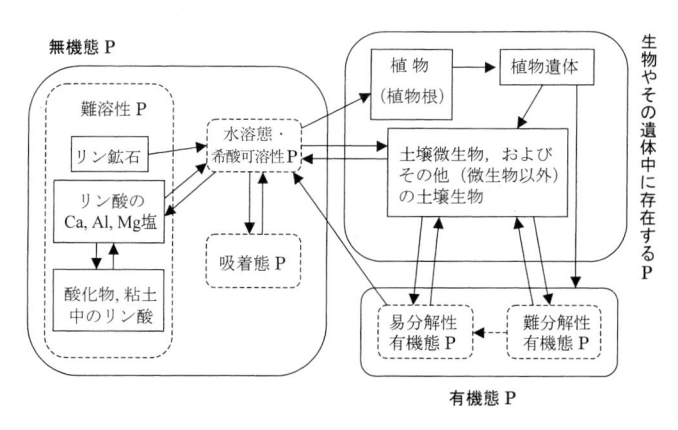

図1.8　土壌におけるリンの形態変化とフロー

の固定は土壌 pH や土壌を構成する粘土鉱物の種類などに影響される．

P 溶解菌は難溶性 P を溶解して植物可給態 P を提供する．土壌微生物は難溶性 P の溶解促進，微生物を構成する有機態 P の合成，有機態 P の分解と植物可給態 P の供給を行い，土壌中の P フローに果たす役割は大きい．また，

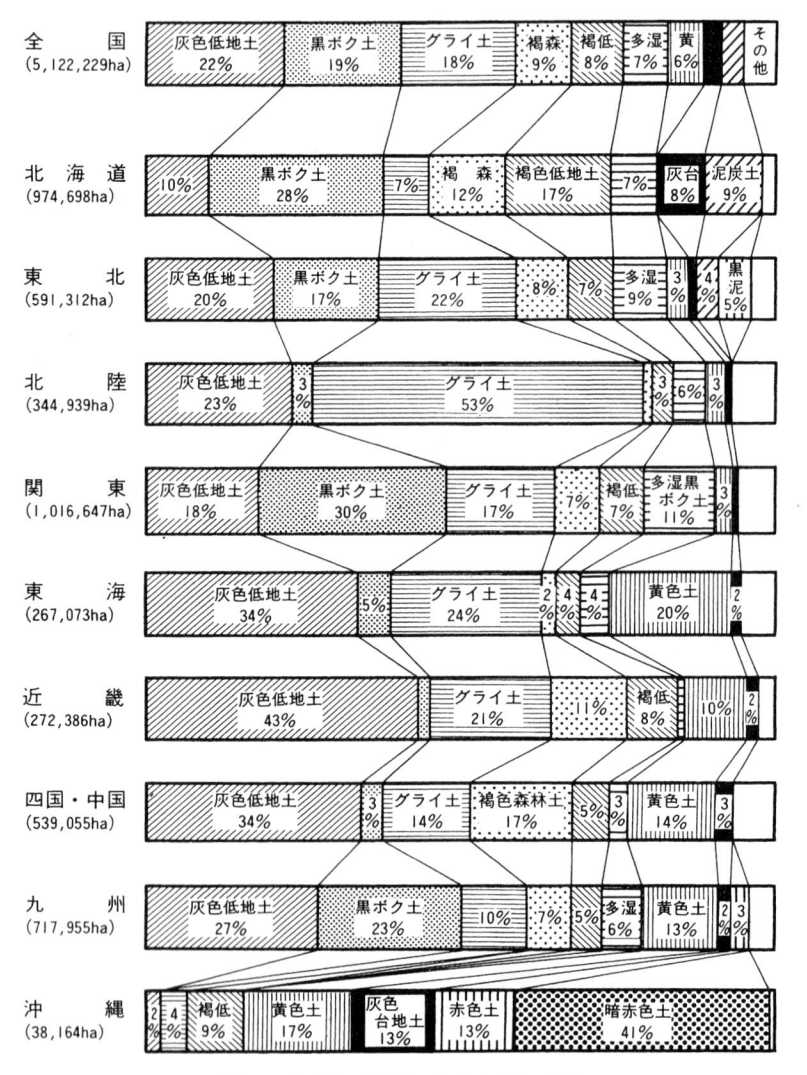

図1.9 わが国の農耕地における土壌の分布
褐森：褐色森林土，褐低：褐色低地土，灰台：灰色台地土，泥炭：泥炭土，多湿：多湿黒ボク土，黄：黄色土，黒泥：黒泥土．

微生物のみならず植物根も，根圏 pH の低下，有機酸，ホスファターゼやキレート物質の分泌によって難溶性 P の溶解度を上げて，植物可給態 P を増大させる機能をもつ．

植物との共生関係が知られているアーバスキュラー菌根菌（arbuscular mycorrhizal fungi，AM 菌）は，菌糸を植物根から離れた土壌中に伸張することで，いわば「宿主植物-AM 菌共生体の根域」を拡大し，土壌 P を広く回収して宿主植物の P 栄養を改善する．

P が固定されやすい（リン酸吸収係数が大きい）火山灰土壌である黒ボク土（Andosol）が多く分布するわが国では（図 1.9），植物による施肥 P の利用率が低いため P の施用量が多くなりやすい．その結果，過剰な P 施肥による不可給態 P の土壌蓄積が問題になっている．日本の農地面積あたりの P 施用量は突出しており，土壌の可給態 P の適正域を超えた畑地も少なくない．

4) カリウムのフロー

植物の K 要求量は N と同程度またはそれ以上である．土壌の母材となる雲母や長石などには K が含まれており，風化に伴って K が遊離するので K の天然供給量は多い．土壌は長い年月にわたり植物に K を供給する．そのため，N や P に比べて K は植物生育の制限因子にはなりにくい．ただし，N や P の施用量が多くそれに対応して K 要求量が高まった場合や，牧草地のように K の持ち出し量が多い場合には，土壌の K レベルの低下が植物生育の制限因子になることがある．

鉱物中の K は非交換態であり，植物にはほとんど吸収されない．一方，粘土鉱物や土壌有機物に吸着されている交換態 K は，土壌溶液中の K とともに植物が吸収利用できる形態である．土壌の交換態 K は，アンモニウムやカルシウムなどの陽イオンと置換して土壌溶液中に放出される．土壌溶液 K は，浸透水とともに溶脱することがある．

土壌中の K は大部分が非交換態であり，交換態 K は全体の 1% 程度である．さらに，その交換態 K の 1% 程度が土壌溶液中にある．植物吸収によって土壌溶液中の K レベルが低下すると，それと平衡関係にある交換態 K から補償的に供給される．K 肥料や堆肥などに含まれる水溶性 K も土壌溶液中にすみやかに放出される．その一部は交換態 K に変換されて平衡関係を形成するが，土壌に強く結合して非交換態 K になるという現象（K の固定）もある．

e. 土壌から根圏への養水分フロー

1) 水ポテンシャル

水ポテンシャル（water potential）とは，単位体積あたりの水の自由エネルギーを意味し，体積あたりのエネルギーは，面積あたりの力である圧力単位パスカル（Pa）で表せる．水ポテンシャル（Ψ_W）は，溶質の濃度（浸透ポテンシャル（Ψ_S）），圧力（圧ポテンシャル（Ψ_P）），重力（重力ポテンシャル（Ψ_g））のポテンシャルの総和である．

2) 土壌から根圏への養水分の移行

土壌や植物の水ポテンシャルを扱うとき，重力ポテンシャルは浸透ポテンシャルや圧ポテンシャルに比べて無視できるので，一般的には除外される．土壌や植物の水ポテンシャルは浸透ポテンシャル（Ψ_S），圧ポテンシャル（Ψ_P）からなる．土壌水の場合，Ψ_Sは著しく低いので，土壌の水ポテンシャルはΨ_Pによって決まるといってよい．Ψ_Pは圃場容水量では0であり，乾燥するにつれて減少し陰圧を生じる．植物根は吸水し，根近傍のΨ_Pを減少させるので，結果として隣接する土壌のΨ_Pの方が高くなり，圧力勾配が形成される．この圧力勾配によって水は体積流（圧力差によって起こる一体となった分子集団の協調的な動き）として根圏に移動する．水に溶解する養分も水とともに根圏に移動する．

3) 植物の生育培地としての根圏土壌・土壌溶液

土壌溶液（soil solution）の養分濃度が高いほど根が養分（溶質）に触れる機会が多くなるので，植物は養分を吸収しやすくなる．したがって，土壌溶液濃度（土壌溶液中の溶質イオンの活動度）が土壌の養分供給の大きな因子である（強度因子）．土壌溶液の養分濃度は，土壌の水分によって変化するので，降雨，灌漑，排水などの影響を受ける．また，施肥や植物の養分吸収によって変化するが，土壌の固相に吸着されている交換態の養分が土壌溶液養分濃度を補償し，その変化は緩衝される．土壌の養分貯蔵量を意味する交換態の養分量は，土壌の養分供給の容量因子である．土壌溶液の養分濃度（強度因子）と土壌の養分貯蔵量（容量因子）が，相互に関連しながら植物に養分を供給する．小さな強度因子と大きな容量因子が土壌の養分供給の理想型であり，土作りの基本である．

植物は土壌溶液中の養分を吸収する．土壌溶液中のNO_3^-濃度は5～10 mM

程度であり，NO_3^- は土壌溶液中濃度が最も高い養分である．NO_3^- 濃度は，土壌の無機化・硝化速度と植物の吸収速度とのバランスで決まり，無機化・硝化速度が大きくても植物吸収が盛んになると NO_3^- 濃度は μM レベルにまで低下する．土壌溶液中の SO_4^{2-}，Mg^{2+}，Ca^{2+} 濃度は 2～5 mM，K^+ は，最大で 1～2 mM 程度である．

　土壌の固相は，無機成分と有機成分からなり，無機成分には岩石が細かくなった一次鉱物と，一次鉱物が風化した各種の粘土鉱物や Fe, Al, Mn, Si の酸化物または水酸化物である二次鉱物がある．二次鉱物には負荷電をもっているものが多い．また，腐植物質などの有機物も，$-COO^-$ のような負荷電をもつ．土壌はイオン交換体の混合物であり，正と負の両者の荷電をもつが，一般的な土壌においては，相対的に負荷電が正荷電を上回る．この粘土鉱物や土壌有機物の負荷電は陽イオンを引き付けるので，土壌溶液中の陽イオンは静電気力によって土壌に吸着される．イオン交換体である土壌に吸着された陽イオンは，他のイオンと交換されて，土壌溶液中に放出される．一般に，1 価よりも 2 価，3 価の陽イオンの方が土壌に強く吸着される（$Al^{3+} = H^+ > Ca^{2+} > Mg^{2+} > K^+ = NH_4^+ > Na^+$）．$NO_3^-$ のような陰イオンは，土壌に吸着されにくいために土壌中での移動性が高く，環境中に流出しやすい．一方，PO_4^{3-} は，Fe, Al, Ca と難溶性塩を作るため，土壌溶液中の P 濃度はきわめて低い（4 μM 程度）．このように P は移動性が低いため，植物は根のきわめて近くに分布する P しか吸収することができず，根の表面積や根張りが吸収の重要な要因になる．

　多くの金属元素は土壌有機物（腐植酸やフルボ酸のカルボキシル基やフェノール性水酸基，エーテル基，カルボニル基，アミノ基など）と錯体を形成する．また，土壌中のタンパク質，多糖類，アミノ酸，有機酸も錯体形成の配位子となり，金属はこれらの配位子と 1:1 または複数の配位子と結合する．土壌有機物と金属の錯体には，可溶性と不溶性があり，可溶性のものは植物や微生物に利用されやすい．

　一方，植物も有機配位子を生合成して根から分泌し，難溶性または存在量の少ない養分の回収や過剰金属の毒性緩和を行う．植物根から分泌される有機酸としてクエン酸，リンゴ酸やピスチジン酸，アミノ酸であるムギネ酸類，ヒスチジン，システインなど，ペプチドであるグルタチオン，フィトケラチン，メタロチオネインなどが知られている．

植物の選択的養分吸収の結果として,土壌溶液の養分組成が変化する.たとえば,陰イオンである NO_3^- の植物吸収量は,他の陽イオンよりも多いので,土壌溶液や植物体の電気的バランスをとるために,植物からは炭酸水素イオン(HCO_3^-)や有機酸(R-COO$^-$)が放出され,このため,NO_3^- の吸収に伴って土壌溶液の pH は上昇(アルカリ化)する.一方,K^+ や NH_4^+ などの陽イオンが相対的に多く吸収されると,植物根からそれに相当する H^+ が放出されて,土壌溶液の pH は低下(酸性化)する.つまり,陰イオンの吸収量が陽イオンよりも相対的に多くなる場合には土壌溶液はアルカリ性に,陽イオンの吸収量が相対的に多くなる場合には酸性になるといえる.このような植物の生育培地の pH 変化は,水耕栽培では顕著である.しかし,イオン交換体である土壌は,このような変化に対して緩衝作用をもつので,土壌全体がすみやかにアルカリ化または酸性化することはない.

f. 根圏から根内部への養水分フロー

前述したように植物の水ポテンシャル(Ψ_W)は,浸透ポテンシャル(Ψ_S),圧ポテンシャル(Ψ_P)の和で表される($\Psi_W = \Psi_S + \Psi_P$).浸透ポテンシャル(Ψ_S)は,溶質が添加された水すなわち溶液になったときの水の自由エネルギーである.ファント・ホッフ(van't Hoff)の式($\Pi = RTC$)の浸透圧(Π, osmotic pressure)に相当するので,圧力単位で表すことができる.水に溶質が溶けることによって,乱雑さ(エントロピー)が増大し,水の自由エネルギーは必

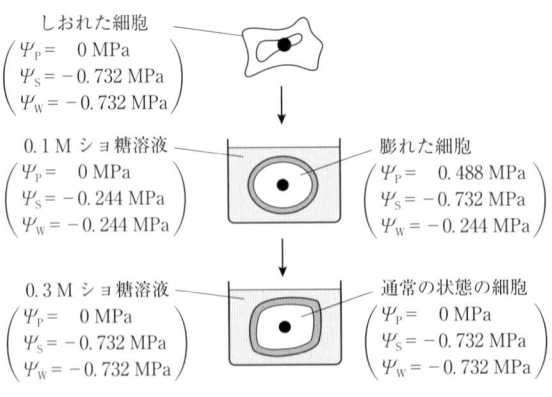

図 1.10 水ポテンシャル(Ψ_W),浸透ポテンシャル(Ψ_S),および圧ポテンシャル(Ψ_P)の関係

ず減少するので，$\varPsi_S$ は負の値となる（何も溶けていない純水の $\varPsi_S$ は0）．圧ポテンシャルは，植物細胞に生じる圧力を意味する．標準状態の水の $\varPsi_P$ は0（MPa）である．陽圧は水ポテンシャルを増加させ，陰圧はそれを減少させる．植物細胞内の陽圧を膨圧（turgor pressure）という．

図1.10に示したように，0.1 M ショ糖溶液の $\varPsi_P$ は0で，計算される $\varPsi_S$ は −0.244 MPa であり，$\varPsi_W$ は −0.244 MPa になる（B）．しおれた細胞（細胞に溶質が溶けているので浸透ポテンシャル（$\varPsi_S$）は −0.732 MPa，しおれているので膨圧（$\varPsi_P$）は0 MPa，したがって $\varPsi_W$ は −0.732 MPa）をショ糖溶液に入れると，濃いものを薄めるように水は移動する．すなわち，水は水ポテンシャルの高いところ（$\varPsi_W$ = −0.244 MPa のショ糖溶液）から低いところ（$\varPsi_W$ = −0.732 MPa の細胞）へ移動する．細胞が吸水すると膨圧（$\varPsi_P$）は高くなり，結果として細胞の $\varPsi_W$ は増加し，細胞と 0.1 M ショ糖溶液の水ポテンシャル（$\varPsi_W$）の差がなくなる．細胞内外の $\varPsi_W$ が平衡（−0.244 MPa）に達した時点で吸水は止まる．この時の細胞の膨圧（$\varPsi_P$）は0.488 MPa であり，細胞は膨れる．一方，この膨れた細胞を細胞と同じ $\varPsi_S$ である 0.3 M ショ糖溶液（−0.732 MPa）に入れると，細胞の $\varPsi_W$ は −0.244 MPa，溶液の $\varPsi_W$ は −0.732 MPa であるので，水は細胞から溶液に移動（脱水）する．$\varPsi_W$ が平衡（−0.732 MPa）に達すると水の移動はなくなる．このとき，膨圧（$\varPsi_P$）は0 MPa になるので，膨れた細胞はもとに戻る．このように，水ポテンシャルの勾配によって，根圏の水と水に溶解する養分は根の内部に移行する．水の動きに伴う物質の移動をマスフロー（mass flow）という．

物質を貯蔵する役割をもつ細胞小器官の液胞は，細胞の膨圧を生み出す主体である．タイヤにたとえるなら細胞壁が外殻，液胞がチューブであり，このタイヤが積み上がって細胞群，組織，器官，さらには構造物としての植物の形態を作り上げている．

g. 根の維管束への養水分フロー

原形質連絡によって連鎖構造を形成している原形質（細胞質）連続体である空間をシンプラスト（symplast），細胞壁と細胞間隙からなる空間をアポプラスト（apoplast）という．シンプラストは集合住宅でいえばドアでつながっている生活空間であり，外壁や玄関ポーチ，バルコニーなどのエクステリアがア

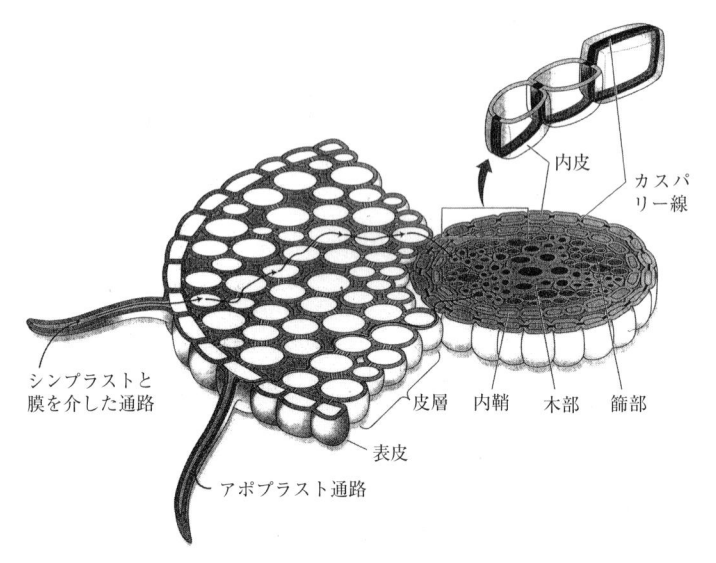

図 1.11 根圏から根維管束への養水分フロー（テイツ・ザイガー 2004）

ポプラストに相当する．

　根圏から根内部に取り込まれた養水分は，アポプラストを通るアポプラスト移行とシンプラストを通るシンプラスト移行を相互に繰り返して，根の維管束に到達する（図 1.11）．根の内皮細胞の細胞壁には，ろう状の疎水性物質のスベリン（suberin）を含んだ帯状構造であるカスパリー線（Casparian strip）があり，養水分がアポプラストを通って維管束のある中心柱に進入することを妨げている．アポプラスト移行して内皮細胞に達した養水分は，いったんシンプラスト移行を経由しないと中心柱に入ることができない．このカスパリー線は逆の方向，すなわち根の内側から外側への木部液の漏出をブロックすることになり，木部の陽圧（いわゆる根圧（root pressure））を発生させるのに重要である．

　細胞壁を構成する成分の 1 つであるペクチン（pectin）のカルボキシル基や細胞膜外部表面の極性脂質リン酸残基によって，アポプラストは負電荷をもち，交換性の陽イオンが保持される．また，量的には少ないが細胞壁タンパク質のアミノ基に由来する正電荷も存在し，交換性の陰イオンを保持している．このように，アポプラストは，非代謝的なイオンの吸着・交換の場である．このイオン交換はドンナン膜平衡理論が適用できるので，このような領域をドンナン・

フリー・スペース (Donnan free space, DFS) という．土壌溶液の養分は，根のアポプラストのイオン交換能によって，その濃度や組成の変化は緩衝され，細胞膜近傍に進入する．一方，アポプラストには養分がイオン交換基の影響を受けずに自由に出入りできる領域もあり，これをウォーター・フリー・スペース (water free space, WFS) という．WFS に存在するイオンは水抽出画分として，DFS に存在するイオンはイオン交換性画分として表現される．

h. 根から茎葉部への養水分フロー

吸収養分や代謝物によって木部液は濃くなるので，木部液の浸透ポテンシャル (Ψ_S) は減少し，水ポテンシャル (Ψ_W) を減少させる．この木部の Ψ_W の減少が水や希薄な養分を含む土壌溶液を吸収する駆動力になり，陽圧 (005〜0.5 MPa) である根圧を発生させ，養水分を茎葉部へ送り出す．一方，葉における蒸散は陰圧を作り，水の引き上げ作用を行う．また，水の凝集力は，連続する導管内に形成される水柱に陰圧となる張力を発生させる．このように陽圧である根圧と陰圧を作る葉の蒸散と導管内の水の張力は，根から茎葉部への養水分の移行に大きく寄与する．図 1.12 に示したように，土壌-植物-大気連続体 (soil-plant-atmosphere continuum, SPAC) における水ポテンシャル勾配は，植物体の養水分の移行の駆動力である．なお，導管内に形成される水柱内に気泡が生じること (キャビテーション, cavitation) によって，水柱は不連続になり木部の水輸送が妨げられることがある．しかし，導管 (xylem vessel) や

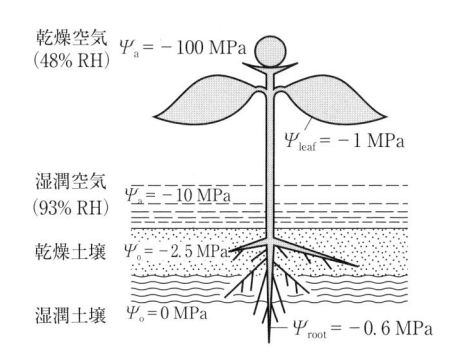

図 1.12 土壌-植物-大気の連続体における水ポテンシャルの勾配（ラルヘル 2004）
Ψ_a：空気の水ポテンシャル，Ψ_o：土壌の水ポテンシャル，Ψ_{leaf}：葉の水ポテンシャル，Ψ_{root}：根の水ポテンシャル．

仮導管（tracheid）は単一ではなく連立していること，またこれらの管では穿孔板（perforation plate）によって水柱が区切られていることから，一部にキャビテーションが起こっても迂回経路が働き大きな障害は起こらないことが多い．

i. ソースからシンクへの養水分フロー

植物は葉，根，子実・果実などの異なる器官から構成されている．物質の生産が行われている器官や部位をソース（source，源泉），物質の消費や貯蔵が行われている器官や部位をシンク（sink，台所の流しのように物が集って流れ込むところ）という．光合成の場である葉はソース，光合成産物を消費して生長する根や頂芽，光合成産物を貯蔵する子実・果実がシンクに相当する．ソースとシンクの関係は植物の器官の定まった特性ではない．たとえば，葉はソースであるが，生長中の新葉はシンクとして機能する．また，物質の移行が起こっている細胞群においてもソース部分とシンク部分がある．

ソースにおいては，溶質濃度が高く，浸透ポテンシャルは低下して，水ポテンシャルは減少する．この水ポテンシャルの減少によって吸水が起こり膨圧は高まる．一方，シンクでは，溶質濃度が低下して浸透ポテンシャルが上がって，水ポテンシャルは増加する．その結果，シンクでは水が流出して膨圧は低くなる．細胞群においてはソース部分からシンク部分へ，また，篩管（sieve tube）を通してソースからシンクへ物質は長距離移動する．この物質移動は，水ポテンシャルの低いソースから水ポテンシャルの高いシンクへの流れであるので，水ポテンシャル勾配による水の移動（水ポテンシャルの高いところから低いところへの移動）では説明できない．ソースからシンクへの物質の移動は，水の移動というより，ソースからシンクの間で形成される浸透圧による圧力差（膨圧の差）によっておこる溶液の流れ（体積流）であるとする圧流説（pressure-flow model）で説明される．

篩部（phloem）はソースからシンクへ光合成産物やアミノ酸などを輸送する組織であり，この物質移動を転流（translocation）という．篩部を構成する篩管は篩管細胞が連結して，隣接する部分の原形質連絡が発達した穴（篩孔）がある篩状の構造（篩板 sieve plate）を介して，上下に管を形成したものである．根から地上部へ水や無機養分などを運ぶ導管は，縦に並んだ細胞が細胞

壁を残して"死んだ"管状の組織であるが，篩管は"生きた"細胞の連続体である．しかし，核や液胞は退化し，その他の細胞小器官は細胞膜にうすくへばりついていて，液体が流れる管状の空間になっている．篩管は隣接する伴細胞（companion cell）と多数の原形質連絡でつながり，また，篩部柔細胞には物質輸送にかかわる輸送細胞（transfer cell）がある．これらは篩管への物質の積み込み（loading）と積み降ろし（unloading）に寄与している．

j. 細胞内への養水分フロー

細胞内への養水分の取り込みは膜によって調節されている．すべての生細胞は，膜の内外のイオンの不均衡な分布によって生じる膜電位（membrane potential）をもっており，植物の細胞は-100〜-200 mV の範囲で内側が負に帯電している．こうした膜電位の多くは，起電性（電位差を作る）の H^+-ATPase（H^+輸送性 ATP 加水分解酵素，proton-translocating ATPase）によって形成される．この H^+-ATPase による H^+ の能動的な汲み出しによって，膜を介した H^+ の電気化学ポテンシャル（電荷をもつ溶質の化学ポテンシャル）勾配も同時に生じる．そのため，一般に細胞質の pH は 7〜8，細胞外液および液胞は 5〜6 となっている（図1.13）．

チャンネル（channel），キャリアー（carrier），ポンプ（pump）という膜輸送体（トランスポーター，transporter）が，膜を介した溶質の膜輸送（membrane transport）を担っている（図1.14）．チャンネルは，膜貫通型のタンパク質の孔を持ち，溶質はこの孔を通って細胞内に取り込まれる．この輸送はチャンネルタンパク質との結合ではなく，孔の大きさと電荷に依存するので，チャンネルによる膜輸送は受動輸送（passive transport）である．

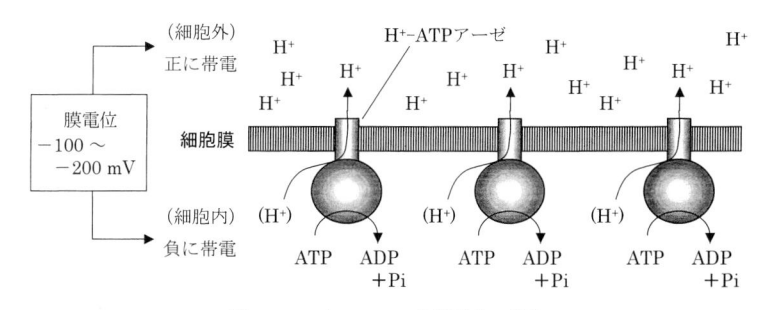

図1.13 H^+-APTase と膜電位の発生

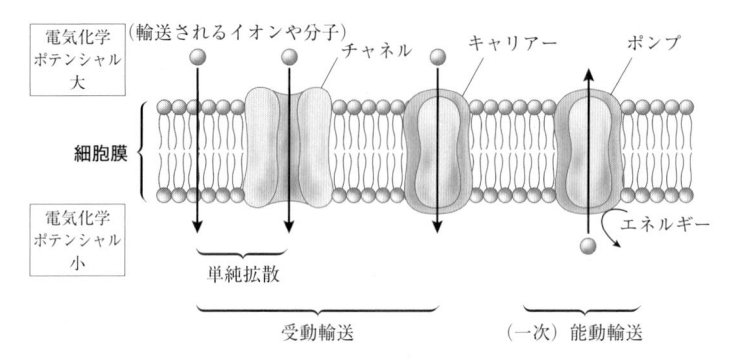

図1.14 生体膜における物質の輸送と輸送タンパク質

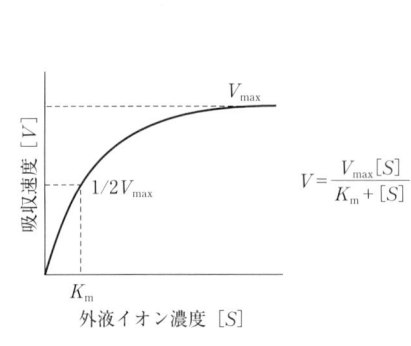

図1.15 細胞膜によるイオン吸収の速度と外液イオン濃度の関係

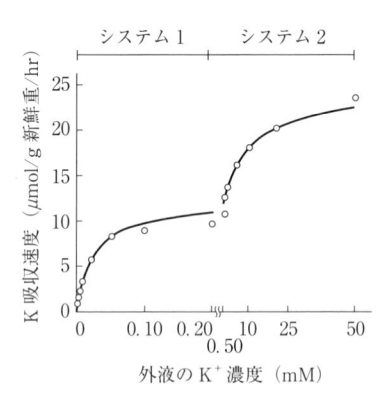

$$V = \frac{V_{max}[S]}{K_m + [S]}$$

図1.16 オオムギ切断根によるK^+吸収の二元的パターン

　イオンを特定部位に結合して輸送を行う膜タンパク質をキャリアーという．この結合によってはキャリアータンパク質の構造変化が起こり，それが膜の反対側での基質イオンの放出をもたらす．キャリアーによる膜輸送は当該の基質イオンの電気化学ポテンシャル勾配に基づくので受動輸送であるが，能動的なものもある（後述）．

　膜輸送の物質（イオン）選択性は，チャネルでは孔の大きさと内側の荷電が，キャリアーではキャリアータンパク質との特定部位における結合に起因する．キャリアータンパク質が基質と結合する様式は，酵素反応における酵素と基質の反応様式と相似する．そのため，キャリアーによる物質の膜透過は，酵素の反応速度論が適用でき，ミカエリス・メンテン（Michaelis-Menten）の式に当てはめることができる（図1.15）．また，基質イオンの外液濃度に対す

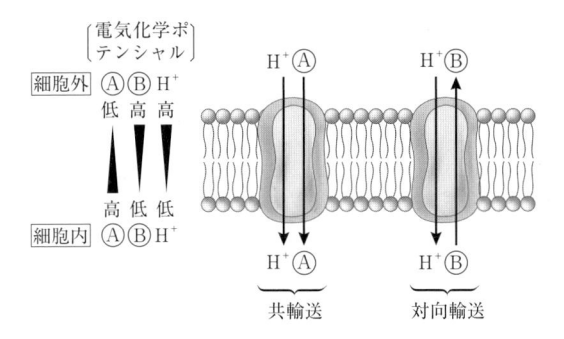

図 1.17 プロトン勾配と共役する二次能動輸送系

る吸収速度の飽和曲線は，しばしば2つ以上認められる（図 1.16）．これは，低濃度領域と高濃度領域で異なる親和性のキャリアーが働いていることを意味し，K_m 値の異なるキャリアーが別に機能しているか，同じキャリアーが基質イオン濃度に応じて構造変化して，異なる K_m 値をもつようになると考えられてきた．しかし，近年，キャリアーだけでなくチャンネルも機能していること，低濃度領域と高濃度領域の両方で機能する二重親和性キャリアーがあることなどから，この現象には反応速度論的解析が可能なキャリアーだけではなく，複数のトランスポーターが関与することがわかった．個々のトランスポーターの遺伝子が発現して単独で機能するというよりも，トランスポーター遺伝子ファミリーが，全体として膜輸送をつかさどっており，輸送活性（K_m, V_{max}）の多様性をもたらしている．

電気化学ポテンシャルの差ではない他のエネルギー源（ATPや酸化還元などに由来するエネルギー）と共役する物質の膜透過を一次能動輸送（primary active transport）という．これはポンプと称される膜タンパク質で，おもに H^+ や Ca^{2+} などのイオンを輸送する．H^+ ポンプ（H^+-ATPase）は，電荷（H^+）を一方向に移動させて電気化学ポテンシャル勾配を作り，この H^+ の勾配（膜外＞膜内）が他の物質の輸送の駆動力になる．一次能動輸送による H^+ の勾配を利用するので，これを二次能動輸送（secondary active transport）という．二次能動輸送には，H^+ の電気化学ポテンシャル勾配に従った輸送（H^+ と共に移行）である共輸送（シンポート，symport）と勾配とは逆向きの輸送（H^+ と入れ替わって移行）である対抗輸送（アンチポート，antiport）がある（図 1.17）．これらを行う輸送体はキャリアーである．Na^+ は対抗輸送体（アンチ

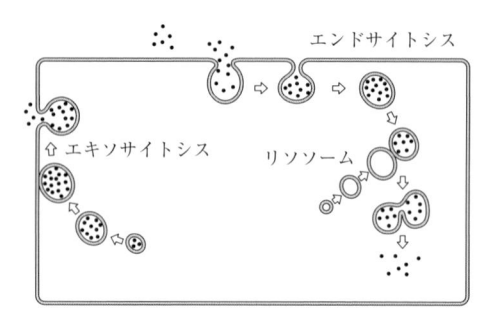

図 1.18　高分子物質の膜動輸送

ポーター）によって，Cl^-，NO_3^-，PO_4^{3-}，アミノ酸，ショ糖などは共輸送体（シンポーター）によって輸送されることが知られている．二次能動輸送は濃度勾配に逆らって（薄い方から）イオンや溶質を輸送するのに利用される．

　生体膜には，流入（influx）型と排出（efflux）型のトランスポーターがあり，細胞膜においては細胞の内外の，また液胞膜（tonoplast）においては液胞内と細胞質間のイオンバランスを保っている．

　水の膜透過は，膜貫通タンパク質の水チャンネル，アクアポリン（aquaporin）を介しても行われる．水チャンネルの開閉は，タンパク質のリン酸化によって制御され，H^+（pH），カルシウムイオン，浸透圧，養分欠乏や酸化ストレスなどの影響を受ける．

　生体膜を介したタンパク質，糖類やポリヌクレオチドなどの高分子物質の輸送は，細胞内に取り込まれるエンドサイトシス（endocytosis）や細胞外に分泌されるエキソサイトシス（exocytosis）といった膜動輸送で行われている（西澤 1990；図 1.18）．エンドサイトシスは，細胞膜の一部が細胞内に陥入して袋状になり，それがくびれて膜から遊離した袋（エンドサイトシス小胞）となって細胞内に取り込まれる．マメ科植物の根粒形成過程では，根粒菌がエンドサイトシスによって根毛細胞に取り込まれることが知られている．また，エンドサイトシスは植物の有機物利用機能の1つとして重要である．近年，有機態窒素（中性リン酸塩抽出性タンパク様窒素）が植物根に直接取り込まれるという所見もある．

1.2 植物の栄養特性と栄養診断

a. 植物の必須元素

ザックス（Sacks），クノップ（Knop）などによって，1860年頃に植物の水耕法が確立された．これによって，養分欠乏実験が可能になり植物に必要な元素（必須元素）が調べられ，以下のようなアーノン（Arnon）とスタウト（Stout）の基準（1939）を満たしたものが必須元素（essential element）に分類される．

① その元素が欠乏すると生育が異常になり，植物の生活環（ライフサイクル）が完成されないこと（必要性）
② 欠乏による生育異常は，その元素を適量与えることによって回復させることができ，その効果はその元素特有のもので，その他の元素によってすべてを代替することができないこと（非代替性）
③ その元素を適量与えることによる生育の正常化は，生育阻害物質の影響の排除や土壌条件の改善などの間接的効果ではなく，たとえば，植物の生育にとって重要な化合物の構成する元素であることや生理生化学的反応に不可欠であることなど，その元素の直接的な機能に基づくこと（直接性）

必須元素は植物の要求量によって，多量要素（macronutrient, major element）と微量要素（micronutrient, minor element, trace element）に分類される．現在，炭素（C），水素（H），酸素（O），窒素（N），リン（P），カリウム（K），カルシウム（Ca），マグネシウム（Mg），硫黄（S）（以上，多量必須元素），鉄（Fe），マンガン（Mn），亜鉛（Zn），銅（Cu），ホウ素（B），モリブデン（Mo），塩素（Cl），ニッケル（Ni）（以上，微量必須元素）の17元素が植物の必須元素である（C, H, Oについては，光合成によるCO_2の固定と水の吸収によってもたらされるので，吸収養分とは別に扱われる場合がある）．また，ケイ素（Si），ナトリウム（Na），アルミニウム（Al），コバルト（Co），セレン（Se）などはある特定の植物種や生育条件下で生育促進作用を示し，生育に必要であるので，必須元素ではないが，有用元素（beneficial element）として分類される（表1.1）．

表 1.1 植物体中に存在する元素の種類（高橋 1974, 1987 を一部改変）

		被子植物（ppm）	土 壌（ppm）	被子植物/土壌
多量必須元素	C	454,000	20,000	22.7
	O	410,000	490,000	0.84
	H	55,000	5,000	11
	N	30,000	1,000	30
	P	2,300	650	3.5
	K	14,000	14,000	1
	Ca	18,000	13,700	1.3
	Mg	3,200	5,000	0.64
	S	3,400	700	4.9
微量必須元素	Fe	140	38,000	0.004
	Mn	630	850	0.74
	Cu	14	20	0.7
	Zn	160	50	3.2
	B	50	10	5
	Mo	0.9	2	0.45
	Cl	2,000	100	20
	Ni	1	20	0.05
有用元素	Na, Si, Al*, Se*, Co*			
有害元素	(Al), Be, Bi, Cd, (Co), Cr, F, Hg, Li, Pb, Sb, (Se)			

*：酸性土壌（Al），富セレニウム土壌（Se），蛇紋岩土壌（Co）においては一般の植物に対し有害元素として作用する．

b. 水 耕 法

土耕法（soil culture）と比べて，水耕法（water culture, hydroponics）は養分組成や濃度を正確に設定・管理できるので，植物栄養学の研究には不可欠な手法である．代表的な水耕液の組成を表 1.2 に示した．多量必須元素と微量必須元素が，もれなく入るように塩類を選択するが，実験目的に合わせて塩類組成と濃度を設計する．なお，Fe には $FeSO_4$ などを用いるが，酸化・沈殿しやすいので Fe(III)-EDTA（エチレンジアミン 4 酢酸），Fe(III)-DTPA（ジエチレントリアミン 5 酢酸），Fe(III)-EDDHA（エチレンジアミン 2 ヒドロキシフェニル酢酸）などのキレート鉄を用いることが多い．また，表にあるような古くからの水耕液には Ni の添加は示されていないが，最近では $NiSO_4$ を $0.1 \sim 1 \mu M$ 程度を添加する場合がある．有用元素の Si を添加する場合もある．水耕液は原液（ストック液）を作成し，適宜希釈して作成する．その際，高濃度の Ca と P が共存するとリン酸カルシウムの沈殿が生じるので，Ca と P は別々のストック液にする．水耕液の pH は pH 計などで 5～6 に調整する．水耕栽培に用いる容器は遮光できる素材を用いる．また，畑作物の水耕栽培では，溶

表 1.2 代表的な水耕液組成（ヒューイット・スミス 1979；北條・石塚 1985；Epstein & Bloom 2004 から抜粋，一部改変）

(1) 畑作物・野菜用（mM）

肥料塩	クノップ (Knop) (1865)	ホーグランド・アーノン (Hoagland & Arnon) (1938)	園芸試験場処方 (1961)
KNO_3	2	6	8
$Ca(NO_3)_2$	5	4	4
$NH_4H_2PO_4$	−	1	4/3
KH_2PO_4	1.5	−	−
$MgSO_4$	0.8	2	2

(2) 水稲用（ppm：溶液 1 L 中の各塩類の mg）

肥料塩	春日井氏液（A 液）(1929)		肥料塩	木村氏液（B 液）(1942)	
$(NH_4)_2SO_4$	189	(N：40)	$(NH_4)_2SO_4$	48.2	(N：23.0)*
Na_2HPO_4	40	(P_2O_5：20)	KH_2PO_4	24.8	(P_2O_5：13.0)
KCl	48	(K_2O：30)	KNO_3	18.5	(K_2O：25.7)
$CaCl_2$	8	(CaO：4)	K_2SO_4	15.9	(CaO：20.5)
$MgCl_2$	14	(MgO：6)	$Ca(NO_3)_2$	59.9	(MgO：22.1)
6% $FeCl_3$	0.6 mL		$MgSO_4$	65.9	
$MnCl_2$	0.75		クエン酸鉄	(Fe_2O_3 として 2〜5)	

＊：うちわけは NH_4-N：10.2 mg，NO_3-N：12.8 mg．

微量元素

肥料塩	成 分	成分濃度	
		μM	ppm
KCl*	Cl	50	1.77
H_3BO_3	B	25	0.27
$MnSO_4 \cdot H_2O$	Mn	2	0.11
$ZnSO_4 \cdot 7H_2O$	Zn	2	0.13
$CuSO_4 \cdot 5H_2O$	Cu	0.5	0.03
$H_2MoO_4 \cdot H_2O$ または $Na_2MoO_4 \cdot 2H_2O$	Mo	0.5	0.05
Fe(III)-EDTA	Fe	16.1〜53.7	1〜3
$NiSO_4 \cdot 6H_2O$	Ni	0.5	0.03
$Na_2SiO_3 \cdot 9H_2O$	Si	1000	28

＊：多量元素の肥料塩として Cl 塩を使用する場合や微量元素を Cl 塩で添加する場合は，KCl で Cl を添加する必要はない．

存酸素濃度が低下して根腐れや生育不良が起こるので，通気が必要である．通気はエアーポンプを利用するか，水耕液の液面を下げて植物根基部を気中にさらすようにする．なお，湛水土壌条件で栽培できるイネは通気組織が発達しているので，通気を行わなくても栽培可能である．

連続的な養分放出や緩衝能を提供するイオン交換体の性質をもつ土壌を用いない水耕栽培では，限られた液量で養分を十分に与えるために，水耕液養分濃度を土壌溶液のそれよりも高めに設定する必要がある．また，新しい水耕液に頻繁に更新しなければならず，pH調整も欠かせない．

c. 植物の栄養特性

植物は種や品種などによって植物体の養分濃度が異なり，「養分の嗜好性」があるようにみえる．たとえば，イネ科植物はCa, Mg濃度が低い，アブラナ科植物はCa, S, B濃度が高い，アカザ科植物は，Na濃度が高く，Ca濃度は比較的低いなどの特徴がある．植物の養分要求性は，根系の広がりや表面積などの根の形態，根の陽イオン交換容量や養分吸収能，要求する養分の量や種類，植物の生育量，生育パターン，養分の収穫部位への分配量，収穫部位や可食部の割合，栽培様式など，植物の形態的および生理的特徴と栽培・生産にかかわる特徴に起因する．このような植物のもつ養分に関する総合的な特徴を植物の栄養特性という．たとえば，施肥Nの利用率にも植物の栄養特性が現れる．肥料N利用率は，露地栽培では，ナス（25%），キュウリ（20%），ホウレンソウ（29%）などが低く，ダイコン（71%）やキャベツ（64%）が高い．同様に，施設栽培野菜では，イチゴ（22%），キュウリ（32%）などが低く，ピーマン（99%）やメロン（78%）が高いという特徴がみられる．また，植物の栄養環境に対する適応，すなわち養分欠乏・過剰耐性などのミネラルストレス耐性も栄養特性である．施肥設計にあたっては，植物の栄養特性の理解が必要である．

d. 栄養診断

一般に，医療では疾病の診断・治療を行う．また，体質改善や疾病に負けない身体作りを図る予防も重要である．植物生産場面でも同様で，作物に対する診断と治療，体質改善・健康な身体作りの指導が求められる．植物生産場面の疾病とは，病害，虫害，養分欠乏・過剰害，（農薬の）薬害や干害，湿害，低温害，高温害，光障害などの栽培環境に関する障害を意味する．宮沢賢治の作品『植物医師』には，陸稲をとりあげて生育診断（栄養・病害虫・薬害の診断）の難しさが述べられている．植物の養分欠乏・過剰害という疾病には，原因となる養分の特定と養分レベルの診断が必要である．加えて，治療としての施肥と体

質改善・疾病予防としての土作りも必要である．適切な植物の栄養診断と施肥は，適切な食料生産システム，地域・地球環境の保全，ひいては人間の健康に寄与する．

1) 土壌診断

土壌診断（soil diagnosis）は，土壌の諸性質を調査して，肥料や土壌改良材の適正な施用を図り，作物の生育培地として適切な土壌環境を作るために行われる．診断項目には，N, P, K, Ca, Mg 濃度，pH，陽イオン交換容量，塩基飽和度，透水性，硬度などがある．土壌診断基準値は，都道府県ごとに土壌別・作物別に設定されていて，適正範囲（下限〜上限値）または限界値（以下，以上）で示されている．養分レベルが低い場合には施肥によって補うことができるが，近年，わが国では土壌に養分が過剰蓄積していることが多い．たとえば，この 30 年間で K, Ca, Mg および有効態 P 濃度が顕著に増加し，特に K では 1.5 倍，P では水田で 1.6 倍，普通畑・樹園では 3.6〜3.8 倍になっている．土壌の養分過剰は植物の養分吸収能と植物が含有する養分バランスを壊して，新たな生理障害を招くことになるため，土壌診断によって，適切な施肥量と養分バランスを図るための処方箋が必要である．

2) 植物栄養診断

植物の栄養状態を直接診断する手法が植物の栄養診断（plant nutritional diagnosis）である．植物栄養診断では，植物体の養分濃度などの直接的な情報が得られる．しかし，植物の生育段階や部位によって養分濃度は異なる．また，土壌中の養分が十分である場合でも，数種の養分が同時に存在すると，他の養分と吸収拮抗して，その養分の吸収抑制が起こり欠乏症を呈する場合がある．たとえば，K 過剰による Ca や Mg 欠乏，Ca 過剰による Mg 欠乏，アンモニア態窒素過剰による Ca 欠乏，Zn 過剰による Mn 欠乏，P 過剰による Zn や Fe の生理的不活性化などが知られている．なお，このような拮抗作用は，ある過剰養分によって土壌溶液中の当該イオンの活動度が低下すること，難溶性塩の生成および植物の養分の膜透過段階での拮抗などが原因である．このように，植物の養分濃度は土壌中の養分濃度をそのまま反映しない場合がある．そのため，植物と植物の生育培地である土壌の養分状態の診断が不可欠であり，両者を併用することが必要である．また，土壌や植物における養分の濃度と分布は，時間的，空間的に絶えず変動するので，栄養診断の診断基準は普遍的で

新葉・上位葉から発生するもの
Ca, B, Fe, Mn*, Mo*, Cu*

下位葉から発生するもの
N, P, K, Mg, Zn*

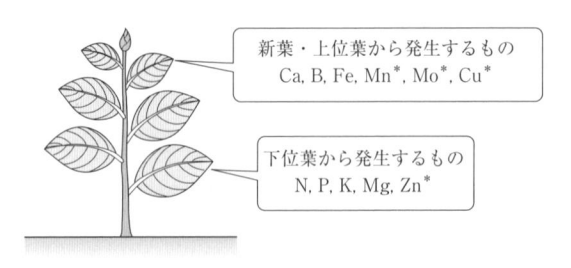

図 1.19 元素の欠乏症状が現れやすい部位 (渡辺 1986)
ただし*を付した元素は作物により症状が異なり，上位葉から，下位葉からと断言しにくい．

はなく，限定的であることも理解する必要がある．

植物の栄養診断は，主として植物の外部に現れるいろいろな徴候を肉眼で観察する診断と植物体養分濃度の化学分析による診断がある．なお，現場で診断する必要があるので，簡便かつ迅速な非破壊または部分的破壊の診断法が開発されている．

i) 外部徴候による診断 植物の養分欠乏や過剰によって，特定の器官や部位に特有の障害が発現する．欠乏症や過剰症は葉に現れる場合が多い．また，植物体内における養分の移行性の難易と症状が発現する葉の位置（葉位）には関係があり，移行性が高い養分（N, P, K, Mg など）は古い葉に欠乏症 (deficiency symptom) が現れる．移行性が低い養分（Ca, B, Fe など）の欠乏症は新しい葉に現れる（図 1.19）．

葉色にはクロロフィル（緑色），カロチノイド（黄色）およびアントシアン（赤色）が関係するが，中でもクロロフィル濃度の影響が大きい．クロロフィルの生成には N, Mg, Fe, Mn などが関与するが，特に葉の N レベルとの相関性が高い．これを応用すれば，葉色によって N 栄養状態が把握できる．水稲や果樹などの標準葉色票が考案され，適用されている．また，葉緑素計（葉色計）も利用される．

植物の養分欠乏の典型的な症状を図 1.20 と巻頭口絵写真にまとめた．葉色の変化は濃緑化や黄白化（クロロシス, chlorosis）で，また，障害は枯死や壊死（ネクロシス, necrosis）として識別される．巻頭口絵に Fe と Mg 欠乏症のジャガイモの写真を示したが，Fe は植物体内を移行しにくいので，欠乏症であるクロロシスは下位葉よりも新葉（上位葉）で顕著に現れている．一方，移行し

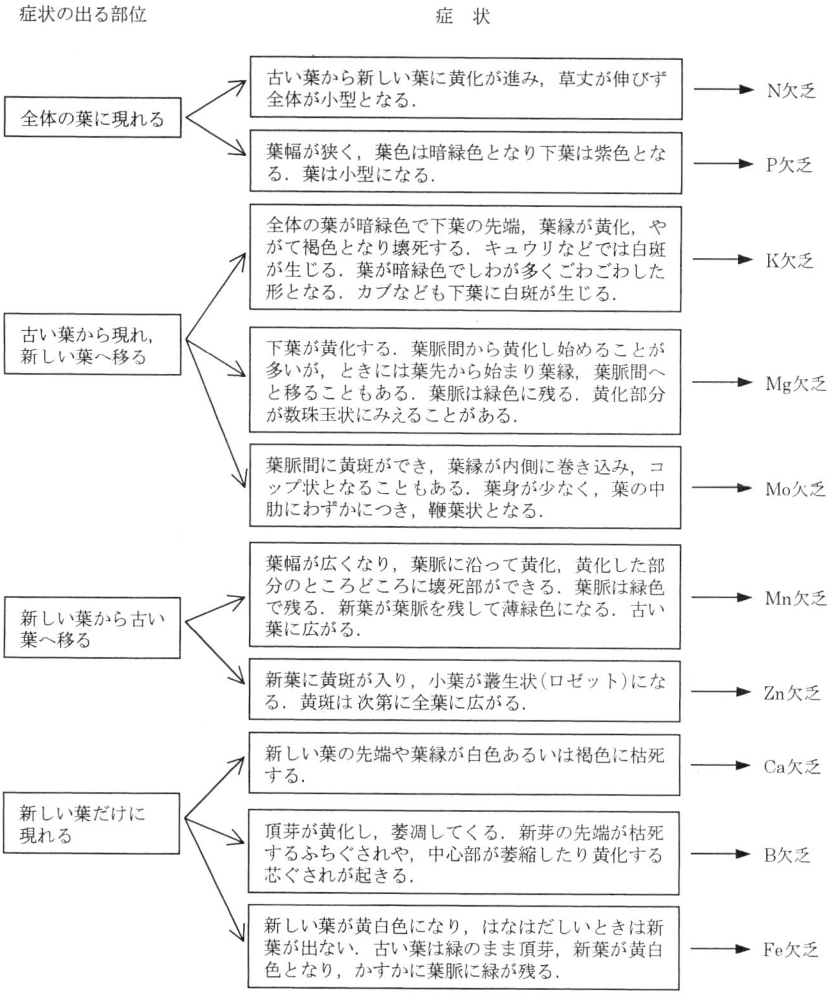

1.2 植物の栄養特性と栄養診断

症状の出る部位	症状	
全体の葉に現れる	古い葉から新しい葉に黄化が進み，草丈が伸びず全体が小型となる．	N欠乏
	葉幅が狭く，葉色は暗緑色となり下葉は紫色となる．葉は小型になる．	P欠乏
古い葉から現れ，新しい葉へ移る	全体の葉が暗緑色で下葉の先端，葉縁が黄化，やがて褐色となり壊死する．キュウリなどでは白斑が生じる．葉が暗緑色でしわが多くごわごわした形となる．カブなども下葉に白斑が生じる．	K欠乏
	下葉が黄化する．葉脈間から黄化し始めることが多いが，ときには葉先から始まり葉縁，葉脈間へと移ることもある．葉脈は緑色に残る．黄化部分が数珠玉状にみえることがある．	Mg欠乏
	葉脈間に黄斑ができ，葉縁が内側に巻き込み，コップ状となることもある．葉身が少なく，葉の中肋にわずかにつき，鞭葉状となる．	Mo欠乏
新しい葉から古い葉へ移る	葉幅が広くなり，葉脈に沿って黄化，黄化した部分のところどころに壊死部ができる．葉脈は緑色で残る．新葉が葉脈を残して薄緑色になる．古い葉に広がる．	Mn欠乏
	新葉に黄斑が入り，小葉が叢生状(ロゼット)になる．黄斑は次第に全葉に広がる．	Zn欠乏
新しい葉だけに現れる	新しい葉の先端や葉縁が白色あるいは褐色に枯死する．	Ca欠乏
	頂芽が黄化し，萎凋してくる．新芽の先端が枯死するふちぐされや，中心部が萎縮したり黄化する芯ぐされが起きる．	B欠乏
	新しい葉が黄白色になり，はなはだしいときは新葉が出ない．古い葉は緑のまま頂芽，新葉が黄白色となり，かすかに葉脈に緑が残る．	Fe欠乏

図 1.20 作物の養分欠乏症（出井ら 1991）

やすい Mg 欠乏症は新葉よりも下位葉で現れる．

ii) 植物の養分濃度の化学分析による診断 化学分析による診断は，定量値によって客観的判断ができるという長所があるが，分析には機材が必要であること，分析結果が出るまでに時間がかかること，分析作業には熟練を要することなどの問題がある．そこで，現場においてリアルタイムで診断できる技術が開発されている．たとえば，葉の一部を採取して汁液を取り，試験紙や簡

易測定機器（イオンメーター，小型反射式光度計など）で判定する．このリアルタイム診断は，植物栄養診断のみならず土壌診断においても行われる．

●トピックス● 植物栄養学とは？

　昭和40～50年代にかけて，多くの大学農学部において，肥料学講座から植物栄養学講座へ名称が変更された．そのような時代を担ってきた先達たちの言葉（一部加筆）を以下にとりまとめた．

　肥料学は作物の栄養素となる化学物質の供給を手段とする農業生産技術の基礎学であり複合学である．肥料学は次の3つの視点からなる．① 土壌中における可給態養分の動態，② 植物の養分要求性，③ 化学肥料の製造の3つである．① は土壌学，② は植物生理学，③ は工業化学をそれぞれ基礎においており，肥料学はこれらの学問の発展の影響を強く受けてきた．特に土壌学と密接なかかわり合いをもちながら発展してきた．① と ② を包括して土壌肥料学と称する．

　明治初年の近代的農芸化学の導入以来，土壌肥料に関する試験研究は化学分析を有力な手段にしてきた．肥料に関する試験は，施肥という原因と収量という結果の相関を求め，化学分析によって両者の関係を追及した．そして肥料の吸収効率や養分の生産効率などの概念が生まれた．植物生産の実践的技術学である「施肥論」は，施肥の原理，さらには植物栄養の原理へと展開する必然性をもっていた．それらの説明原理として植物生理学，植物生化学，植物分子生物学などが要求され，群落，個体レベルから細胞，分子レベルにおよぶ幅広い植物の取り扱いに至った．肥料学の一部として，または植物生理学の一部として取り扱われてきた植物の栄養に関する研究は，こうして「植物栄養学」として植物科学の主要な部分を占めることになった．

　植物栄養学は，植物を養い育てるという目的意識と農林業と深く結びついて発展してきた．土壌肥料学を背景とする植物栄養学は実学である．植物科学の中に植物栄養学という重要分野が確立されたことは，植物栄養学

がより広い視点から現実に提起される諸問題に対して力強く対応できるようになったことを意味する．優れた植物栄養学者は優れた植物生理学者でなければならない．しかし，逆は必ずしも真ではない．植物栄養学者には，絶えることない農学的な目的意識，生産に対する適用と応用意識が必要だからである．さらにはそれを誘起する農業生産技術への関心と生産現場からの問題の汲み上げが必要だからである．

しかし，植物の栄養は何かという原理的な問題を取り扱う場合，そこには生産性という場面は必ずしも存在しない．すべての技術学において起こりうることであるが，学問の深化発展とともにその学問の分化が進み，基礎的研究の深化とともに現実的な実践的課題から離反していく傾向にある．植物栄養学は，土に根をおろした学問分野であってほしい．土を切り離した植物栄養学は，植物科学の重要な一分野ではあるだろうが，生産学としての存在価値に欠けることになる．植物栄養学の原点は，生産学としての土壌肥料学であることを忘れてはならない． 〔関本　均〕

1.3 肥料と環境と人間

a. 肥料の歴史

土地の自然肥沃度や焼畑に依存して作物栽培をした時代を経て，定住して人口が増加すると農地の肥沃度を維持するために輪作が行われるようになった．さらに，食料を継続的に生産するために身近にある肥料となるものを農地に施用して，収奪された養分を積極的に補給する必要にせまられた．18世紀後半までは，人畜の糞尿，山野草，落葉，腐葉土，海藻などの自給できる資材が肥料として利用された．

「植物は太陽の光エネルギーを利用して大気中の炭酸ガスと土壌中の無機養分を吸収して生育すること，すなわち植物の栄養は動物のように有機物に依存しない」という内容を含む無機栄養説(1840年)がドイツのリービッヒ(Justus von Liebig)によって提唱された．この「植物は有機物に依存しないで無機栄養を営む」という提唱（無機栄養説）は農業に対して有機物にかわる新しい肥料資源の利用を喚起することになった．一方では，18世紀後半のヨーロッパ

の産業革命によって工業化が推進され都市に人口が集中すると，従前の自給肥料だけでは増大する食料需要を満たせず，新たな食料生産資材（肥料）が渇望され，産業革命と大航海時代を背景として，世界的に肥料資源の開発が行われた．19世紀中ごろ，ペルーで海鳥の糞の堆積物であるグアノ（guano）が，チリで硝石（主成分は硝酸ナトリウム）の鉱床が発見され，ヨーロッパに輸入されて，食料増産に大きく貢献した．その後，PやKの鉱床がアメリカ，ヨーロッパ，アフリカで発見された．また，骨粉やリン酸塩鉱物を硫酸で処理すると肥効が増大することが発見され，1842年イギリスのローズ（John Benett Lawes）によって，世界初の化学肥料となる過リン酸石灰が誕生した．こうして，自給肥料から鉱物資源が肥料として脚光を浴びる時代になった．時代が求めた新規な肥料の投入によって，これまでの食料生産システムの物質循環系に新たな物質が加わることになり，従前の食料生産システムの物質循環系は変貌することになる．

　ヨーロッパでは，南米からの輸入窒素肥料が逼迫し始めたため，イギリスのクルックス（Sir William Crookes）は無尽蔵に存在する空気中の窒素ガスを肥料化する技術開発の推進を提案した．その結果，19世紀から20世紀はじめに，硝酸や石灰窒素が工業的に製造されるようになった．1910年にドイツのハーバー（Fritz Haber）とボッシュ（Karl Bosch）は，空中窒素に水素を反応させて，アンモニアを製造するアンモニア合成法を開発して，硫酸アンモニウムの製造に成功した．空中窒素固定を可能にしたハーバー・ボッシュ法は，無尽蔵なN肥料の供給はもちろん，化学肥料時代の基盤を作るとともに，20世紀の重化学工業の推進に大きな役割を果たした．土壌肥沃度が高くない時代の化学肥料の効果は絶大であり，食料増産に大きく寄与した．さらに，化学肥料は従来の有機肥料に比べて養分濃度が高いので，肥料の輸送，施肥労働を大幅に軽減して労働生産性を向上させた．その結果，農業就業人口比率を低下させ，多くの人々が農業以外の産業に従事することを促し，工業社会の発展の契機になった．

　世界初の化学肥料が誕生したころ，原料の骨粉が不足したため，ナポレオン戦争の戦場から人骨を収集したという．また，グアノ採掘をめぐっての国際紛争や，硝石採掘をめぐる争いであったチリ-ペルー・ボリビア戦争（1879～1884年）なども起きた．一方，アンモニアを酸化して硝酸にすれば火薬の原料になるため，ハーバー・ボッシュ法によるアンモニア合成法の確立は第一次

世界大戦の原因の1つになったといわれている．このように，肥料には戦争と関連したエピソードが少なくない．それは，肥料自体が食料生産を支える重要な物資であることに加え，肥料となる鉱物資源は火薬原料にもなり，またその資源量が有限で，分布も局在していることに起因している．

わが国では，伝統的に山野の草（下草）の刈敷や堆きゅう肥などの自給肥料に依存しながら，下肥（人糞尿），干鰯や油粕が販売肥料として流通し，農地の養分補給を支えていた．長塚節の小説『土』にあるように，下草を集めることにはたいへんな労苦を要し，投入できる量も少なかった．江戸〜明治時代には，人口の集中する都市は下肥の生産地になり，野菜栽培を中心とした近郊農業の発達を促した．農村部から都市部への肥車による下肥の調達のようすは，徳富健次郎（蘆花）の随筆『みみずのたはこと』にも記されている．なお，鎖国下の江戸時代は，養分循環型の食料生産システムを行使した，世界に類を見ない資源循環型社会として評価されている．

日本における化学肥料の製造は，1875年に大阪造幣局がリン酸アンモニウムと過リン酸石灰を試作したことに始まる．その後，1886年に高峰譲吉がリン鉱石を用いて大阪の硫酸製造会社で過リン酸石灰を製造し，1887年に東京人造肥料会社（現 日産化学）を設立した．多木製肥所（現 多木化学）では骨粉から過リン酸石灰製造を始めた．

1908年に日本窒素肥料会社（現 チッソ）が設立され，1909年に石灰窒素の生産が開始された．アンモニア合成は，ハーバー・ボッシュ法の反応条件が異なる種々の方式が海外から導入された．1923年，日本窒素肥料会社延岡工場（現 旭化成）の操業に始まり，その後，第一窒素（三井東圧を経て，現 三井化学），大日本人造肥料（現 日産化学），住友化学などでアンモニア合成が行われた．一方，日本政府もアンモニア合成の重要性を認識し，1931年に昭和肥料川崎工場（現 昭和電工）において東京工業試験所法によるアンモニア合成と硫酸アンモニウムの国産化が実現した．また，ソルベー法を改良したソーダ灰（炭酸ナトリウム）-塩化アンモニウム併産法が開発され，塩化アンモニウムの増産がなされた．カリウム肥料は，1909年に日本化学工業亀戸工場で工業化されたが，すぐに輸入カリウム肥料に席巻された．化成肥料は石灰窒素，リン鉱石，カリウム塩，硫酸などを原料とした「天地配合肥料」に始まり，大日本人造肥料の"みずほ化成"（1928年）などに至った．このように，わが国

においても化学肥料時代に移行し，特にアンモニア合成工業が発展し，ナフサや天然ガスなどからの水素の調達，化成品製造時に副次的に生成される回収硫安や副生硫安の利用などの技術革新によって，安価に窒素肥料を供給できることになり，集約農業の一翼を担った．しかし，オイルショックによってナフサ等の原料価格が高騰して国際競争力が低下するとともに，国内消費の飽和や輸出量の減少などもあり，肥料用のアンモニア合成工業は衰退した．

Nは空気中に無尽蔵にあるので，アンモニア合成の課題はNに反応させる水素の調達に関するエネルギーコストの問題に帰着する．一方，Pの資源量は限られており，産地も局在しているため，将来の農業生産を制約する可能性が高い．現在の技術で採掘可能な量で計算すれば150年，全P資源量で計算すれば550年がP資源の寿命であるといわれている．なお，フロリダはかつて世界最大のリン鉱石の産地であり，日本の輸入リン鉱石の60%を占めていた．しかし，資源の枯渇とともに，採掘跡地の廃泥やリン鉱石に不可避的に混入する有害元素（As, Cd, Cr, Hg, Pb, Se, Uなど）の周辺環境への飛散などの問題で露天掘りができなくなったため，1996年以降，リン鉱石の輸出は停止された．Kに関してはK鉱石の埋蔵量が多いため，現在の採掘量でも当面，枯渇は問題にならない．海水中のKの回収も可能である．

増える人口を養うために肥料は不可欠である．しかし，生産を意識しすぎた場合に，作物が必要とする量以上に施肥されることがある．結果として，土壌を荒廃させ，水系や作物を汚染し，ひいては人間の健康を脅かすなどの問題が生じて，化学肥料が非難されることになった．しかし，「化学肥料そのものが悪いのではなく，人間が安易に化学肥料に依存して，その使い方を間違えた」という認識をしなければならない．

化学肥料も有機質資材も決して万能ではなく，両者には一長一短がある．有機質資材も使い方を誤れば，農地や環境を壊すことになる．循環型養分フローの食料生産システムを機能させるためには，土壌・肥料・植物・食料・エネルギーなどへの深い理解と創意工夫が不可欠である．近年，肥効調節型肥料，ペースト肥料，高成分肥料，有機質入り肥料など，肥料の利用効率の向上，環境保全，農作物の品質の維持・向上，施肥作業の省力化などに貢献する機能を持った肥料とその効果的な利用法が開発されている．

b. 化 学 肥 料

1) 窒素質肥料

　窒素質肥料の N の化学形態は，表 1.3 のように，無機態であるアンモニア態と硝酸態，尿素態，シアナミド態および有機態がある．なお，尿素態とシアナミド態は，無機態 N から合成された簡単な有機化合物であるので，有機態とはみなさない場合が多い．

　硫酸アンモニウム（硫安，ammonium sulfate）はアンモニアと硫酸を反応させて作られる．速効性で，遊離硫酸を含むため酸性を呈する製品が多いが，化学的中性，生理的酸性肥料で，硫黄の供給源にもなる．硝酸アンモニウムや硝酸カルシウムは吸湿性が強く，保管中に固結（肥料粒または粉末が相互に固着して塊を作ること）が起こることがある．硝酸カリウムは塩化カリウムと硝酸を反応させて作り，N と K を含むので液肥や硝酸系複合肥料に使われる．

　尿素（urea）はアンモニアと CO_2 を加熱・加圧して合成され，それを乾燥機内に噴霧して固化させる．一般に粒状であり，水によく溶ける．温度が高くなると吸湿性が増加する．尿素は土壌中で炭酸アンモニウムに変化する．この変化に要する期間は夏では 4～5 日間，冬は 1～2 週間であり，硫安などよりもやや緩効的である．SO_4^{2-} や Cl^- を含まないので土壌を酸性化させにくい．また，非電解質である尿素はイオン性物質よりも組織浸透性が高く，葉面からも吸収されやすいので，葉面散布用の N 成分として利用される．石灰窒素は，カーバイト（CaC_2）と空気中の N を反応させたカルシウムシアナミド（$CaCN_2$）と炭素（C）の混合物である．カルシウムシアナミドは白色水溶性であるが，C を含むため製品は黒灰色である．また，生石灰（CaO）や消石灰（$Ca(OH)_2$）が残存するのでアルカリ性を呈する．シアナミド（cyanamide）には殺虫・殺菌・種子発芽阻害などの農薬的作用があり，石灰窒素は農薬としても登録されている．なお，シアナミドにはアセトアルデヒド脱水素酵素の阻害作用があり，人体に吸収されるとアルコールの中間代謝産物で二日酔いの原因となるアセト

表 1.3　窒素肥料の形態

窒素形態	代表的な肥料	特　徴
アンモニア態（NH_4^+）	硫安，塩安，硝安，リン安，腐熟堆肥，安水	速効性
硝酸態（NO_3^-）	チリ硝石（硝酸ナトリウム），硝安	速効性
尿素態（$(NH_2)_2CO$）	尿素，人・家畜尿など	やや緩効性
シアナミド態（CN_2）	石灰窒素（粉状，粒状）	緩効性

アルデヒドの分解を抑制するので，アルコール依存症の改善薬として利用される．石灰窒素の施肥作業後の飲酒は避ける必要がある．シアナミドは，土壌中で尿素に変化した後，炭酸アンモニウムになる．その過程でできるジシアンジアミドは硝化抑制効果があり，石灰窒素の肥効の緩効化に寄与している．

イソブチルアルデヒド縮合尿素（IBDU）やアセトアルデヒド縮合尿素（CDU）など，尿素とアルデヒド類を縮合し高分子化した窒素肥料がある．化学的加水分解や微生物的分解を受けて肥効が発現するので，緩効性である．造粒して肥料粒の表面積を小さくすれば，分解を受けにくくなるので，緩効性が安定する．

2） リン酸質肥料

リン酸質肥料のPの形態を表1.4に示した．水溶性P，可溶性Pおよびクエン酸可溶性（ク溶性）Pがあり，溶媒に対する溶解性をリン酸の肥効の尺度とする．水溶性Pは水に溶けやすく速効性である．可溶性Pは，水溶性Pとペーテルマン氏液（アルカリ性クエン酸アンモニウム溶液）に可溶なPであり，速効性に加えて，一部は緩効性である．ク溶性のPは，2％クエン酸溶液に溶けるP（水溶性Pを含む）であるので，土壌中の炭酸や植物根から分泌される有機酸によって可溶化し，植物に緩効的に利用される．

表1.4 リン酸肥料の形態

リン形態	代表的な肥料	肥効	性質
水溶性リン酸 ($Ca(H_2PO_4)_2$, $NH_4H_2PO_4$, $(NH_4)_2HPO_4$, H_3PO_4など)	過石，重過石，リン安	速効性	水によく溶ける．植物に吸収利用されやすいが，土壌にも固定されやすい．
可溶性リン酸 ($Ca(H_2PO_4)_2$, $CaHPO_4$など)	過石，重過石	速効性 （一部緩効性）	水およびペーテルマン氏クエン酸アンモニウム溶液に溶ける．
ク溶性リン酸 ($CaHPO_4$, $MgHPO_4$など)	熔リン，焼リン，沈殿リン酸石灰，副産リン肥	緩効性	水および2％クエン酸溶液に溶ける．植物の根から分泌される有機酸や土壌中の炭酸に溶け植物に吸収される．
不溶性リン酸 ($Ca_3(PO_4)_2$など)	リン鉱石，骨粉	きわめて遅い	溶けにくく，このままの形態では植物に吸収されない．
有機体リン酸 （フィチン態，レシチン態，核酸態など）	米ぬか，魚肥，油かす	遅い	土壌中で徐々に分解され効果を現す．

$Ca(H_2PO_4)_2$：リン酸二水素カルシウム，$CaHPO_4$：リン酸水素カルシウム，$Ca_3(PO_4)_2$：リン酸三カルシウム，$NH_4H_2PO_4$：リン酸一アンモニウム（MAP），$(NH_4)_2HPO_4$：リン酸二アンモニウム（DAP），H_3PO_4：遊離リン酸，$MgHPO_4$：リン酸水素マグネシウム．

過リン酸石灰はリン鉱石を硫酸で処理して製造する．主成分は，リン酸二水素カルシウム（$Ca(H_2PO_4)_2 \cdot H_2O$）と石膏（$CaSO_4 \cdot 2H_2O$）であり，可溶性Pを15%以上含有し，その大部分が水溶性である．遊離酸が残存しているため，化学的酸性肥料であるが，生理的には中性と考えてよい．リン鉱石をリン酸で分解すると，石膏が少なくP濃度の高い重過リン酸石灰ができる．リン酸アンモニウム（リン安）は，リン酸をアンモニアで中和したもので，リン酸一アンモニウム（MAP）とリン酸二アンモニウム（DAP）の2種類がある．NとPの両成分を高濃度に含有するので，主要な化成肥料の原料として利用される．融解マグネシウムリン肥を熔成リン肥（熔リン）といい，リン鉱石に蛇紋岩などを混合して加熱融解した後，急冷して作られるガラス状のP肥料である．Pのほか Mg, Ca, Si を含むアルカリ性肥料である．P_2O_5 として17〜25%のPを含有し，その98%以上がク溶性である．そのため肥効は緩効的であり，土壌中でPの固定は起こりにくい．アルカリ性肥料である熔リンは，酸性矯正効果もあるので，酸性土壌での施用が有効である．

3） 加里（カリウム）質肥料

塩化カリウムおよび硫酸カリウムは，水溶性で速効的なK肥料である．塩化カリウムは製造方法が比較的単純で安価であり，硫酸カリウムよりも流通量が多い．ケイ酸カリウムは，フライアッシュ（微粉炭燃焼灰）に水酸化カリウムや水酸化マグネシウムを混合して焼成したもので，Kをケイ酸塩にした緩効性カリウム肥料である．その他，堆肥などの有機質資材に含まれるKがある．

4） 複合肥料

i） 化成肥料　三成分の合計が30%未満のものを低度化成肥料，30%以上のものを高度化成肥料という．たとえば，過リン酸石灰をベースにして，これにN源（硫安または尿素）とK源（塩化カリウムまたは硫酸カリウム）および過リン酸石灰中の遊離の酸を中和する程度のアンモニア水を加えて，造粒，乾燥させると 8-8-8（$N-P_2O_5-K_2O$%）などの低度化成肥料ができる．また，油かすなどの有機質原料が添加された，有機質入り低度化成肥料もある．一方，高度化成肥料としては，リン酸または硫酸をアンモニアで中和する過程でK塩を，またはリン安に硫安，尿素およびK塩を加えた，リン安系または硫リン安系高度化成肥料がある．また，リン鉱石を硝酸で分解した硝酸塩にアンモニアとK塩を加えて造粒すれば，硝酸系高度化成肥料になる．

なお，化学肥料の成分は，おもに天然の無機化合物に由来するので，岩石学の鉱物の化学組成表示にならって，P_2O_5, K_2O, CaO, MgO, MnO, B_2O_5, SiO_2 のように酸化物として表示する．

ii) 配合肥料　原料肥料を物理的に混合した複合肥料を配合肥料という．硫安，リン安，過リン酸石灰，塩化カリウムなどの無機化学肥料に油かす，魚かす，骨粉などの有機質肥料を混合したものが一般的である．一方，単肥の粒状肥料どうしを配合して作る肥料をバルクブレンド肥料（bulk blended fertilizer, BB 肥料）という．リン安を主体とし，N 源として硫安，尿素などを，K 源に塩化カリウムを用いることが多い．配合するので成分割合を調整しやすいが，NPK を高濃度に含むように高成分化することは難しい．相互に化学反応しないこと，混合後の分離を防ぐために粒径をそろえることなどが必要である．

5) 二次要素肥料および微量要素肥料

石灰質肥料（カルシウム肥料），苦土肥料（マグネシウム肥料），ケイ酸質肥料は，肥料三要素以外の成分（二次要素）を含むので，二次要素肥料に分類される．石灰質肥料には，生石灰（CaO），消石灰（$Ca(OH)_2$），炭酸カルシウム（$CaCO_3$）などがある（表 1.5）．また，リン酸製造時に得られるリン酸石膏（主成分 $CaSO_4 \cdot 2H_2O$）は，溶解度が炭酸カルシウムより高く，微酸性であるので，アルカリ土壌への Ca 供給に便利である．炭酸マグネシウム含量が高い炭酸カ

表 1.5　石灰質肥料の形態

カルシウム形態	代表的な肥料	肥効	性質	注意事項
酸化カルシウム（CaO）	生石灰	速効性	アルカリ分 80% で，土壌の酸性矯正作用が最も強い．	水を作用させると発熱しながら消石灰に変化する．土壌消毒や除草にも有効．
水酸化カルシウム（$Ca(OH)_2$）	消石灰	速効性	長く放置すると CO_2 を吸って炭酸石灰に変化する．	生石灰と同様に土壌消毒・除草に効果がある．
炭酸カルシウム（$CaCO_3$）	炭酸石灰（炭カル），苦土石灰	消石灰と比べやや緩効性	消石灰に比べ作用温和．主として土壌の酸性矯正用．	放置しても変化しない．植物に対する薬害のおそれはない．
副産石灰（主として $CaO \cdot SiO_2$）	ケイ酸石灰	緩効性	作用温和．石灰とともにケイ酸の利用度が高い．	ケイ酸を含むため，水稲などの増収に効果がある．

ルシウムであるドロマイト質石灰石（ドロマイト，dolomite）は，一般に，苦土石灰と呼ばれる．微量要素を含む肥料としては，マンガン肥料とホウ素肥料がある．微量要素の施用は少量であるため肥料の添加材として扱われ，マンガンとホウ素以外は主成分として認められていない．

6) 被覆肥料

肥料粒の表面を樹脂などの被膜で覆い，被膜のピンホール（微小孔隙）や肥料粒の吸水に伴う被膜の亀裂を利用して，肥料成分を徐々に，ゆっくりと溶出させること（徐放化）を図ったものが被覆肥料（coated fertilizer）である．被覆する素材になる肥料は，おもに尿素と化成肥料である．被膜の素材や組成によって，肥料成分の溶出に要する時間や溶出パターンをコントロールできる．単純溶出型と溶出開始までにタイムラグがあるシグモイド（sigmoid）型がある（図 1.21）．

被覆肥料は，植物の生長と養分要求パターンに合致した肥料成分の溶出が図れるので肥料の利用率が高いこと，そのため肥料成分の環境への流出が低減されること，溶出が制限できるため一括施用が可能であり，一作分の成分を元肥として施用（全量元肥施肥）できること，それにより追肥作業を省くことできるので省力化に貢献できること，被覆することによって吸湿や固結の防止や濃度障害の軽減ができること，などの利点がある．今後，植物根やその養分吸収活性を認知して肥料成分の溶出が図れるような，"応答機能"を有した新肥料の開発が望まれる．

また土壌中の硝化を抑制する硝酸化成抑制材を添加した肥料は，施肥窒素の

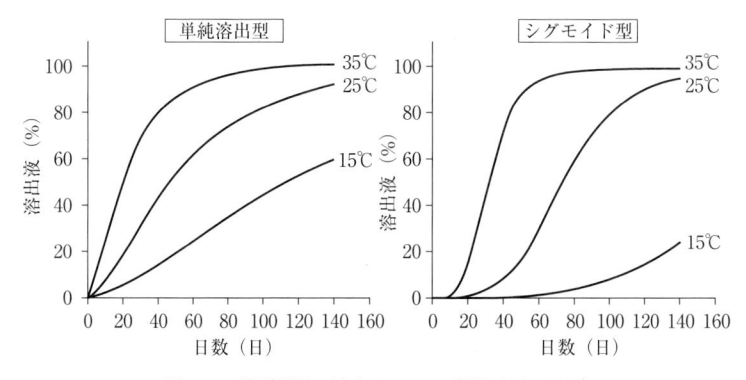

図 1.21 被覆肥料の溶出パターン（尾和ほか 2006）

化学形態変化を制御して肥効の調節ができ，硝酸イオンの水系への流出や亜酸化窒素の揮散を軽減できるので環境保全的である．前述した縮合尿素，被覆肥料および硝酸化成抑制材入り肥料は，植物の生長と養分要求パターンに合致した肥料成分の溶出コントロールができるので，肥効調節型肥料（controlled-release fertilizer）と総称される．

c. 有機質資材
1) 有機質資材とは

Nなどの肥料成分を含む有機物（organic matter）のうち，すみやかに分解（無機化）されるものは，肥料としての効果が期待できる．油かすや魚かすは，窒素または窒素に加えてリン酸やカリウムを1%以上含むという公定規格に適合するので，肥料取締法による普通肥料の有機質肥料に分類される．一方，堆肥や米ぬかなどのように，農家が自給肥料として生産することが多く，その肥料としての性質や施用方法は経験則で自明であるが，一般に低成分で，品質が一定しないものは，肥料取締法では特殊肥料に分類される．また，肥料成分含量が少なく土壌の化学性に対する影響は少ないが，物理性や生物（微生物）性の改善に効果があるもの（泥炭，バーク堆肥，腐植酸資材，木炭など）を，「地力増進法」では"土壌改良材"として分類し品質基準を定めており，肥料と土壌改良材は区分されている．

普通肥料としての有機質肥料，特殊肥料としての有機物，有機性の土壌改良材を，ここでは有機質資材と総称した．一般には，これらを混同して"有機物"，"有機肥料"や"堆肥"という用語が使われる場合が多い．有機質資材は，もちろん肥料や土壌改良材として使用されるが，それを目的として生産されることは少なく，むしろ廃棄物として産出されたものを利用する．しかし，有機物資材は，ただの廃棄物ではない．そのため，肥料や土壌改良材としての有効性が保証されることはもちろん，適切な水分含量であること，臭気が少ないこと，病原菌や重金属などの有害物を含まないことなどの肥料や土壌改良材として備えるべき品質がある．

2) 有機質資材の種類と特性

代表的な有機質資材の種類とその平均的成分組成および施用効果などを表1.6，表1.7に示した．なお，堆肥とは，さまざまな有機物を堆積して好気的

表 1.6 有機質資材の種類と成分組成の例（乾物 %）

種類	水分	T-C	T-N	C/N	P_2O_5	K_2O	CaO	MgO
わら堆肥	75	28	1.6	18	0.8	1.8	2.0	0.6
牛ふん堆肥	65	33	2.1	16	2.1	2.2	2.3	1.0
豚ふん堆肥	55	35	2.9	13	4.3	2.2	4.0	1.4
鶏ふん堆肥	40	29	2.9	12	5.1	2.7	11.3	1.4
もみがら堆肥	55	32	1.1	44	1.2	1.0	1.5	0.3
生ごみ堆肥	13	39	3.9	10	1.4	2.2	3.2	0.3
下水汚泥肥料	58	25	3.6	8	5.2	0.3	10.4	1.2
食品廃棄物堆肥	65	35	3.5	11	2.8	1.0	4.7	0.7

表 1.7 有機質資材の特性

種類	原材料	施用効果	
		肥料的	土壌改良材的
わら堆肥	稲わら，麦稈，野菜くずなど	中	中
家畜ふん（牛ふん尿）堆肥（豚ふん尿）（鶏ふん）	牛ふん尿と敷料／豚ふん尿と敷料／鶏糞とわらなど	中／大／大	中／小／小
もみがら堆肥	もみがらを主体としたもの	小	大
生ごみ堆肥	家庭のちゅう芥類など	中	小
下水汚泥肥料	下水汚泥および水分調節剤	大	小
食品廃棄物堆肥	食品産業廃棄物および水分調節剤	大	小

に腐熟させたものをいう．元来，落葉・野草，稲わらなどの植物性のものを堆積して作ったものを堆肥といい，家畜ふん尿を主体とするものは，厩肥と称して区別していた．現在では，家畜ふん堆肥，稲わら牛ふん堆肥など，原材料を示す表現が多く使われる．昨今，原料が多様になり，生ごみや食品残渣などの都市ごみ，下水汚泥，食品工業廃棄物などを堆積処理したものも，すべて堆肥（コンポスト，compost）と称することが多い．単なる乾燥物も堆肥といわれること（生ごみ乾燥物など）があるが，乾燥物と堆積処理物とでは，有機物としての性質は異なる．

　一般に，窒素の無機化は炭素率（C/N 比）によって制御され，炭素率が低いと分解が早く，無機化による窒素の放出が多くなる．家畜ふんの N 成分（乾物 %）と C/N 比は家畜飼料や発酵（腐熟）の程度で異なるが，その目安は，牛ふんでは N：1.5～2%，C/N：20，豚ふんでは N：2.5～3.5%，C/N：10～15，鶏ふんでは N：3～5%，C/N：5～9 程度である．N 成分が高く，C/N 比

が低い豚ふんや鶏ふんとそれらを原材料にした堆肥は，牛ふんや牛ふん堆肥よりも肥料としての性質が強くなる．反対に牛ふんや牛ふん堆肥は分解が遅いので土壌改良材的な性質が強くなる．豚ふんおよび鶏ふん堆肥は，牛ふん堆肥よりも P_2O_5, CaO が高いという特徴がある．わら堆肥は，わら類や山野草，野菜屑などを原料としたもので，全 N, P_2O_5, CaO, MgO 含量は他の資材に比べて低く，連用しても特定の成分が過剰に蓄積する心配が少ない．もみがら (N: 0.5%, C/N: 80 程度) を原材料としたもみがら堆肥は肥料成分が低く C/N 比が高いため肥料の効果は小さいが，土壌中での分解がゆるやかなので，土壌改良効果が期待できる．家庭などから出る生ごみを乾燥または堆肥化した生ごみ堆肥は，原材料や処理法によって成分含量は大きく異なるが，全般に P_2O_5, K_2O 含量に比べて N 含量が高いという特徴がある．下水汚泥肥料は，全 N, P_2O_5, CaO 含量が多く，K_2O が少ないという特徴がある．生ごみ堆肥も下水汚泥肥料も C/N 比が低いので，肥料的効果が高い．ただし，重金属や臭気などが問題になることがある．食品廃棄物は業種によって肥料成分量に差があるが，C/N 比が低く，肥料的効果が高い．

　分解によって無機化された N は微生物に吸収利用されて，微生物体を構成する核酸，アミノ酸，タンパク質などの有機態 N に変換される．すなわち N の無機化と有機化が同時に起こる．ごはん (C) が多く，おかず (N) が少ない有機質資材では，微生物と植物との間のおかず (N) の奪い合いは微生物が優位である．C/N 比が 20 以上の有機質資材では，有機化が優先され無機化された N が植物に供給されなくなるため，植物が一時，N 不足になることがある．これを窒素飢餓 (nitrogen starvation) という．

　C/N 比が高い有機物に対しては，家畜ふん等の N を多く含む資材を混合して C/N 比を 30 程度まで下げてから堆肥化し，十分に腐熟させて，N の無機化が有機化を上回って窒素飢餓が起こらないレベルである C/N 比 20 程度，あるいはそれ以下にすることが望ましい．

　有機質資材の窒素無機化率 (25℃, 12 週間) は，油かすでは 80%，家畜ふんでは牛ふん：30〜40%，豚ぷん：60〜70%，鶏ふん：70% 程度であり，敷料(しきりょう)などの副資材で調整したこれらの堆肥では，これよりも低くなる．N 全量として同じであっても，有機質資材の無機化率 (有効化率) は化学肥料よりも低いので，化学肥料と同等の効果を期待するには，有機質資材は増施しなければなら

ない．無機化されないNは，土壌中に蓄積され地力窒素となるが，環境負荷になるほど過剰に蓄積される場合があり，施用量や無機化率に配慮しなければならない．

3) 有機質資材の効果

有機質資材には，次の3つの効果がある．① 土壌・植物への養分供給：含有する養分は持続的で緩効的に土壌や植物に供給される．② 土壌の理化学性の改善：土壌中の有機物の増加によって，土壌の陽イオン交換容量や緩衝能が高まる．また，土壌の団粒化，透水・通気性，保水性の向上など物理性が改善される．③ 土壌の生物性の改善：土壌・植物への養分供給や土壌の理化学性の改善に伴って，土壌微生物を主体とする土壌生物の種類，量ともに増大して活性化される．

4) 有機質資材施用の問題点

堆肥で養分を供給しようとする場合，無機化速度と無機化率を考慮して肥効発現を予測する必要があるが，それは容易ではない．一方，土壌改良を目的として堆肥を多量に施用する場合には，含有する養分が施肥設計を乱すことになる．現場では，易分解性有機物が完全に分解されていて速効性の肥料成分が少なく，作物の施肥設計に影響しない完熟堆肥が使いやすい．しかし，近年，濃厚飼料の利用や「家畜排せつ物の管理の適正化及び利用の促進に関する法律」等によって堆肥の野積みができなくなり，堆肥の成分が流下されにくくなったことが指摘されている．このため，堆肥は高成分化する傾向にあり，堆肥の使い方は，ますます難しくなっている．加えて，多くの農地には養分が蓄積しているという状況にある．土壌診断・植物栄養診断を行うこと，有機質資材の素材・成分を考慮すること，化学肥料を利用することなどがますます重要になっている．化学肥料は成分が保証され，成分含量が高いので施用量は少なく，速効性で分施ができるので植物の生育を調節しながら，必要最少量の養分を供給できるという利点がある．有機農業が偏重され堆肥の効用が謳われるが，たとえば堆肥の多量施用によって微生物作用でMnが難溶化して植物のMn欠乏が起こることが知られているように，有機物資材にも欠点があり，決して万能ではない（もちろん，化学肥料も万能ではない）．

有機質資材経由で重金属が土壌に付加される場合がある．そのため，特殊肥料である家畜ふん堆肥に対しては，種類，含有成分（N, P, KのほかCu, Zn

など）や原料の種類を表示することが肥料取締法で定められている．また，農用地の土壌の汚染防止等に関する法律（農用地汚染防止法）があり，Cd, Cu, As について管理基準が設けられている．近年，私たちの身のまわりの元素の種類は著しく増加し，原始時代の5倍，江戸時代の2倍といわれている．リチウム（Li；電池），ガリウム（Ga；半導体），インジウム（In；液晶）などのレアメタルをはじめとして，私たちの生活で利用される微量元素の種類は著しく多様化しているので，今後，これらの元素の土壌付加についても監視する必要性が出てくるであろう．

●トピックス● 肥 料 の 分 類

流通商品である肥料は，いつでも，どこでも，成分に応じた効果（肥効）があることが求められる．肥料成分量やその品質を保証し，公正な取引きを行えるように，肥料取締法が制定されている．「肥料とは，植物の栄養となるもの，および土壌に化学的変化をおこさせることを目的として土壌に施すもの，ならびに栄養に供することを目的として植物体に施されるもの」であると肥料取締法では定義される．肥料は土壌に施すものだけではなく，葉面散布で使うものも含まれる．なお，肥料取締法の改訂（2003（平成15）年）に伴って，「国民の健康の保護に資することを目的とする」と追記され，肥料は農業生産のみならず食料や環境を通じて人間の健康に関係するものであることが明示された．

肥料取締法では，肥料を普通肥料と特殊肥料に区分する．化学肥料のように肥料の有効成分や品質が一定であるものを普通肥料に分類し，公定規格の制定，肥料登録，肥料成分の表示，検査が義務づけられている．表Aに，肥料取締法における肥料の分類を示した．普通肥料として，窒素，リン酸，カリウム，カルシウム，マグネシウム，マンガン，ホウ素，ケイ酸の8成分が保証成分として指定され，成分分析の公定法が定められている．主成分の名をとって窒素質肥料，リン酸質肥料，加里（カリウム）質肥料などのように分類され，区分に従って農林水産大臣もしくは都道府県知事の登録を受けなければならない．一方，堆肥や米ぬかなどは，材料，作り方，

表A　肥料取締法における肥料の分類

	種　別	種　類	内　容
普通肥料	窒素質肥料	硫安，塩安，硝安，硝酸ソーダ，硝酸石灰，尿素，石灰窒素など23種類	窒素を主成分とする肥料
	りん酸質肥料（動植物質の有機質肥料を除く）	過りん酸石灰，重過りん酸石灰，りん酸苦土肥料，熔成りん肥，焼成りん肥，腐植酸りん肥，被覆りん酸肥料など13種類	りん酸を主成分とする肥料
	加里質肥料（有機質肥料を除く）	硫酸加里，塩化加里，硫酸加里苦土，重炭酸加里，腐植酸加里肥料，けい酸加里肥料，被覆加里肥料など13種類	加里を主成分とする肥料
	有機質肥料（動植物質のものに限る）	魚かす粉末，干魚肥料粉末，魚節煮かす，肉骨粉，生骨粉，蒸製鶏骨粉，大豆油かすおよびその粉末など42種類	動植物質に由来する有機質肥料
	複合肥料	熔成複合肥料，化成肥料，配合肥料，成形複合肥料，吸着複合肥料，被覆複合肥料，副産複合肥料，液状複合肥料，家庭園芸用複合肥料	肥料三要素のうち2種以上を含有するもの
	石灰質肥料	生石灰，消石灰，炭酸カルシウム肥料，貝化石肥料，副産石灰肥料，混合石灰肥料	アルカリ分を主成分とする肥料
	けい酸質肥料	けい灰石肥料，鉱さいけい酸質肥料，軽量気泡コンクリート粉末肥料，シリカゲル肥料，シリカヒドロゲル肥料	けい酸を主成分とするもの
	苦土肥料	硫酸苦土肥料，水酸化苦土肥料，酢酸苦土肥料，腐植酸苦土肥料など10種類	苦土を主成分とする肥料
	マンガン質肥料	硫酸マンガン肥料，炭酸マンガン肥料，鉱さいマンガン肥料など7種類	マンガンを主成分とする肥料
	ほう素質肥料	ほう酸塩肥料，ほう酸肥料，熔成ほう素肥料，加工ほう素肥料	ほう素を主成分とする肥料
	微量要素複合肥料	熔成微量要素複合肥料，液体微量要素複合肥料，混合微量要素肥料	マンガンおよびほう素を主成分とする肥料
	汚泥肥料等	下水汚泥肥料，し尿汚泥肥料，工業汚泥肥料，混合汚泥肥料，焼成汚泥肥料，汚泥発酵肥料，水産副産物発酵肥料，硫黄及びその化合物	含有すべき主成分の最小量の指定がなく，含有を許される有害成分の最大量が定められている．
	農薬その他の物が混入される肥料	省令で定める16種の農薬を含む化成肥料，省令で定める5種の農薬を含む配合肥料，省令指定農薬を含む家庭園芸用複合肥料	化成肥料や配合肥料に農薬が混入されたもの．
特殊肥料		肉眼での鑑別が容易なもの，粉末にしない魚かす，干魚肥料，肉かす，米ぬか，コーヒーかす，人ぷん尿，たい肥，グアノ，含鉄物など48種類	農林水産省告示第639号（改正平成13年5月）で指定．

　地域，季節，年次などによって肥料成分や品質が変動する．このような肥料は普通肥料とは別に特殊肥料に分類され，都道府県知事への届出が必要

である.

　分類項目や基準の取り方によって肥料の分類はさまざまである.たとえば,① 化学肥料「化学的手法により製造されたもの」と化成肥料「2種類以上の肥料を原料として造粒または成形,あるいは化学的手法により製造されたもので,2成分以上を含ませたもの」,および配合肥料「2種類以上の肥料を機械的に混合したもの」,② 単肥「肥料3要素のうち1成分のみを含むもの」と複合肥料「肥料3要素のうち2成分以上を含有するもの」,③ 酸性肥料「水溶液が酸性を呈するもの」と塩基性肥料「水溶液がアルカリ性を呈するもの」,④ 生理的酸性肥料「植物の吸収を受けた後,酸性反応を呈するものを残すもの」と生理的塩基性肥料「植物の吸収を受けた後,アルカリ性反応を呈するものを残すもの」などがある.

　化学肥料は有効成分を高濃度で含むもので速効的なものが多い.また,工業的に大量に作られるため安定供給ができ,品質も一定である.一方,有機質資材は動植物性原料が主体であるので有効成分含量が低く,効果が現われるためには土壌中で分解される必要があり,肥効は緩効的である.化学肥料は「(西洋医学の) 医薬品」,有機質資材は「(東洋医学の) 漢方薬」にたとえることができる.化学肥料は耕地面積あたりの食料生産を増加させ,多くの人口を養うことを可能にしたが,過剰または不適切な施用が行われたため,農地の塩類集積や地下水の硝酸汚染,河川や湖沼の富栄養化などの環境問題を引き起こした.これを改善するために,利用効率を高め,環境負荷を軽減する機能を有した化学肥料やその施肥法が開発されている.化学肥料には,供給が容易で安定であること,成分が保証されていること,成分含量が高いので施用量は少なく省力的施肥が可能であること,速効性であることなどの特徴があるので,今後ともその利用価値は高い.現在,有機質資材の効用が注目されているが,「無機」と「有機」のそれぞれの特徴を活かして併用することが重要である.

　わが国の肥料メーカーは,原料から肥料を製造する一次メーカーと,肥料の配合を行う二次メーカーがある.また,肥料の流通は,「系統」と「商系」の2つに大別される.系統とは,JAを通じた販売ルートのことであり,系統の肥料取扱量はJA全農段階で国内流通の70%程度を,農家段階では90%程度を占める.商系は,商社系販売会社から元売を通して,農家

に販売する. 〔関本　均〕

d. 施肥のポイント

施肥には，必要とする養分を植物に効率よく吸収させること，それを通して高収量・高品質の生産物を作ること，環境保全的であること，省力であることなどが求められる．それを達成するためには，土壌や気象条件および植物の栄養特性に加えて，施肥による生産性を支配する法則（最小養分律と収穫漸減の法則）を十分に考慮しながら，施肥量，施肥時期，施肥位置，肥料の形態を吟味して施肥設計することが不可欠である.

1) 最小養分律

「ある1つの必須養分が欠乏するか，不足すると他のすべての養分が十分であっても土壌は生産性を持たなくなる」，換言すれば「植物生産性は最も不足する養分に支配される」という原理をシュプレンゲル・リービッヒ（Sprengel and Liebig）の最小養分律（Low of the minimum）という．最小養分律は，土壌の養分欠乏が生産性の制限因子であった時代に有効であった．原理そのものは現代でも通用するが，土壌の養分過剰が問題になることが多い昨今，この原理の現場適用（土壌診断結果の解釈など）は単純ではない.

2) 収穫漸減の法則

土壌養分が少ない場合，施肥量を増加させていくと収量の増加程度は大きいが，施肥量が増加するにつれて収量の増加程度は次第に低下し，施肥量が最適範囲以上になると収量は頭打ちになる．施肥量と収量増加との関係を対数曲線でとらえたものがミッチェルリヒ（Mitscherlich）の収穫漸減の法則（Low of diminishing returns）である．すなわち，「肥料の施用効果は，土壌中の養分が少ないときほど大きく，施用量が増加すると増収効果は次第に低減する」という原理である．この収穫漸減の法則は，経済法則の報酬漸減の法則，「報酬は投下された労働力や資本量の増大とともに増加するが，単位労働量や単位資本量に対する報酬は次第に減少する」に対応する．最高収量を得るための施肥量は必ずしも最大収益を得るための施肥量とは一致しない（図1.22）

3) 施肥量

①収穫物あたりの養分吸収量，②目標収量，③天然供給量や土壌窒素（地

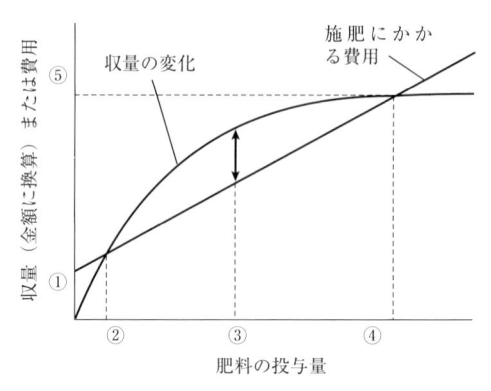

図 1.22 収穫漸減の法則
① 施肥にかかる固定費用, ② 利益を得る最低限の施肥量,
③ 利益最大となる施肥量, ④ 利益を得る最大限の施肥量,
⑤ 最大収量.

力窒素）依存率, ④ 肥料の利用率などを加味して施肥量を決定する. 肥料三要素の平均利用率の目安は, N（水田）: 20〜50%, N（畑）: 40〜60%, P（水田）: 5〜20%, P（畑）: 10〜20%, K（水田）: 40〜70%, K（畑）: 40〜70%, である. なお,「稲は地力で, ムギは肥料でとる」といわれるように, 水稲の土壌窒素（地力窒素）依存率は高く 60〜70% である. また, 有機質資材を施用する場合は, その N の無機化率と土壌蓄積量を十分に考慮する必要がある.

4) 施肥時期

肥料三要素のうち, 特に N は植物の生育に大きく作用する. 的確な植物の生育調節を図るためには, 分施（split dressing, split application：植物が必要とする肥料を栽培期間中に分けて施用すること）が基本である. 施肥の時期は元肥（基肥, basal dressing）と追肥（top dressing）に大別され, 元肥と追肥の配分および追肥の時期と回数を工夫する必要がある. 水稲の場合, 元肥 N 利用率は 60% 程度であるが, 根張りが発達した時期の追肥の N 利用率は高い（80% 程度）. 溶脱などによる養分の損出が少ない養分である P や Ca は元肥施用が基本である. K はイモ類などでは追肥が有効である場合があるが, P と合わせて元肥で施用することが多い.

植物は生育段階によって養分の要求量が異なる. 幼植物に対して多量の肥料を施用しても, 植物は十分に吸収利用できずに濃度障害を起こしたり, 余剰の肥料成分は環境中へ流出されることになる. 生育と養分吸収パターンに合致さ

せた施肥が望ましい．また，植物の生育が旺盛な時期に圃場に入って施肥作業をすることは重労働であり，施肥回数の削減が望まれる．肥効調節型肥料の利用はこれらの問題を解決する．

5) 施肥位置

施肥位置とは，土壌中における肥料の分布のことである．平面的には，肥料を圃場の全面に均一に散播する全面散布とすじ状に肥料を播く条施がある．また，深さ方向では，表面施肥，全層施肥，下層施肥，深層施肥などがある．条施の応用として，水稲の側条施肥（イネ苗の横3cm程度，深さ3〜5cm程度の位置に，田植と同時にすじ播きすること）や作条施肥（植え付け直下にすじ播き）がある．このように土壌の特定の位置に肥料を仕込む施肥方法を総括して局所施肥という．植物の根系の発達程度や元肥または追肥で異なるが，一般に表面施肥よりも，根に接触しやすい全層施肥で肥料利用率は高くなる．降雨や灌水による肥料成分の流亡や土壌との反応による変化（硝化・脱窒やリン酸の固定など）を受けにくい局所施肥は，さらに肥料利用率が高く環境保全的であり，根の伸長や分布の拡張を利用して，肥料を効かせる時期や効かせたい植物の生育段階が調節できる施肥法である．

また，肥効調節型肥料を利用すれば濃度障害が回避できるので，速効性肥料とは違った施用ができる．たとえば，初期溶出を制限したシグモイド型の被覆尿素を利用して，一作分のN全量をイネ育苗箱に詰めて苗を作り，田植え時に苗といっしょに，根に絡んだ被覆尿素を施用する技術（育苗箱全量施肥）がある．イネの窒素利用率は，表面施肥（硫安）：9%，側条施肥（硫安）：33%，表面施肥（被覆尿素）：61%，側条施肥（被覆尿素）：78%，接触施肥（被覆尿素の育苗箱全量施肥）：83%になったという試験例があり，肥効調節型肥料の局所施肥の中でも接触施肥の肥料利用率は格段に高い．

施肥には農業機械の利用が不可欠である．全面散布には，動力噴霧機やブロードキャスタ（おもに粒状の肥料を散布筒の揺動または散布板回転によって散播するもの），マニュアスプレッダ（堆肥散布機）などがある．条施には，水稲用側条施肥機，ドリルシーダ（播種機に条播き用の施肥装置をつけたもの）など，全層施肥には，ロータリーシーダ（耕うん機に施肥機と播種機をつけたもの，肥料の落下位置を変えることで，全層または中下層施肥ができる）などが利用される．

6) 肥料の形態

化学肥料の多くは速効性であるが，有機質資材は無機化を要するので緩効的である．また，肥効調節型肥料の種類とタイプを選択することで，養分を吸収させる時期とパターンを設計することができる．

e. 施肥の実際

植物には，生育量と生育パターン（たとえば，栄養生長と生殖生長の進行とその期間）および吸収養分の収穫部位への分配量などの特徴があり，これに合わせて養分補給をすることが必要である．肥料三要素の中でも，最も生育に影響するNの施肥が最重要である．なお，都道府県ごとに地域の気象，土壌，作物，品種，栽培様式に合わせた施肥基準がある．

1) 水稲

水稲栽培では追肥が重要であり，特に，1穂籾数を増加させる出穂25日前頃の幼穂形成期に施用する穂肥は，安定多収のために欠かせない．しかし，この時期のN追肥は下位節間の伸長をうながし，コシヒカリのような倒伏しやすい品種では倒伏を助長することになるので，出穂15～20日前頃に遅らせることがある．一方，生育後期のN施肥はコメのタンパク質含量を増加させ食味を低下させる．そのため，良食味米の栽培では早期のN追肥が基本である．

2) ムギ類

コムギ粉は，タンパク質（グルテン）含量によって用途が異なる．強力粉（タンパク質含量が高い），中力粉，薄力粉は，それぞれ，パン，麺，菓子に使われる．コムギ栽培では子実のタンパク含量に影響するN施肥が重要である．N欠乏は子実タンパク質含量を減少させて品質の低下を招く．一方，N過剰は徒長や過繁茂による倒伏や病害の原因になり，減収や子実品質の低下を引き起こす．ビールムギでは，子実のタンパク質含量が高いとビールの醸造適性が低下するので，追肥を省略することが多い．

3) マメ類

Nを多量に吸収し，特に開花期以降に吸収量が多くなる．吸収されるNは，根粒（根粒菌）による固定Nと土壌Nに由来し，なかでも根粒の役割が大きい．Nの増施は根粒着生を抑制して，根粒によるN固定量が低下するため，Nの施肥水準は低く設定する．ただし窒素固定が始まるまでの初期生育のための

N施肥（スターター窒素）は重要である．

4) イモ類

K要求量が多い．Nの過用はでんぷん価を下げるので，全量元肥を基本として，収穫時にはNが切れることが望ましい．

5) 野　菜

i) 栄養生長型　　ホウレンソウ，コマツナなどの葉菜類は，葉部を生育最盛期に収穫する．スタートダッシュを効かせながら，収穫時の肥料切れがないように，連続的に養分を補給する必要がある．また，栽培期間が短いので追肥の意味がない．そのため，施肥は全量元肥が基本である．多肥になりやすいので，土壌診断をして適切な施肥量を決定する．

ii) 栄養生長・生殖生長同時進行型　　茎葉を伸長（栄養生長（vegetative growth））させながら，並行して果実の肥大・充実（生殖生長（reproductive growth））をも図る必要があるトマト，ナス，キュウリなどの果菜類の栽培は，比較的長期間になるので追肥が必要である．元肥は初期生育の確保と茎葉の伸長に十分な量を，追肥は果実の肥大・充実のため生育をコントロールしながら数回に分けて施用する．元肥が多すぎると茎葉が繁茂しすぎて着果性が悪くなる場合があるので追肥を重視する．追肥重点の元肥-追肥体系が基本である．

iii) 栄養生長・生殖生長転換型　　結球型の葉菜類や根菜類では，生育の途中で結球や根の肥大が起こり，生育相（growth phase）が変わる（栄養生長から生殖生長への転換）．ハクサイ，キャベツ，レタスなどは全量元肥ではN過剰になり，カルシウム欠乏や軟腐病の発生を助長する場合がある．元肥重点の元肥-追肥体系が基本になる．すなわち，NとKの2/3または3/4程度を元肥で，残りを結球前に施用する．Pは全量を元肥で施用する．ダイコン，ニンジン，タマネギ，ニンニクなどでは，Nが不足すると根や球の肥大・充実が劣る．反対にNが後効き（生育後半の肥効）すると栄養生長が過多になり，光合成産物の分配競合が起こって根や球の肥大・充実が抑制されるので，生育後半にはNが切れるように設計することが望ましい．全量元肥または元肥重点の元肥-追肥体系が基本である．

f. 環境と施肥

環境を考えない施肥はありえない．化学肥料の施用は作物の収量水準の向上

に貢献してきた．しかし，生産を意識しすぎた場合に，作物が必要とする量以上に施肥されることがある．余分の肥料は土壌を荒廃させ，水系や作物を汚染し，ひいては人間の健康を脅かすなどの問題を引き起こす．また，有機物施用の減少という現状がある一方，未利用の家畜糞尿などの有機物が累積するという矛盾する問題も生じている．

「食料生産システム」としての農業は循環型の養分フローが基本であることを十分に理解し，土作りを行い，土壌診断や植物栄養診断を通して，適正な施肥量を設定し，施肥位置を工夫し，植物の生育パターンや養分の可給化のパターンを考慮して，施肥適期を見極め，肥効調節型肥料などを利用して，総合的に施肥効率を高めていかなければならない．

g. 農産物の品質と施肥

農産物の安全・安心はもちろん，昨今，農産物の品質が注目される．品質とは食味の良さ，色，つや，歯ごたえ，機能性成分などの総合である．表 1.8 に野菜の品質に対する栽培条件の影響事例をまとめた．肥料よりも品種や作期が野菜の品質（成分）に与える影響が大きいようである．品質に関与する栽培上の大きな要因は，土壌水分と光条件である．一般に収穫期を低水分（水ストレス状況）で経過させるほど，植物体内の糖含量は増加する．遮光されると糖や

表 1.8　野菜の品質に対する各種栽培条件の影響（目黒 2006）

品　目	成　分	各種要因の影響度
ホウレンソウ	糖	栽培時期≫遮光≫品種＞成育ステージ≒**肥料**
	シュウ酸	**肥料**＞成育ステージ＞品種≒遮光≒栽培時期
	硝　酸	**肥料**≫遮光≫成育ステージ≒品種≒栽培時期
	クロロフィル	**肥料**≫品種＞成育ステージ
	ビタミン C	作期＞品種＞**施肥条件**≒収穫時期≒土壌
	β-カロテン	成育段階≫紫外線＞**K 肥料**・浸透圧・品種＞**N 肥料**≫被覆条件
	α-トコフェロール	品種＞浸透圧・被覆条件・**N 肥料**＞紫外線≫成育段階・**P 肥料**・**K 肥料**
キャベツ	全　糖	作期＞品種≒収穫時期≒**施肥**＞土壌≒栽培密度
	遊離アミノ酸組成・含量	品種＞作期≒**施肥**≒収穫時期≒栽培密度≒土壌
	肉　質	品種＞作期≒**施肥**＞栽培密度≒収穫時期≒土壌
	日持ち・貯蔵性	品種＞作期≫収穫時期≒**施肥**≒土壌
レタス	日持ち・貯蔵性	品種≒収穫時期＞**施肥**
ニンジン	全　糖	作期＞品種≒**施肥**＞収穫時期
	根　色	品種＞収穫時期≒**施肥**

ビタミン C は低下する．また，生育後期の N 栄養の制御も品質の向上には必要である．N は栄養生長を促すが，生育後期に N が効きすぎると体内の糖含量が低下することが知られているからである．

有機質資材が農産物の品質向上に有効であるといわれている．これは，有機質資材には，土壌の団粒形成を促進し，土壌の透水性を適正に保つ効果があると同時に，有機質資材に含まれる N 成分は緩効性であり，植物体内の N レベルの急激な上昇を招かないことなど，水分と N 栄養条件の改善が関与すると考えられる．しかし，有機質資材であっても多施用は品質を悪化させるので，その種類や施用量については，十分に吟味しなければならない．

多肥栽培，特に N の多施用は，植物の過繁茂，徒長，軟弱化，可溶性 N 成分含量の増大を引き起こし，いもち病，うどんこ病，ウンカ，アブラムシなどの病害虫の発生も助長する．一方，Ca で青枯病や萎凋病などが，Mn，Cu や Zn で立枯病やうどんこ病などが，Si でいもち病，うどんこ病，ウンカ，アブラムシなどが発生抑制される．また，Al^{3+} の毒性は植物の生育阻害要因であるが，ジャガイモのそうか病を抑制する．

h. 人間の健康と施肥

植物の栄養は，農業生産を支える植物の生育にとって必要であるばかりではなく，食料を通じてミネラルを摂取する人間にとって重要である．鉄欠乏，ビタミン A 欠乏，ヨウ素欠乏は世界の三大栄養疾患であり，亜鉛欠乏による疾患も多い．植物体中の鉄，亜鉛，ヨウ素などのミネラル濃度を高めることは人間の健康増進に有意義である．肥料は植物（作物）へのミネラルの富化を通じて人間の健康に寄与するものであり，施肥はそれを達成するための直接的で効果的で簡便な方法である．しかし，富化と過剰は紙一重であるため，富化に当たっては，土壌や水系の汚染，作物の過剰害，過剰摂取による人間の健康被害が起こる場合を想定する必要がある．

微量ミネラル含量が高いことが，有機栽培の特徴の 1 つとして取り上げられることがある．生物由来の有機質資材は，不純物の混入を許さない化学肥料に比べて微量ミネラル含量が高いからである．しかし，植物の微量ミネラル吸収は，微量ミネラルの植物可給態レベルやその他の要因（根系の発達や根の養分吸収力など）に基づくため，有機質資材の施用によって植物の微量ミネラル含

量は必ずしも増加しない．また，茎葉部の含量は高くなるが，穀粒や果実には転流しにくく，可食部の含量はあまり高まらない微量ミネラルも多い．施肥によって作物へのミネラルの富化が簡単・安易に達成できるわけではない．なお，ミネラル強化作物の作出には，施肥による方法に加えて，ミネラルの吸収，移行，蓄積やそれに関与する機能を強化する分子生物学的改変が有効である．

シュウ酸はカルシウムの吸収阻害や結石の原因となるため，人が摂取する植物（野菜）においては，その低減化が望まれている．シュウ酸の生成量は硝酸イオンの還元量に比例するので，ホウレンソウのシュウ酸濃度低減のためには，N減肥と硝酸イオンの低減が必要であることが指摘されている．また，硝酸イオンは人間の体内でその一部が毒性の高い亜硝酸イオンに変わり，さらに第二アミンと反応して発がん性をもつN-ニトロソ化合物が生成されるため，その摂取量は少ない方が望ましいとされてきた．しかし一方では，硝酸イオンは人体内で合成され，亜硝酸イオンとともに常時体内に存在することから，硝酸イオンは必ずしも健康を害するものではないという指摘もある．硝酸イオンの摂取源はおもに野菜であるが，現段階では，それを含む野菜の安全性に問題があるとはいえない．硝酸イオンは植物が吸収する主要なNの形態であるので，植物の硝酸イオン濃度は，窒素栄養診断指標として利用される．

肥料は，岩石圏・水圏・大気圏・生物圏のインターフェイスである土壌に施されるものである．農の生業は土壌を通して行われ，その土壌の肥沃度は肥料に左右される．土壌の健全さが健康の基であるならば，土壌に施用される肥料もまた健康の基でなければならない．病に至る肥料か，命を醸す肥料か，土壌・植物・大気・水・人間，さらには地域社会（コミュニティー）の健康という視点で肥料を見つめる必要がある（陽 2007）．

●トピックス● 地力と環境

(1) 「地力」の位置づけ

　水生植物や海生植物は，底泥（セデメント）を支えとし，養水分の多くを周辺の水から葉部で吸収する．これに対し，陸生植物は大地に生育し，炭水化物の素となる炭素と呼吸に必要な酸素以外は，土壌溶液から，窒

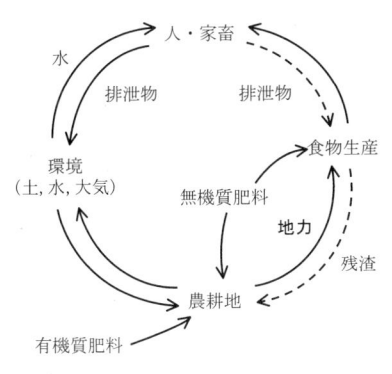

図1 農耕地での地力をめぐる関係

素（N），イオウ（S），リン酸（P），カリウム（K）をはじめとする17の栄養元素と水を根によって吸収する．土壌溶液に溶けている栄養元素の量は多くの場合，植物が必要とする量の数％であり，大部分の栄養元素は，土壌構成分から供給され，不足分を肥料から供給される．土壌からの植物養分の供給能は「地力」あるいは「肥沃度（soil fertility）」と呼ばれ，土壌の作物生産性は「土壌生産力（soil productivity）」である．土壌は植物栄養元素のプールであるが，作物が栽培される農耕地生態系は，土，水，大気の環境と連絡しており，地域的，全球的な環境と相互関係を持っており，土壌中栄養元素は生態系の物質循環（mineral cycling）中にある（図1）．

(2) 「地力」の構造

作物生産への養分供給は，N, S, Pに関しては，土壌有機態成分からの植物可給態養分の生成に依存している．この可給態養分の生成には，物理化学的溶解に加え，微生物あるいは分解酵素の働きによるものが重要である．作物が吸収するアミノ酸，アンモニア，硝酸，リン酸，硫酸の生成には多くの酵素反応が関与する．微生物や酵素の働きは，温度と水分条件によっており，また基質の量，すなわち分解可能な有機物の量が重要である．温帯では年間土壌有機物含有量の2〜5%，熱帯では10〜30%，亜寒帯では1%以下が分解するが，基質量は亜寒帯で多く，ついで温帯，そして亜熱帯と熱帯では，温帯の1/5から1/10である．どの土壌でもそのC/N比は8〜12であり，土壌有機物Nの大部分が微生物アミノ酸と考えられる．「N地力」が土壌有機物Nで構成されるとすると，「N地力」の増大はC

の供給と対応するものでなければならない．無機化学肥料は施用された直後は植物の栄養となるが，「N地力」とはならず，土壌微生物による有機化により有機物Nとなってはじめて「N地力」となる．

　K, Ca, MgやFeなど微量元素は，一部有機物からの放出もあるが，土壌鉱物や粘土など無機構造物からの放出が重要である．この無機構造物からのミネラルの放出は，水分，pH，酸化還元，温度や有機酸などの環境条件で変わってくる．酸性条件では，MnやFeが，植物が必要とする以上に放出され，また逆にアルカリ性になると，CaやMgが過剰となり，Feは不溶体のFe(OH)$_3$となり，植物は吸収できなくなる．このような状況の中で，植物によっては，不要なものの吸収を抑制したり，必要な栄養元素の吸収を促進することによって耐性メカニズムをもつものがある．作物は菌根菌との共生によってPやNの吸収できる根圏容積を拡大し作物の生産性が拡大する．

　熱帯耕地土壌では，「地力」の量的土壌プールは小さく，植物が吸収する養分は土壌中に低い濃度で広域に存在する．この状況を改善するため，マメ科作物の栽培やマメ科の樹木を用いたアグロフォレストリー（農業・林業を組み合わせた農法）によって土壌肥沃度を増進することが図られている．これらの農法では，マメ科植物の根粒による窒素固定(biofertilizer)，下層に深く展開する根による下層栄養分のくみ上げ，残渣による次作や間作の作物への肥効化などが効果をもたらすとされる．しかし，マメ科作物の大量のグレインや地上部の持ち出しはN養分のバランスからみると必ずしも土壌肥沃度をプラスにするとはいえず，100 kg ha^{-1}のマイナスもありうるので，収穫と地力増進を両立させるような運用は難しい．

　アフリカや南米のように乾燥して強く風化した古い土壌では，塩基成分が溶脱し酸性化し「地力」は低下している．このような土壌では石灰施用が有効であり，pHを上昇させることでモリブデン（Mo）などの養分の土壌供給力が高まる．一方東南アジアの湿潤熱帯では，高水分含量と微生物などの活動により土壌有機物は分解して，土壌のC, N, Pの含有率は低下する．しかし植物の根圏や体内の生物的窒素固定のように，微生物による地力の増進もある．さらに灌漑水や湛水土壌の溶存物質は，植物にとっての有効な養分の供給源となる．

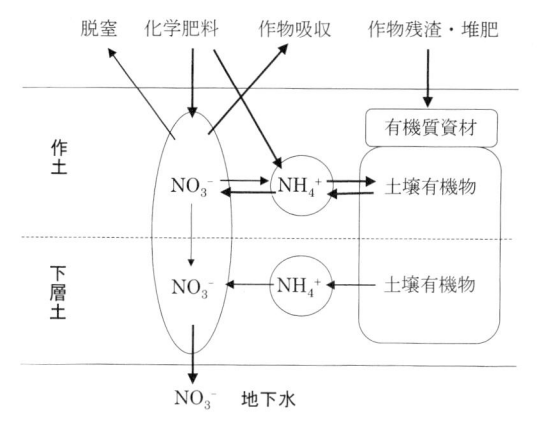

図2 圃場における可給態窒素の流れ

(3) 「地力」と環境の関係

地力（植物栄養分）となる土壌から放出された硝酸イオンは，作物根の近傍（根圏）で吸収されるほか，水の動きとともに根圏からはずれ，地下水へ移行したり，また一部がガス（N_2O, N_2）となって大気に移行することがある．このように，作物生産向上のため肥料や有機物を施用した場合，作物に吸収されない養分が土壌に集積（地力の形成）し，その集積養分が再放出されると，養分は作物に吸収されるとともに，吸収されない養分は根圏外に移行し環境に放出されることになる（図2）．養分を必要としない環境への負荷をいかにマネジメントするかが，重要な技術課題であり，現在「環境保全型農業技術」とされるものである．すなわち地力と施肥をアセスメントして，環境への負荷を少なくして作物生産の向上を図るものである（日本土壌肥料学会 2008）．

(4) 環境へ放出される未利用の硝酸の起源

ここに興味ある研究結果の報告がある．イギリスのローザムステッド研究センターでの研究（Macdonald *et al.* 1989）で，^{15}N標識の肥料を用いてコムギを栽培した場合，コムギ収穫後土壌の無機態窒素（地下浸透する硝酸のソース）はほとんど^{15}Nで標識されていなかった．放出されたのは土壌に蓄積していた有機物起源の窒素であった．このことは当年に肥料施用量を減らしても，環境負荷となる硝酸量には変化が期待できないことを示している．この論文を読んだとき日本の肥沃な土壌を思った．環境に出

ているのは最近施用された肥料窒素でなく，土壌に蓄積された有機物から無機化され放出されたものではないのか？　この件について，デルタ^{15}Nを用いたライシメーター実験によれば（山田 2001），土壌タイプによって，地下浸透硝酸の起源が，最近の施肥であったりあるいは土壌蓄積窒素であったりしている．一方関東黒ボク土壌における化学肥料と有機堆肥の長期施用実験（Maeda *et al.* 2003）では，化学肥料は短期で地下浸透するが，有機堆肥起源の窒素も，時間をおいて放出され，地下浸透することが明らかにされた．特に作物が収穫されたあと雨量が大きいと，硝酸ロスは大きくなる．環境への負荷を少なくする地力管理には，環境科学のセンスが必要である．

〔米山忠克〕

2. 光合成と呼吸

2.1 光　合　成

　光合成（photosynthesis）とは，独立栄養生物が光エネルギーを利用し，CO_2 と H_2O から有機物（糖）を生産する一連の反応を意味する．

$$6CO_2 + 12H_2O + 光エネルギー \longrightarrow C_6H_{12}O_6 + 6H_2O + 6O_2$$

　光合成を営む生物には，高等植物，藻類，ラン藻，および光合成細菌などがある．高等植物や藻類などの真核光合成生物では，光合成を行う葉緑体（chloroplast）と呼ばれる細胞小器官が分化している．葉緑体は，ミトコンドリアと同様に DNA の遺伝情報系とタンパク質合成系を有する細胞小器官で，核との共同作業によって器官の形成と機能発現を行う．一方，ラン藻や光合成細菌などの原核生物では，光合成を行う器官としての明確な分化はなく，細胞膜や細胞内膜系に光合成の集光系とエネルギー変換系が存在し，光合成の炭酸同化系は呼吸やその他の代謝の反応系と一部共有する．

a. 葉緑体とミトコンドリア

　高等植物の葉緑体は，大きさ 2〜10 μm の楕円型の構造をもち，物質透過性の高い外膜とトランスポーターやキャリアなどの物質透過の選択機能を担うタンパク質の備わった内膜の二重膜で覆われた胞膜で覆われている．器官内部には，チラコイド（thylakoid）と呼ばれる偏平な袋状の構造が全体にひろがっており，チラコイド膜には以下に述べる光化学系と電子伝達系および ATP 合成を担うタンパク質が備わっている．そして，チラコイド膜が部分的に何重にも重なり合っている部分は特にグラナチラコイド（grana thylakoid）と呼ぶ．一方，それらチラコイド膜間の空間部分は，液相でストロマ（stroma）と呼

ばれている．ストロマには炭酸同化系の酵素群が存在する．葉緑体は，通常細胞あたり数個から200個ぐらい存在する．

ミトコンドリア（mitochondoria，単数形 mitochondrion）は，大きさ 0.1～2 μm の球形からチューブ状の細胞小器官で，葉緑体と同様，外膜と内膜からなる二重膜によって覆われている．内膜は，葉緑体と異なりかなり入り組んだ構造をしており，ATP 合成のための電子伝達系や ATP 合成のタンパク質が存在する．この内膜の折りたたみ部分をクリステ(cristae)と呼ぶ．内膜によって囲まれた液相の空間部分をマトリクス（matrix）と呼び，マトリクスにはTCA 回路の代謝を担う酵素群や後述する一部の光呼吸の酵素が存在する．

b. 光合成の仕組み

高等植物の場合，光合成の一連の反応は，機能の面から次の4つの過程にわけられる（図2.1）．

① 光エネルギーをチラコイド膜に存在するアンテナ色素分子が吸収し，そのエネルギーを反応中心の色素分子へ伝達し，反応中心で電荷分離を引き起こす（集光・光化学反応，light-harvesting/photochemical reaction）．

② 反応中心から放出された電子はそれにつながる電子伝達系へ伝達される．そのとき，反応中心の酸化力で水が分解され H^+ と酸素がチラコイド膜内腔に放出される．電子は最終的に $NADP^+$ に渡され自身は NADPH

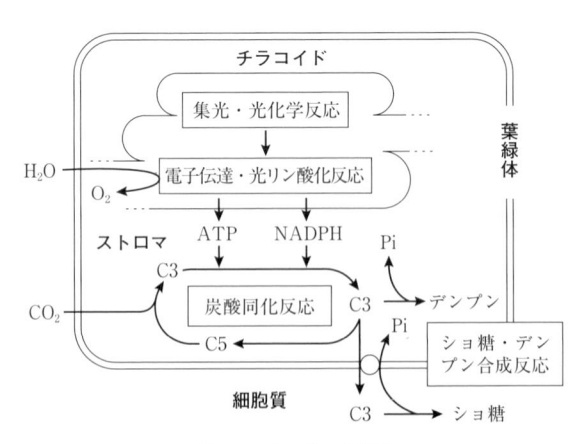

図 2.1 光合成の仕組み
Pi：無機リン酸

となる．水分解によるH^+と電子伝達に伴うH^+の共役輸送でチラコイド膜の内外にH^+の濃度勾配が生じ，その電気化学ポテンシャルを利用してATPが生産される（電子伝達・光リン酸化反応，electron transport/photophosphorylation）．

③ ATPとNADPHを利用してCO_2の受容体である糖リン酸が生産され，葉緑体ストロマまで拡散したCO_2が固定される（炭酸同化反応，carbon assimilation）．

④ CO_2を取り込んだ有機物の一部の糖リン酸から，ショ糖とデンプンが生産される．その過程で脱リン酸反応で放出されたリン酸はATP生産のリン酸源として再利用される（ショ糖・デンプン合成反応）．

以上，4つの過程は，植物の種の違いにかかわらず，基本的に同じ機構で成り立っている．本項では，まず，①～④までの光合成の基本的な反応について解説し，次に，炭酸同化の過程に異なる付加的機構をもつ植物の光合成について述べる．

1) 集光・光化学反応

光合成の反応は光エネルギーの獲得反応から始まる．この反応を集光反応と呼ぶ．光エネルギーの獲得の多くは，葉緑体のチラコイド膜に存在する光合成色素，クロロフィル（chlorophyll）で行われる．高等植物のクロロフィルにはa型とb型がある．基本構造は4個のピロールからなるテトラピロール環（ポルフィリン，porphyrinと呼ばれる）で，環の中央にはMg^{2+}イオンが配位する．クロロフィル分子は脂溶性ですべてタンパク質と結合して機能し，480nm以下と550～700nmの間の光を吸収する．クロロフィル分子の結合したタンパク質は大きく分けて，① 光捕集（アンテナ）の機能のみを持つ集光性色素タンパク質（light-harvesting chlorophyll protein complex I, LHC IとLHC II），② 光化学系I（photosystem I, PS I）に結合するアンテナとその反応中心を含むいくつかの色素タンパク質複合体，③ 光化学系II（PS II）のアンテナの一部（PS II色素タンパク質複合体）とその反応中心を含む色素タンパク質複合体，の3種に分類される．①の集光性色素タンパク質複合体のLHC IはPS Iへの，そして同じく集光性色素タンパク質複合体のLHC IIはおもにPS IIへの光エネルギーの捕集の役割を担う．ただし，限られた条件において，LHC IIがPS Iの光捕集反応を担う場合もある（ステートトランジショ

ン，state transition）．これらの色素タンパク質複合体は，同じチラコイド膜に存在する他のタンパク質より量的に多く，全チラコイドタンパク質の50％近くも占める．

　高等植物のクロロフィル分子のa:b比は普通約3:1であるが，陰性植物では2:1付近のものも多い．上に述べた②と③のPS I と PS II の色素タンパク質複合体のクロロフィル分子はすべて a 型で，その100分子から400分子に1つの割合でそれぞれの反応中心（reaction center）クロロフィル分子が存在する．反応中心クロロフィルも a 型である．一方，クロロフィル b はすべて①の集光性色素タンパク質に結合している．中でも，90％以上のクロロフィル b は LHC II に結合し，LHC II のクロロフィル a:b 比はほぼ1:1となっている．

　光合成色素には，クロロフィルのほかに，カロチノイド（carotenoid）とフィコビリン（phycobilin）が存在し，タンパク質と結合して光合成色素として働く．カロチノイドは，広く植物界に認められる光捕集の色素で LHC II のマイナータンパク質に結合している．フィコビリンは，ラン藻や紅藻などの主要な光合成色素として働く．

　光エネルギーを吸収したクロロフィル分子やカロチノイド分子は励起状態になる．その励起エネルギーは色素分子間でエネルギー転移をしながら，効率良く反応中心クロロフィルへ伝達される．こうして集められた励起エネルギーによって，反応中心クロロフィルで電荷の分離が起こる．そこで放出された電子はそれにつながる電子伝達系に渡される．しかし，電子伝達系の受容能力を超える光エネルギーが色素分子で吸収された場合，過剰となった励起エネルギーの多くはカロチノイド分子で熱に変換され消去される．特にキサントフィルサイクル色素（xanthophyll cycle pigments）のゼアキサンチン（zeaxantin）がこれにかかわる．反応中心クロロフィルには2種類あり，それらに結合する色素集団も2種類に分かれていて，それらが PS I と PS II として区別されている．PS I の反応中心クロロフィルは，電荷分離を生じ酸化型になったとき700 nm に吸収が現れることから P 700 と呼ばれ，PS II の反応中心クロロフィルは，同じく酸化型になったとき680 nm に吸収が現れ P 680 と呼ばれる．

2）電子伝達系と ATP 生産

　反応中心クロロフィルの電荷分離によって放出された電子は，速やかに電子伝達系に伝達され，同時に生じる強力な酸化力で H_2O が分解され O_2 が放出さ

れる.他方,電子伝達系では還元物質である NADPH が生産される.

図 2.2 にチラコイド膜上での集光・電子伝達およびそれらの反応に伴う H^+ 輸送と ATP 合成を担う分子複合体のモデル的な配置を示した.PS II 複合体は,反応中心 P 680 といくつかの電子伝達成分が結合するタンパク質（D_1/D_2 タンパク質）,PS II 色素タンパク質（CP47 と CP43）,光捕集タンパク質 LHC II,および Mn を含む水分解系タンパク質などからなる.

反応中心 P 680 より放出された電子は,この PS II 複合体中の D_1/D_2 タンパク質に結合するフェオフィチン,Q_A,Q_B を経て,膜内に遊離の状態で存在する脂溶性物質プラストキノン（PQ）に渡される.一方,PS II 複合体の酸素発生（水分解）系のタンパク質成分はチラコイド内腔側に存在し,P 680 の電荷分離に伴い酸化された $P\ 680^+$ の供給する強力な酸化力を利用し,Mn イオンの酸化還元系を介して水を分解し,O_2 を発生,H^+ を内腔（ルーメン）に放出する.PS II 複合体はグラナチラコイド部分に多い.

PS II 複合体から電子を渡された PQ は還元され,プラストヒドロキノン（PQH_2）になる.PQH_2 はチラコイド膜の脂肪層を拡散し,シトクロム（cytochrome, Cyt）b_6/f 複合体の内腔側に位置するリースキタンパク質（RsP）へ電子を渡す.この電子伝達が H^+ 輸送と共役し,PQH_2 は酸化型の PQ に戻る.Cytb_6/f 複合体には,テトラピロール環に Fe イオンを配位したヘム（heme）

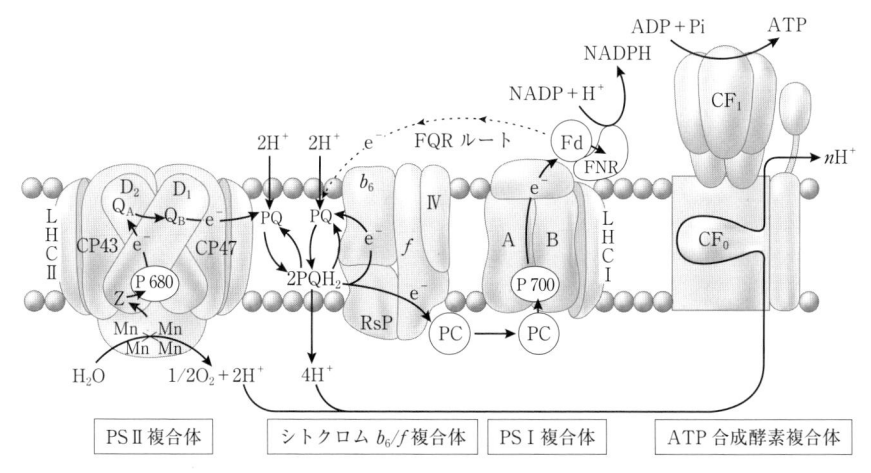

図 2.2 チラコイド膜上の集光・電子伝達系の分子複合体のモデル配置.膜上部がストロマ側.膜下部はチラコイド膜内腔.

と呼ばれる鉄錯体をもつ2種の Cyt タンパク質（$Cytb_6$ と $Cytf$）が存在し，電子の一部は $Cytf$ を経て，チラコイド膜内腔に溶存するプラストシアニン（PC）に渡される．PC は銅を含む水溶性のタンパク質である．また，RsP に渡された電子の一部はもう1つの Cyt タンパク質 b_6 のヘムに渡され，再び PQ を還元する．PQ は PQH_2 となり，RsP へ電子を渡し，結果として H^+ 輸送が倍化される（Q サイクル）．このほか $Cytb_6/f$ 複合体には電子伝達には直接携わらないもう1つ主要なタンパク質サブユニット IV が存在する．

　$Cytf$ から電子を受け取った PC はチラコイド内腔を拡散し，PS I 複合体の反応中心の正電荷部位に結合して電子を伝達する．PS I 複合体は，反応中心 P 700 といくつかの電子伝達成分を含む色素タンパク質（サブユニット A/B），Fe-S センターを含むタンパク質，および LHC I などから構成される．この複合体に Fe-S センターをもつ水溶性タンパク質フェレドキシン（ferredoxin, Fd）がストロマ側で結合し，PS I 複合体より電子を受け取る．その電子は NADP 酸化還元酵素（FNR）を経て $NADP^+$ に渡され，最終的に NADPH が生成される．PS I 複合体はストロマチラコイド部分に多い．

　PS II 複合体での H_2O の分解に伴う H^+ 放出と PQ と $Cytb_6/f$ 複合体を介したストロマからチラコイド内腔への H^+ 共役輸送が，チラコイド膜内外に H^+ 濃度勾配を生じさせ，電気化学ポテンシャルを生む．それによって，チラコイド膜内腔から再びストロマへ H^+ が流出するエネルギーを利用して，ATP 合成酵素が ADP とリン酸から ATP を合成する．この ATP 合成酵素は葉緑体に特有のものではなく，細菌やミトコンドリアのものと同じ構造を有する．ATP 合成を触媒するファクター 1（CF_1）と H^+ 流通に関与する膜結合因子であるファクター 0（CF_0）からなる．

　以上，電子伝達系で1分子の H_2O の分解から理論上1分子の NADPH が生成される．この過程における H^+ 輸送/ATP 生成比=4 と仮定する（化学平衡論に基づく自由エネルギー量から計算すると H^+/ATP=2.94 となるが，実際はチラコイド膜を介したプロトンの漏れがある）と，ATP/NADPH 生成比は 1.5 となり，以下に述べるカルビン回路における ATP/NADPH 消費比と一致する．しかし，電子伝達系には，PSI 複合体を循環する循環的電子伝達経路（cyclic electron transport around PSI）が存在し，その生成比は調整される．近年，さまざまなストレス条件でこの循環電子伝達系が駆動していることが明

らかになった.循環的電子伝達経路には2種の経路が存在し,1つは電子伝達系の最終生成物であるNADPHを電子供与体にNAD(P)H脱水素酵素複合体がPQに電子を戻す経路,もう1つはFdからPQを還元する経路である.前者はミトコンドリアの電子伝達系の複合体I(NADH脱水素酵素複合体)のホモログとして発見され,後者は抗生物質アンチマイシンAによって阻害されるFd依存キノン還元酵素(FQR)を介する経路とされているが,その実体はまだ明らかとなっていない.いずれにせよ,この循環電子伝達経路はPQを介したH^+輸送と共役するので,チラコイド膜内外にH^+濃度勾配を生じさせATP生成につながる.高等植物では後者のFdを介したFQRの経路がおもに働くと考えられている.

3) 炭酸同化反応

i) カルビン回路 電子伝達・光リン酸化反応において生産されるATPのエネルギーとNADPHの還元力を原動力に,葉緑体ストロマにおいてCO_2ガスから有機物が生産される.この反応を炭酸同化反応(carbon assimilation)という.また,このCO_2の固定とCO_2受容体を生産する代謝回路を,カルビン回路(Calvin cycle)[別名,カルビン・ベンソン回路,または炭素還元回路]という.この回路は,11種の酵素による13の反応からなる.回路の詳細な全様を図2.3に記載した.カルビン回路は,機能の面からCO_2固定反応とCO_2の受容体であるリブロース-1,5-ビスリン酸(ribulose-1,5-bisphosphate, RuBP)の再生産反応に分けてまとめられる.

炭酸固定反応は,1分子のCO_2がCO_2の受容体である1分子の5炭糖(C_5),RuBPに付加され,2分子の3炭素化合物(C_3)3-ホスホグリセリン酸(3-phosphoglyceric acid, PGA)が生産される反応をさす.この反応は,RuBPカルボキシラーゼ・オキシゲナーゼ(RuBP carboxylase/oxygenase, Rubisco)によって触媒される.Rubiscoは,52 kDaの分子量をもつ大サブユニット8個と14〜18 kDaの分子量をもつ小サブユニット8個からなる巨大タンパク質で,植物界のみならず地球上で最も多量に存在するタンパク質である.高等植物の場合,単一タンパク質としてRubiscoだけで緑葉全タンパク質の25%から35%にも相当する(全葉身窒素含量の20〜30%に相当).Rubiscoの基質は,HCO_3^-ではなくストロマ内での溶存CO_2である.CO_2は外気からストロマまで単純拡散される.Rubiscoの生体内での活性発現は,葉に照射

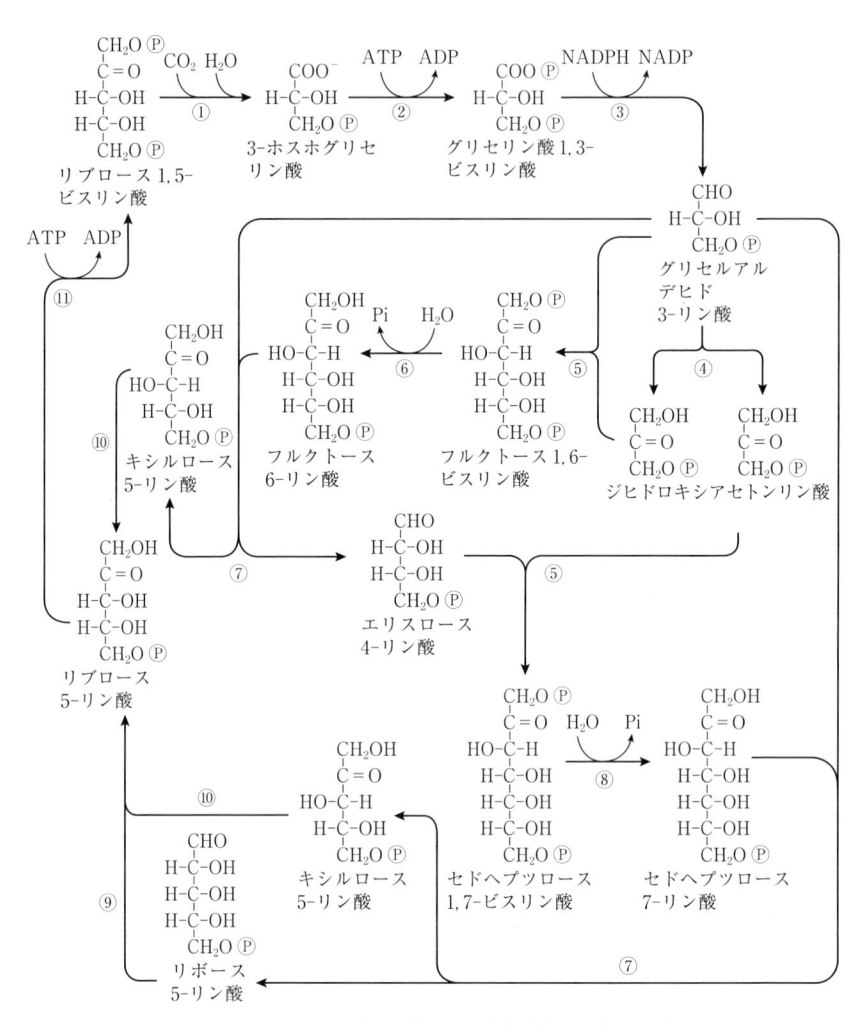

図 2.3 カルビン回路の反応と働く酵素（牧野・前 2005a）
① Rubisco, ② ホスホグリセリン酸キナーゼ, ③ NADPH-グリセルアルデビド 3-リン酸デヒドロゲナーゼ, ④ トリオースリン酸イソメラーゼ, ⑤ アルドラーゼ, ⑥ フルクトース 1,6-ビスリン酸ホスファターゼ, ⑦ トランスケトラーゼ, ⑧ セドヘプツロース 1,7-ビスリン酸ホスファターゼ, ⑨ リブロース 5-リン酸イソメラーゼ, ⑩ リブロース 5-リン酸エピメラーゼ, ⑪ ホスホリブロキナーゼ.

される光強度に強く依存しており，この活性制御には酵素 Rubisco アクティベース（activase）が関与する．さらにこの Rubisco activase の活性制御には，ストロマ内の ATP のレベルやチラコイドの Fd を介した還元反応が関与しており，電子伝達系の活性と炭酸同化系の活性のバランスを維持するのに重

要な役割を果たす.また,ダイズ,イネ,タバコなどのいくつかの植物では,Rubiscoの活性を著しく抑える阻害物質カルボキシアラビニトール1-リン酸 (carboxyarabinitol-1-phosphate, CA1P) が暗所で高濃度に生産される.

RuBPの再生産反応は,炭酸固定初期産物であるPGAからCO_2の受容体であるRuBPが再生産される過程をさす.この過程で,電子伝達系で生産されたATPとNADPHが一連の酵素反応によって消費される.この過程においても,いくつかの酵素は電子伝達系から明暗による活性調節を受けており,中でもフルクトース-1,6-ビスリン酸ホスファターゼ (fructose-1,6-bisphosphatase, FBPase) とセドヘプツロース-1,7-ビスリン酸ホスファターゼは回路の重要な調節を担うとされている(図2.3参照).これらの酵素はいずれもチラコイドのFdとチオレドキシン (thioredoxin) を介したチオール基の酸化還元によって活性化調節される (Fd-チオレドキシンシステム).

カルビン回路の中間代謝物の1つであるトリオース(三炭糖)リン酸C_3であるジヒドロキシアセトンリン酸 (dihydroxyacetone phosphate, DHAP) は,最大で6分子に1分子の割合でカルビン回路からはずれ,細胞質でのショ糖合成の出発代謝産物として利用される.また,ストロマ内では,フルクトース6-リン酸からカルビン回路をはずれ,デンプンが合成される経路がある.

4) 光呼吸

CO_2の固定酵素Rubiscoは,同時にオキシゲナーゼ活性も有し,O_2分子も基質とする.この基質O_2分子はCO_2分子とRubiscoの同一触媒部位に拮抗的に結合するため,両活性の比率は,CO_2とO_2の分圧比で決まる.なお,現在の大気分圧下条件での両活性の速度比はほぼ4:1である.

Rubiscoは,O_2分子とRuBPから,1分子のPGAと1分子のホスホグリコール酸を生産する(図2.4).PGAはカルビン回路へ流れる.ホスホグリコール酸は葉緑体中でグリコール酸となり,別の細胞小器官であるペルオキシゾームに移行,アミノ化されグリシンとなる.グリシンは,次にミトコンドリアに移行され,グリシンデカルボキシラーゼが脱炭酸(CO_2放出)・脱アミノ(NH_3放出)を受け,セリンに変換.セリンは再びペルオキシゾームに戻り,アミノ基転移と還元を受けてグリセリン酸となる.グリセリン酸は葉緑体へ戻りATPを利用しリン酸化され,PGAとなり,カルビン回路へ流れ込む.また,ミトコンドリアで脱炭酸され生じたCO_2分子は通常の大気圧条件下ではRubiscoで

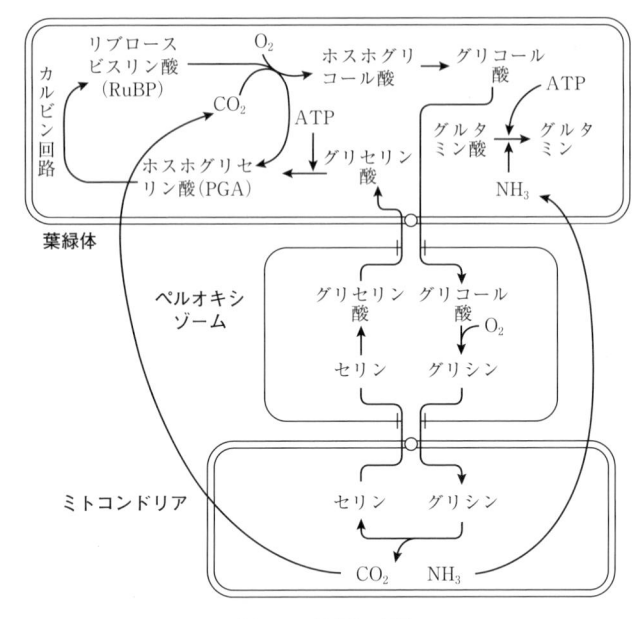

図 2.4　光呼吸の経路

再固定され，脱アミノされ生じた NH_3 は葉緑体で再同化されると考えられる．この NH_3 の再同化には，グルタミン合成酵素・グルタミン酸合成酵素（GS/GOGAT系）が働き，ATP が消費され，Fd が電子供与体として働く．

　この代謝は光呼吸（photorespiration）と呼ばれ，光合成や呼吸とは異なる別の代謝として位置づけられている．しかし，代謝そのものは完全に光合成の炭酸同化反応と連結し，同時進行することから，むしろ光合成の代謝の一部と考えるべきものである．この経路は ATP の消費と Fd を介した還元力消費を伴いながら，一切の最終産物を生成しないので，代謝そのものには積極的な意味はない．しかし，葉緑体ストロマの CO_2 分圧：O_2 分圧比によって，光呼吸速度は決定されるので，乾燥ストレスなどの環境要因によって，気孔が完全に閉じ CO_2 が供給されない条件では，相対的に光呼吸が促進され，光化学系電子伝達系とのバランスを保つ役割がある（光呼吸経路で CO_2 が発生するので，外部から CO_2 供給がまったくなくなっても葉内の CO_2 分圧は CO_2 補償点以下にはならず，光呼吸は維持される）．

5) ショ糖・デンプンの合成

　光合成の最終産物は，ショ糖とデンプンである．ショ糖は細胞質で合成され，デンプンは葉緑体内でつくられる．ショ糖の合成経路は，3炭糖（C_3）のDHAPを起点にカルビン回路から分岐し，デンプン合成の経路はフルクトース6-リン酸から分岐する（図2.1と2.3を参照）．いずれの合成もその途中経路で脱リン酸される過程があり，その結果生じたリン酸は，電子伝達・光リン酸化反応におけるATP生産のためのリン酸源として再利用される．このリン酸の循環経路は生理学的にきわめて重要である．何らかの原因でこのショ糖・デンプン合成が滞ると，このリン酸の循環経路が回らず，光合成の機動力の源となっているATPの生産が止まり，光合成全体の反応が抑制される（光合成のフィードバック制御）．ショ糖の合成のために葉緑体包膜に存在するリン酸トランスロケイターと呼ばれるタンパク質がDHAPを細胞質へ輸送している（図2.1参照）．この輸送は，無機リン酸との交換輸送である．細胞質でのショ糖合成経路では，FBPase（細胞質型），UDP-グルコースピロホスホリラーゼ，およびスクロースリン酸ホスファターゼ（sucrose-phosphate synthase, SPS）の反応の3個所で脱リン酸される段階があり，生じたリン酸がリン酸トランスロケーターを経て葉緑体に循環される．このショ糖合成はDHAPの供給速度と細胞質の経路におけるFBPaseとSPSの酵素活性の調節により制御されると考えられている．

　植物の葉を調べると，単子葉類ではショ糖が，双子葉類ではデンプンが蓄積している場合が多い．しかし，いずれの場合も両者への生産の分配は，ショ糖合成では酵素FBPaseとSPSの活性調節によって決定されると考えられているが，デンプン合成では酵素ADP-グルコースピロホスホリラーゼの活性制御も重要と考えられている．葉緑体に貯蔵されたデンプンをC源として利用する場合，一度ヘキソース単位に分解する必要があるが，葉緑体中のデンプン分解経路はホスホリラーゼによる加リン酸分解経路ではなく，アミラーゼを主体とした加水分解経路であることがわかってきた（図2.8参照）．したがって，葉緑体中のデンプンが呼吸基質として使われる場合は，ヘキソース（六炭糖）リン酸やトリオースリン酸を介して解糖系とつながるのではなく，葉緑体のヘキソーストランスロケーターを経て，2単糖であるマルトースか単糖のグルコースが細胞質に流れ，呼吸基質となる．

c. その他の光合成反応

植物は地上に進出して以来，さまざまな環境ストレスに遭遇し，多様な適応機構を獲得してきた．ここでは光合成の炭素代謝に関するそれらの代表的なものとして C_4 光合成と CAM 光合成について紹介する．

1) C_4 光合成

C_4 光合成を行う植物（C_4 植物）は葉肉細胞のみならず維管束鞘細胞にも発達した葉緑体をもち，光合成の炭素代謝をその2種の細胞で高度に分業し行っている．C_4 植物は，トウモロコシ，サトウキビなどの作物を含め20科8000種以上が知られる．図2.5に C_4 光合成の基本的なメカニズムについて示した．C_4 植物では，葉肉細胞の細胞質にはカーボニックアンヒドラーゼが存在し，葉内に拡散してきた CO_2 を速やかに HCO_3^- に変換する．その HCO_3^- を同じ細胞質に局在するホスホエノールピルビン酸（phosphoenolpyruvate, PEP）カルボキシラーゼ（PEP carboxylase, PEPC）が固定する．そのときの炭酸の受容体は PEP である．初期産物は C_4 化合物であるオキサロ酢酸であること

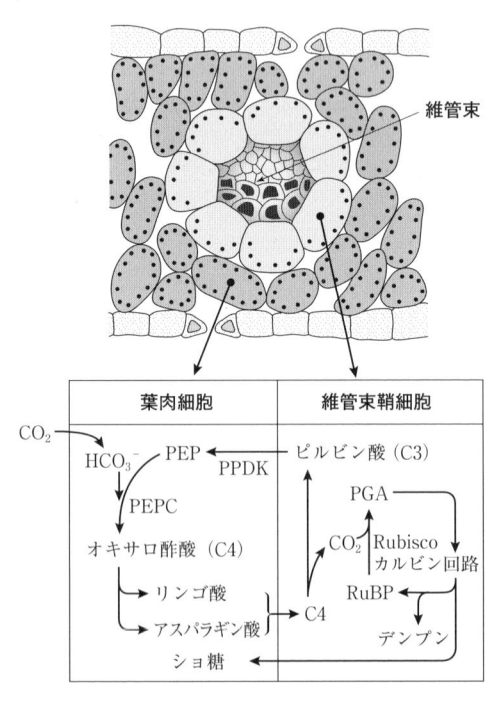

図 2.5　C_4 植物の葉の断面と C_4 光合成（牧野・前 2005b）

から，C_4光合成と名付けられた．トウモロコシ，サトウキビなどの植物では，葉肉細胞の葉緑体の電子伝達系で生産されたNADPHによってただちに還元されリンゴ酸となり，維管束鞘細胞の葉緑体に移行される．リンゴ酸は維管束鞘細胞の葉緑体でNADPリンゴ酸酵素によって脱炭酸されピルビン酸になる（NADP-ME型）．このとき，生産されるNADPHは同じ維管束鞘細胞葉緑体のカルビン回路で使われる．他のタイプの植物では，PEPCによって生産されたオキザロ酢酸が，同じ細胞質でアミノ化されアスパラギン酸へ変換され，維管束鞘細胞に移行される．アスパラギン酸で移行されるこれらの植物にはさらに2つのタイプにわかれ，1つは，キビ，シコクビエなどの植物で，維管束鞘細胞のミトコンドリアでリンゴ酸に変換された後NADリンゴ酸酵素によって脱炭酸される（NAD-ME型）．もう1つは，シバ，ギニアグラスなどの植物で，アスパラギン酸を維管束鞘細胞の細胞質でオキサロ酢酸に変換する代謝系も合わせ持ち，同じ細胞質に存在するPEPカルボキシキナーゼによってATPを消費し，脱炭酸されPEPに変換される（PCK型）．そして，どの植物タイプでも，脱炭酸されたCO_2は，維管束鞘細胞の葉緑体に存在するRubiscoにより再固定され，C_3植物と共通のカルビン回路へ流れ込む．一方，脱炭酸で生じたピルビン酸は，葉肉細胞の葉緑体に移行されピルビン酸リン酸ジキナーゼ（pyruvate phosphate dikinase, PPDK）によってPEPとなり，細胞質に戻ってPEPCの基質となる．

　C_4光合成としての特徴は，PEPC活性がRubisco活性として比較して著しく高い点にある．結果として，Rubiscoが働く維管束鞘細胞の葉緑体内のCO_2分圧が非常に高くなり，100〜500 Pa程度と推定される．したがって，オキシゲナーゼ活性は発現は低く，CO_2補償点やCO_2飽和点が低い．CO_2補償点は，C_3植物では5 Pa前後であるがC_4植物ではほとんど0である．また，CO_2飽和点は，C_3植物では約90 Pa以上であるのに対し，C_4植物では30 Pa前後である．このように，C_4植物ではC_3植物と異なり，大気条件下のCO_2分圧は光合成の律速要因にならないし，気孔開度も低い．結果として光合成速度に対する蒸散速度が小さく（C_3植物の1/3から1/2），光合成の水利用効率が高い．また，C_4植物のRubisco含量はC_3植物より小さく（全葉身窒素含量の7〜10%程度），酵素あたりの比活性は高い．さらにはオキシゲナーゼ活性がほとんど生じない条件であるため，結果的に高い光合成速度を示す植物が多い．しかし，CO_2濃

縮を行う経路（PEPを再生産する経路）でPPDKがATPを余分に使うので，CO_2固定に対するATP消費率は高く，光が十分でない環境条件では逆に不利な光合成となる．

2) CAM光合成

ベンケイソウ，サボテンなどの砂漠の植物は，極度の乾燥条件に適したユニークな光合成を行う．乾燥の激しい昼間は気孔を閉じ体内の水分を保持し，夜間に気孔を開いて，細胞質に存在するPEPCによる炭酸固定を行う．PEP供給の炭素源は，葉緑体中のデンプンである．生成物オキサロ酢酸は，リンゴ酸に変換されたのち，液胞にため込まれ，昼間そのリンゴ酸から脱炭酸して得られるCO_2を使って，通常のC_3型の光合成を行う．脱炭酸の過程はC_4植物と同様，3つの型がある．このような光合成は，ベンケイソウの有機酸代謝，Crassulacean acid metabolismの頭文字をとってCAM光合成と呼ばれる．そして，CAM光合成を行う植物をCAM植物と呼んでいる．現在，上記の植物の他，パイナップル科，トウダイグサ科などの26科，約1500種以上の存在が知られている．

なお，地球上に生育する植物種の90％以上はC_3型の光合成を営む種で，イネ，コムギ，ダイズ，ジャガイモなどの多くの作物はこれに属する．一方，C_4光合成を営む植物種は1～5％程度で，CAMは4～6％程度と推定されている．C_4光合成の経路とCAM光合成の経路は似ている点が多いが，C_4植物やCAM植物への進化は，あらゆる植物の類縁関係とは関係なく分布することから，さまざまなC_3植物から互いに関係なく発達したものと考えられている．

d. 光合成の環境応答

植物の光合成に大きな影響を及ぼす環境要因として，光，CO_2濃度，温度，水，および栄養素などがあげられる．植物はそれらの環境変化に対し，さまざまな応答を示し，多様な適応能力を持っている．ここではそれらについて紹介する．

1) 光

光強度を変化させて光合成速度を測定し，光-光合成速度曲線を解析すると，光補償点から光合成がほぼ直線的に増加する初期段階，光強度の増加に対し光合成が曲線的に応答する段階，さらに光強度が増加しても光合成が増加せず飽和傾向を示す飽和段階の3つの段階がみられる（図2.6）．これらの3つの段

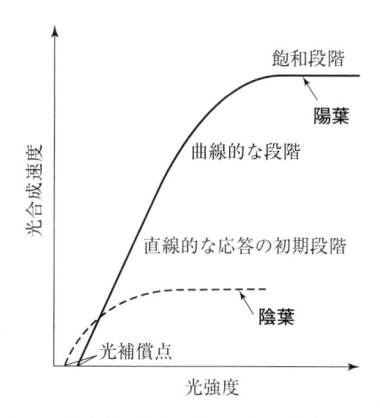

図2.6 光強度の変化に対する光合成速度の応答

階の応答のパターンは，植物の種，植物が生育している光環境や栄養状態によって大きく異なる．たとえば，陽葉では曲線的に応答する範囲が広く光飽和点が高い．そして，そのときの光合成速度も高い．それに対して，陰葉あるいは弱光下で育った植物の場合は，光補償点が低く，相対的に低い光強度で光合成は飽和し，その速度も低い．また，C_3植物とC_4植物とでも異なる．C_4植物はCO_2濃縮を行う経路（PEPを再生産する経路）を持ち，余分なATPを必要とする（本節 c. の 1) 参照）．したがって，C_4植物の初期勾配はC_3植物より低くなり，光飽和に達する光強度は高いのが一般的である．しかし，初期勾配に関しては，30℃以上の高温では逆にC_4植物の初期勾配はC_3植物のそれより高くなることがほとんどである．これは，C_3植物では光呼吸により余分にATPが消費されていて，高温ではその割合がC_4植物のCO_2濃縮経路消費分を上回ることによる．

　光-光合成曲線が直線関係にある初期段階では，光合成は葉における集光・光化学反応によって律速される．この初期勾配の領域で植物が吸収した光エネルギーの利用効率は約 80% にも及ぶ．続いて光強度増加に対して光合成が曲線的に応答する段階では，光エネルギーの利用効率は減少し，光合成は電子伝達系・光リン酸化反応によって律速される局面が強くなる．この段階での光合成速度の変化は生体内での Rubisco の活性化状態の変化とも高い相関関係にある．しかし，この Rubisco の活性化状態の変化は Rubisco activase を介した二次的な応答で，光強度の増加に伴い，activase は ATP/ADP 比の上昇，Fd-

チオレドキシンシステムによる還元，およびチラコイド膜の pH 勾配の上昇等の作用によって活性化される．さらに光強度が上がると光合成は光強度によって影響されない応答となる（光飽和の光合成）．ここでの光合成速度は，低い CO_2 分圧下では炭酸固定反応，高い CO_2 分圧下では電子伝達系・光リン酸化反応かショ糖・デンプン合成に伴うリン酸の循環によって律速される．

　陽葉と陰葉間において光-光合成曲線のパターンが異なるのは，それらの植物において上で述べた光合成速度の決定因子の能力的なバランスが異なることによる．陰葉では相対的に色素タンパク質の量が多く，総クロロフィル量の増加が認められる．特に，LHC II を中心とした集光性色素タンパク質複合体の増加が著しく，結果としてクロロフィル a/b 比の減少を伴う．これらの特性は同時に，クロロフィル含量あたりの電子伝達活性の減少，Rubisco 含量の減少，FBPase や SPS 活性の減少等を意味する．すなわち，陰葉は陽葉に比べポテンシャルとしての光合成能力は低くとも弱光下では陽葉より効率の高い光合成速度を示す機構をもっている．一方，陽葉では，強光による過剰光の熱による消去系が発達し，キサントフィルサイクル色素が相対的に増加する．

　植物は，光合成で利用できるエネルギーを越える光を受けると光阻害や光傷害を受けやすくなる．そのため，植物は循環的電子伝達系を駆動させ，チラコイド膜内腔の酸性化を進める．この現象はチラコイド膜内腔に存在するキサントフィルサイクル色素をデエポキシ化する酵素を活性化し，過剰光エネルギーを熱放散消去する反応に関与するゼアキサンチンを増大させる．過剰光は活性酸素の発生の要因となる．PS II では，一重項酸素を発生し，反応中心と D1 タンパク質を壊す．PS I ではスーパーオキシドやヒドロキシルラジカルなどが生成され，D1 タンパク質や Rubisco などのストロマ酵素を壊す．前者はカロチノイドによって消去され，後者はスーパーオキシドディスムターゼとアスコルビン酸ペルオキシダーゼによって H_2O まで還元され，解毒化される．この活性酸素消去系の電子供与体となるアスコルビン酸は Fd を介して再生される．

2） CO_2 濃度

　CO_2 濃度を変化させて光合成速度を測定した場合も，その速度は見かけ上，光応答と似た変化を示す．すなわち，CO_2 補償点から CO_2 濃度上昇に伴い光合成が直線的に増加する初期段階，CO_2 濃度の増加に対し光合成が曲線的に応

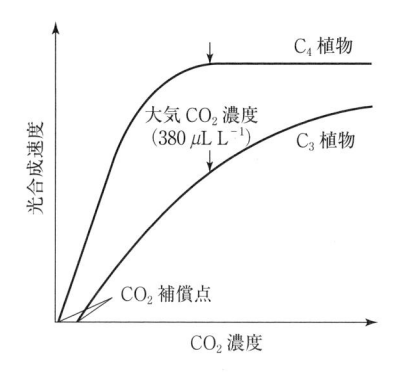

図 2.7 CO_2 濃度の変化に対する光合成速度の応答

答する段階，そして，CO_2 濃度の増加に対して光合成が応答せず飽和傾向を示す飽和段階の3つの段階がみられる（図2.7）．しかし，一般に CO_2 濃度の増加に伴い気孔が閉鎖する傾向にあるので，気孔の開閉の程度により CO_2-光合成曲線のパターンは異なる．そのため，光合成の CO_2 濃度変化に対する応答を解析する場合は，気孔の拡散伝導度を同時に求め，葉内（細胞間隙）の CO_2 濃度を算出し，その葉内 CO_2 濃度変化に対する光合成速度の応答として解析することが多い．この応答変化のパターンは植物種または植物の生育した環境条件によって異なる．一般に C_3 植物では 800 $\mu L\,L^{-1}$ 以上の CO_2 濃度条件で CO_2 飽和になる．しかし，組織形態的に CO_2 拡散の悪い樹木（特に常緑樹）では CO_2 飽和点はさらに高い．もちろん，C_3 植物と C_4 植物でも大きく異なり，C_4 植物では大気 CO_2 濃度である 390 $\mu L\,L^{-1}$ 付近で CO_2 飽和となるものが多い．

CO_2 濃度変化に対する見かけ上の光合成の応答は，光強度変化に対する応答に似ているが，その光合成を決定している内的な因子はまったく異なる．CO_2 補償点から直線的に増加している初期段階の光合成速度は Rubisco 量とその酵素的機能（K_m とか V_{max} など）および葉内外の CO_2 の拡散伝導度に決定される．CO_2 濃度の増加に対し光合成が曲線的に応答する段階では，その光合成速度は初期段階の Rubisco と CO_2 の拡散による律速段階から光化学系電子伝達による律速段階に移る．その律速段階が移る遷移点は大気 CO_2 分圧（39 Pa）付近と解釈している報告が多いが，必ずしも正しくない．それは，気孔の開閉の応答はその遷移点とは無関係に調節されていること，および葉内の CO_2 拡散伝導度もその遷移点とは無関係に決定されていることが明らかにされているから

である．そして，CO_2 飽和の段階での光合成速度はショ糖・デンプン合成に伴うリン酸の循環速度によって律速されると推定されているが，まだ直接的な証明はない．

3) 温度

光合成の温度に対する応答は低温域から温度の上昇に伴いゆるやかに増加し，ある範囲の温度域で最高値を示し，それ以上の高温域では逆に減少するパターンを示す．最高値を示す適温域は，普通 C_3 植物ではかなり幅広く 15～35℃ぐらいに見いだされるのに対し，C_4 植物では 30～40℃の範囲内であるものが多い．一方，極端な低温あるいは高温下では光合成器官に傷害が現れやすく，特に低温域では光阻害を受ける．高温下では PS II 複合体の不活性化や Rubisco activase の失活がみられる．

C_3 植物の光合成の適温域が幅広いことは，生体内で発現される Rubisco の温度特性と深い関係がある．Rubisco のカルボキシラーゼ/オキシゲナーゼのキネティックスの温度依存性と CO_2，O_2 の溶解度の温度依存性から大気 CO_2，O_2 分圧下で発現される正味の Rubisco の活性を算出すると，15～30℃の範囲でその差が著しく小さいことがわかっている．しかし，Rubisco 活性が光合成の決定因子とならない高 CO_2 分圧下の光合成の温度依存性は大きく，35～40℃で最高値を示す応答を示している．これには，電子伝達活性やショ糖・デンプン合成の代謝活性などの温度依存性が反映しているものと思われる．

光合成の温度応答は，植物の生育環境温度とも密接にかかわっている．一般に，低温域で生息する植物の至適温度は低温側に，逆に高温域で生息する植物の至適温度は高温側にある．これらの適温域の違いの要因はよくわかっていないが，気孔の温度応答や葉内の形態的違いなどが深くかかわっているものと考えられている．

4) 水

葉の水分含量は生重の 70～90% にも相当し，水は光合成のみならずあらゆる代謝反応に必須である．光合成に直接利用される水の量は，CO_2 とのモル比にして，理論的には 2:1 であるが，1 分子の CO_2 が光合成によって固定されるのに蒸散によって消費される水分子は C_3 植物の場合は 50 倍から 500 倍にも及ぶ．C_4 や CAM 植物ではそれより小さく，C_4 では 50～150 倍，CAM では 30 倍以下である．このように，光合成に伴う蒸散によって多量の水が消費さ

れている．また，C_3植物では，活発に光合成を行うときに消費される水分量は，1時間あたりにしておよそその葉が有する体内水分量の数倍にも相当することがある．これらのことは，いかに水が光合成を営む際に重要な因子であることかを意味する．したがって，蒸散によって失われる水分量と根からの吸収量とのバランスが崩れると植物体内の水ポテンシャルは減少し，植物は水ストレスを受ける．

植物体内の水ポテンシャルの低下は直接気孔の閉鎖に結び付き，光合成も減少する．植物の外囲空気の湿度もこの現象と深くかかわる．空気の湿度低下は蒸散速度の増大に結びつくので，体内の水ポテンシャルを維持するため気孔を閉鎖する応答を示し，結果として光合成は低下する．そして，水ポテンシャルの低下がある一定のレベル以下まで進むと，気孔の閉鎖のみでは説明できない光合成の低下を生じる．この光合成低下の生化学的要因についてはまだよくわかっていないが，乾燥条件では，植物はきわめて光阻害を受けやすい．

5) 栄養素（特に窒素）

植物の必須元素のほとんどは何らかの形で光合成に影響を与えている．なかでも，窒素（N），リン酸，カリウムなどはそれらの代表であるが，Nを除く他の栄養素はある一定含量以上になると光合成に影響を与えなくなる（一部の栄養素では過剰障害があらわれるものもある）．一方，Nのみ，その含量と光合成との間に正の相関関係が認められている．その理由は，緑葉の全N含量の80%までが葉緑体の構成成分に由来することがあげられる．しかし，植物へのN供給量が増加し，葉身N含量が増加するとき，光合成に関係する各構成成分や酵素などがすべて同じ割合で増加するわけではない．多くのC_3植物において，N栄養に応答して，Rubiscoだけが他の光合成の構成成分よりも高い割合で特異的に増加する．高いN含量を有する葉では，特にRubiscoの活性基部位でのCO_2分圧低下が生じていることが明らかにされている．そのため植物は積極的にRubisco含量を増加することによって他の光合成の決定因子，たとえば，電子伝達活性とのバランスを維持していると考えられている．一方，C_4植物ではCO_2濃縮を行うので，そのような現象は認められず，またRubisco含量自身も少なくすむため，結果としてN含量当たりの光合成速度が高い．

2.2 呼　　　　　吸

　光合成は日中に緑色組織のみで行なわれるが，呼吸は植物のほぼすべての組織において，昼夜を通して行われる．植物の呼吸は酸素を必要とする好気呼吸で，他の真核生物の呼吸とほぼ同じ代謝であるが，いくつか異なる点を有する．植物の呼吸の基質は基本的にはショ糖とデンプンで，一連の反応で呼吸基質が酸化分解されるときのエネルギーでATPが生産される．呼吸の反応は，細胞質とプラスチドで行われる解糖系とペントースリン酸経路，およびミトコンドリアでのクエン酸（トリカルボン酸，TCA）回路と電子伝達系リン酸化反応の4つの過程に分けられる．

a. 呼吸の仕組み
本項では，各過程における経路について述べる.
1) 解糖系
　植物の解糖系（glycolysis）は，細胞質と一部はプラスチドにも存在する一連の酵素群によって行われる（図2.8）．出発基質はおもにショ糖とデンプンである．ショ糖は単糖のグルコースとフルクトースに分解され，解糖系に流れる．植物では，ショ糖合成酵素がUDPを利用して，ショ糖をUDP-グルコースとフルクトースに分解する経路も有し，それらも解糖系の基質となる．それらの単糖はヘキソキナーゼによってATPを利用した反応でリン酸化されヘキソース（六炭糖）リン酸となり，続けてアルドラーゼの働きでトリオース（三炭糖）リン酸となる．このヘキソースリン酸とトリオースリン酸の経路はペントースリン酸経路（pentose phosphate pathway）ともつながっている．ペントース（五炭糖）リン酸経路の酵素群は細胞質にも存在するがプラスチド経路が主要であるとされている．ここの経路では，デンプンが出発物質となり，NADPHが生産される．解糖系におけるトリオースリン酸は，ミトコンドリアのTCA回路の出発物質となるピルビン酸まで代謝される．この過程で，ATPとNADHが生産される．細胞質のトリオースリン酸は葉緑体のカルビン回路の代謝産物であるトリオースリン酸とも葉緑体胞膜上のリン酸トランスロケーターを介してつながっている．植物では，解糖系の最終段階で生産され

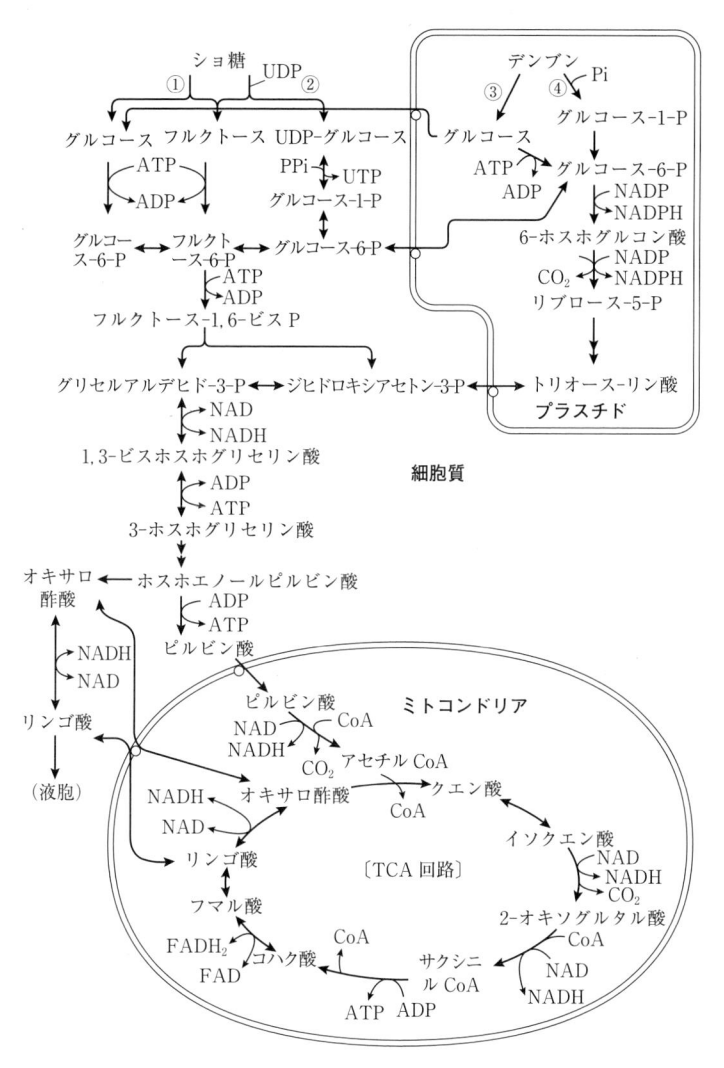

図 2.8 解糖系，ペントースリン酸経路，およびクエン酸回路
① インベルターゼ，② ショ糖合成酵素，③ アミラーゼ，④ デンプンホスホリラーゼ，PPi：ピロリン酸．

る PEP を別の代謝に使う経路をもつ．PEP カルボキシラーゼによってオキサロ酢酸を生成し，NADH を利用してリンゴ酸を生産する．リンゴ酸はそのまま液胞に貯められたり，リンゴ酸あるいはオキサロ酢酸として，ミトコンドリアのジカルボン酸トランスロケーター（動物細胞には存在しない）を経て，直

接ミトコンドリアへ輸送され TCA 回路入る経路がある．また，この代謝はリンゴ酸-オキサロ酢酸シャトル（リンゴ酸シャトル）と呼ばれ，葉緑体，ミトコンドリア，ペルオキシソームおよび細胞質間のリンゴ酸を介した重要な還元力運搬代謝の１つである．

2) クエン酸回路

クエン酸回路（TCA 回路）の代謝も図 2.8 に示した．クエン酸回路代謝を担う酵素群はミトコンドリアの液相であるマトリクスに存在し，コハク酸とフマル酸間の反応を触媒するコハク酸脱水素酵素のみが内膜に結合した膜タンパク質である．クエン酸回路ではピルビン酸が段階的に酸化された形となり１分子のピルビン酸の酸化収支では３分子の CO_2 放出と４分子の NADH および１分子の還元型 flavin adenine dinucleotide（$FADH_2$）と１分子の ATP が生産されることになる．なお，サクシニル CoA 合成酵素によって触媒される反応生産物は，動物細胞では GTP であるが植物細胞では ATP である．また，植物のミトコンドリアには NAD-リンゴ酸酵素（NAD-ME）が存在するので，リンゴ酸から直接ピルビン酸が作られる経路がある．その他，ミトコンドリアには NAD 依存のグルタミン酸デヒドロゲナーゼ（GDH）も存在し，アミノ酸の１種であるグルタミン酸を呼吸基質にクエン酸回路の代謝産物である 2-オキソグルタル酸に流す経路もある．

3) 電子伝達系と ATP 生産

クエン酸回路で生産した NADH と $FADH_2$ を電子供与体にミトコンドリア内膜に存在する４種のタンパク質複合体が外膜間との膜間腔に H^+ 輸送を行い，マトリクスとの間に pH 勾配を形成，その電気化学ポテンシャルを利用して ATP を生産する（図 2.9）．電子伝達系の最終電子受容体は酸素で酸素１分子は４電子還元され H_2O となる．NADH からの電子は複合体 I（NADH 脱水素酵素複合体）に，$FADH_2$ からの電子は複合体 II（コハク酸脱水素酵素複合体）に流れ，膜内に遊離の状態で存在する脂溶性物質ユビキノン（UQ）に渡され，UQ はユビキノール（UQH_2）となる．UQH_2 に渡された電子は複合体 III（Cytbc_1 複合体）に渡され，続いて，膜腔側に存在する Cyt c を経て，複合体 IV（Cyt c オキシダーゼ複合体，別名 Cyt a/a_3 複合体）に渡される．複合体 IV は酸素に電子を渡し，H_2O を生成する．この４つの複合体のうち，複合体 I, III および IV を経由する電子伝達が H^+ 輸送と共役し pH 勾配を形成するが，複合体 II

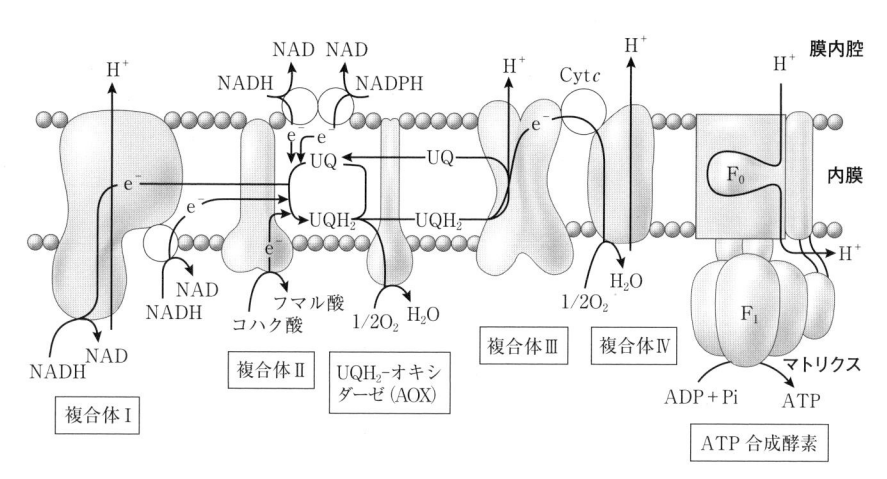

図 2.9 ミトコンドリア内膜上の電子伝達系分子複合体のモデル配置
膜上部が膜内腔，膜下部はマトリクス側．
複合体Ⅰ：NADP 脱水素酵素複合体，複合体Ⅱ：コハク酸脱水素酵素複合体，複合体Ⅲ：Cytbc_1 複合体，複合体Ⅳ：Cyt$c$ オキシダーゼ複合体．

の電子伝達は H^+ と共役しない．計算上，NADH の 1 対の電子あたり合計 10 個の H^+ が，$FADH_2$ の 1 対の電子あたり 6 個の H^+ が膜間腔にくみ上げられる．その結果，pH 勾配が膜間腔とマトリクスに間に形成され，その電気化学ポテンシャルを利用して，ATP 合成酵素複合体（F_0F_1-ATPsynthase）が ATP を生産する．この ATP 合成酵素の構造と機能は葉緑体の CF_1CF_0 と似ている．ミトコンドリアは葉緑体のチラコイド膜のような H^+ 勾配形成のための独立した袋状の膜間腔を持たないため，大きな pH 勾配を形成することはできず，葉緑体に比べ ATP 生産効率は低い（チラコイド膜では $\Delta pH=3$ くらいであるが，ミトコンドリアでは $\Delta pH=0.2$ 程度である）．

4) H^+ に共役しない電子伝達系

植物は動物と異なり H^+ 輸送に共役しない電子伝達系をもち，複合体Ⅰの他に数種の NADH 脱水素酵素が存在する（図 2.9）．たとえば膜間腔側には外在性の NADH 脱水素酵素と NADPH 脱水素酵素が存在し，いずれも細胞質由来の NADH と NADPH から直接 UQ を還元する機能をもつが，膜間腔側に存在するのでマトリクスとの pH 勾配には寄与しない．また，内膜マトリクス側にも複合体Ⅰとは別の NADH 脱水素酵素が存在し，UQ を還元する．複合体Ⅰがロテノンで阻害されるのに対し，この酵素はロテノン非感受性である．この

酵素も膜間腔に H^+ 輸送しない．さらに，還元型 UQ から直接酸素を4電子還元し H_2O を生成する UQH_2 オキシダーゼ（別名，オルターナティブオキシダーゼ，AOX）が内膜マトリクス側に存在する．この酸化酵素が UQ を酸化すると，電子は複合体 III と IV を経ずに酸素に渡されてしまうので，H^+ のくみ上げは複合体 I のみで ATP の生産は大きく低下する．ロテノン非感受性 NADH 脱水素酵素を経由する場合は，ΔpH はまったく形成されず，ATP 生産はゼロとなる．呼吸阻害剤シアンは Cyt *c* オキシダーゼの電子伝達を阻害し，AOX は阻害しないので，植物の呼吸鎖電子伝達系はシアン存在下でも充分に進行する．それゆえ，AOX を介しての呼吸をシアン耐性呼吸と呼ぶ．この AOX を介する電子伝達はサリチルヒドロキサム酸（SHAM）によって阻害される．

植物のみが ATP 生産に共役しないいくつかの電子伝達経路を有している生理的意義についてはまだよくわかっていない．しかし，光合成産物が多量に蓄積したり，各種環境ストレスに応答して，AOX 経路の電子伝達が高まることが指摘されている．前者は光合成機能とのバランス調整や過剰蓄積した炭水化物の消去，後者は UQ の過剰還元に伴う活性酸素の発生抑制のために働くと推定されている．また，ATP 生産に寄与しない AOX 経路の代謝は発熱を伴うため，限られた一部の植物では，受粉前の花茎組織における発熱作用に寄与することが指摘されている．

b. 呼吸の環境応答

多くの環境要因が呼吸の代謝経路に影響を与え，呼吸速度を変化させる．ここでは，光，温度，酸素および栄養素の影響について述べる．

1）光

光が植物に照射され，光合成が活発に行われているときも呼吸は働くが，その速度は暗所時の速度より低い．緑色組織では同じ細胞内で光合成と呼吸が同時に起こり，複雑に相互作用する．TCA 回路の出発物質アセチル CoA を生産するピルビン酸脱水素酵素の活性が光存在下で抑制されることや，電子伝達系も抑制されることが報告されている．一方，葉緑体の ATP・ADP 交換トランスポーターは発達しておらず，光照射下でも細胞質や他の器官への ATP 供給はミトコンドリアが主要な供給源である．

2) 温　度

多くの植物で光合成は 30℃ を越えると増加しないのに，呼吸は 40〜50℃ の高温まで増加する．また，低温下では呼吸は著しく低下するので，収穫後の作物や果実，野菜などを保存するときは低温で貯蔵する．

3) 酸　素

大気中の酸素濃度は約 21%（21 kPa）で，25℃ 条件では 250 μM の溶存酸素と平衡状態にある．電子伝達系の Cyt c oxidase の酸素に対する K_m は約 1 μM と非常に低く，一見，呼吸は酸素濃度の影響を受けないようにみえるが，実際は酸素濃度が 2〜3% 以下になると呼吸の速度低下がみられる．これは，植物体内の組織や液相における酸素拡散が呼吸の制限要因になるからである．特に湿潤土壌では根への酸素供給が呼吸の制限要因になる．イネなどの水生植物は地上部からの根への通気組織（aerenchyma）が発達し，酸素の連続的ガス拡散が可能となっている．

4) 栄養素

窒素は光合成に促進的に働き，体内窒素含量の増加は光合成速度を比例的に増加させるが，呼吸と窒素は必ずしもその関係にない．かえって，窒素欠乏条件が呼吸速度を促進させることもあるが，その理由は呼吸基質の炭水化物が蓄積するためと考えられる．リン酸欠乏やカリ欠乏も短期的には呼吸活性を促進することがしばしば報告される．いずれも，AOX 活性の増加が指摘されており，UQ の過還元を解消するためと推定されている．しかし，長期間の栄養素欠乏は植物の生育量も低下させ，呼吸活性も下げる．

2.3　光合成と呼吸と物質生産

緑色組織における日中の光合成速度に対する夜の呼吸速度の比はかなり小さく 3〜10% 程度である．さらに，日中の呼吸は抑制されるので，昼間の呼吸速度の光合成速度比はそれより低い．光合成と同時に起こる光呼吸の割合が，30〜60% ぐらいであることを考えると非常に小さいものであることがわかる．実際，緑色組織のミトコンドリアのマトリクスに占める TCA 酵素群と光呼吸酵素群のタンパク質量を調べると後者の割合が非常に高いことが知られている．

しかし，多くの植物において，日中に光合成で生産される有機物の 50% 以

上は呼吸によって代謝される．それは，光合成が日中のみの代謝で，しかも葉を中心とした緑色組織で行われるのに対し，呼吸活性は昼夜を通して，しかも植物体のほぼ全組織で行われることによる．実際，光合成組織に対する非光合成組織の割合が高い樹木において呼吸の消費量は多い．呼吸は非緑色組織の代謝活性の高い部位で高い．たとえば，栄養組織の成長点である茎頂や根の分裂組織などである．一般に組織が成熟すると呼吸速度は減少し，やがて一定となる．完成した茎などで最も低い．また，植物の生育環境でみると，温度の高い熱帯地域の植物ほど，光合成量に対する呼吸の割合が高い．特に夜温の高い熱帯では，光合成固定の炭素の70%以上が呼吸で失われると見積もられている．ちなみにイネなどの草本作物では30〜40%と見積もられている．このように，光合成の生産力のみならず，呼吸の消費量も植物の物質生産量を決める大きな要因となる．

　植物の生産力は，光合成と呼吸および光合成の場となる葉の面積で定量解析される．その例をここに解説する．

　植物の個体レベルの生産力は，一般に単位時間あたりの乾物重増加速度で表示され，相対成長率（relative growth rate, RGR）として評価される．すなわち，

$$RGR = 1/W \times (dW/dt)$$

である．ここで，W は植物個体の全乾物重，t は時間である．RGR は単位時間を1日とすると $g\,g^{-1}\,day^{-1}$ で表示される．RGR は単位葉面積あたりの純同化速度（net assimilation rate, NAR）と個体乾物重あたりの葉面積比（leaf area ratio, LAR）の積で表され，

$$RGR = NAR \times LAR$$

となる．NAR の単位は $g\,m^{-2}\,day^{-1}$ で，LAR は $m^2\,g^{-1}$ となる．ここで，NAR は葉面積あたりの乾物増加速度，すなわち1日あたりの日中の光合成量から個体全体の呼吸量を差し引いたものを意味し，個体生産速度は，この NAR に葉の広がり具合の概念を掛け合わせたものということになる．このことは，植物の個体生産は，高い光合成能を有し，小さな呼吸活性をもって，より大きく葉を広げる植物ほど高いということになる．しかしながら，これは孤立個体の植物のみで成立する条件であり，植物は通常群落として成長をするので，植物の成長のための葉面積拡大は別の問題を生む．つまり，葉面積の拡大は葉の相互遮蔽を生じさせ，光合成の増加はなくなる一方で，呼吸のみの増加現象を生む．

したがって，作物の生産性の評価にあたっては，作付けされた単位土地面積あたりの個体群の生産力を評価しなければならない．ここにおける土地面積とは，植物群落にとっては，光合成可能な単位光照射面積という意味合いにあたる．この個体群成長速度（crop growth rate, CGR）は

$$CGR = 1/A \times dW/dt$$

として評価される．A は土地面積で，単位が m^2 ならば，CGR の単位は $g\,m^2\,day^{-1}$ となる．CGR は NAR と葉面積指数（leaf area index, LAI）の積として，

$$CGR = NAR \times LAI$$

として表される．LAI は単位土地面積あたりの葉面積（$m^2\,m^{-2}$）で，LAI が高くなればなるほど，呼吸量が増加し，NAR の低下を伴うこととなる．したがって，この関係は CGR を最大にする最適 LAI 値が存在することを意味し，現場での個体成長速度を決定する要因として呼吸速度が重要な要因の1つとなることを示している．現在，地球的規模で進行している CO_2 濃度の上昇や温暖化の影響について，この式から考察を加えると，CO_2 の濃度上昇は日中の光合成量の増加（NAR の増加）につながるので，CGR を高める効果があることがわかる．しかし，CO_2 の濃度上昇は LAI を高める効果がある場合も多く，最適 LAI 値を越えた場合は，結果として呼吸量の増加をもたらし，NAR にはマイナス要因となりうる．また，同時に進行する温暖化は，光合成量以上に呼吸量の増加効果が高いので，CGR にはマイナスの要因となる．

●トピックス● バイオマスエネルギー

近年，地球温暖化対策としての CO_2 削減や石油価格の高騰から，バイオエタノールやバイオディーゼルなどのバイオマスエネルギーが注目されている．バイオマスの起源は植物であるので，燃焼によって発生する CO_2 は植物が光合成によって大気中から吸収した CO_2 である．そのため，バイオマスエネルギーは，全体としてみれば大気中の CO_2 量を増加させない（カーボンニュートラル）．なお，石油・石炭などの化石エネルギー資源に含まれる炭素も，本来大気中の CO_2 が固定されたバイオマスに由

来するものである.しかし,それは数億年も昔のことであり,現在および近未来の大気中 CO_2 量は化石燃料の使用によって増加することになるため,化石エネルギーについてはカーボンニュートラルとはみなさないし,バイオマスエネルギーにも分類しない.

バイオマスエネルギーは,植物を栽培すれば永続的に作り出すことができる再生可能なエネルギーであることなどから,"地球にやさしい"エネルギーであると評価されている.バイオエタノールはトウモロコシやサトウキビの糖やデンプンを発酵させて作る.バイオディーゼルは,パーム油(やし油),ナタネ油,ダイズ油などの植物性油脂から製造される.

地球上のバイオマス量は非常に多く,バイオマスのエネルギー量は,現在世界で消費されているエネルギー量の約7.5倍に相当するといわれている.バイオマスエネルギーだけで世界の必要エネルギーを賄えることになるが,エネルギーとして利用可能なバイオマスはごく一部である.

サトウキビ,キャッサバ,コメ,トウモロコシ,ダイズ,オイルパームが代表的なエネルギー作物である(表A).なかでも,オイルパームとサトウキビがエネルギー作物としてすぐれているが,栽培面積は他の作物に比べて少ない.サトウキビやオイルパームの栽培適地は熱帯であり,これらの栽培面積の拡張は,熱帯雨林の減少を招くことが懸念される.しかし,サトウキビは降雨量が多くない地域でも栽培可能なので,熱帯雨林の保護と深刻な対立はないと考えられている.サトウキビの安定・多収を図るためには,栽培地域の拡大と適正化,高収量品種の開発および栽培技術の向上が必要である.一方,オイルパームの栽培適地は熱帯雨林地域であり,

表A 代表的なエネルギー作物(川島 2008)

作物名 (生産国)	サトウキビ (ブラジル)	キャッサバ (タイ)	米 (日本)	トウモロコシ (アメリカ)	大豆 (アメリカ)	オイルパーム (マレーシア)
単収 (t ha^{-1})	72.8	18.5	6.60	9.30	2.90	20.6
転換効率(L kg^{-1})	0.08	0.14	0.30	0.34	0.20	0.20
植物油,エタノール (kL ha^{-1})	5.82	2.59	1.98	3.16	0.58	4.12
石油換算重量 (t ha^{-1})	3.21	1.43	1.09	1.74	0.52	3.71

サトウキビ,キャッサバ,米,トウモロコシからはバイオエタノールを,大豆,オイルパームからはバイオディーゼルを製造することを前提とした.わらなどセルロース由来のエネルギー生産は含まれない.

その栽培面積の拡張は熱帯雨林の減少を伴う．また，近年，食用油としてのパーム油の需要が高まり，オイルパームの栽培面積の増加に拍車をかけている．

　このように，バイオマスエネルギーは食料生産や環境保護との関連が深い．トウモロコシやサトウキビの糖やデンプンなど，食料にもなるバイオマスを利用するバイオエタノール生産を，食料自給率がきわめて低い日本で大規模に実施することは難しい．また，バイオディーゼルの原料である植物油のうち，オイルパームの栽培に適していない日本では，パーム油の利用は実際的ではない．また，食品用と競合することになるナタネ油や大豆油などを転用することも難しい．そのため，家庭から出る廃油などの植物性油脂の利用が進められている．食料との競合をさけるため，稲わら，建築廃材，間伐材などに由来するセルロースを原料にして糖類に変換してエタノールを，さらには水素を取り出すことが試みられている．また，バイオ炭化物（biochar）は，土壌改良効果，地力の向上効果はもちろん，CO_2を発生させずにCを土壌に隔離できることから，その利活用が注目されているが，バイオマスの炭化に要するエネルギーの調達，気化ガスの回収と燃料化，炭化物投入による土壌有機物の集積と投入限界など，検討課題は多い．

　前述したように，バイオマスエネルギーは，カーボンニュートラルであるといわれているが，実際には，バイオエタノール生産には，肥料，農業機械の駆動，発酵蒸留の熱源などとして大量の石油エネルギーが使われており，得られるエタノールとしてのエネルギー量よりも，生産過程で投入される石油エネルギーの方が多いという指摘がある．また，再生可能なエネルギーではあるが，再生にはそれなりのエネルギーの投与（植物を栽培する土地の整備，栽培の実際など）が必要である．さらに，バイオマスエネルギーは，バイオマス量は大きいが単位重量あたりの熱量が低く，単位面積あたりの生産量も低い．また，植物由来であるため，季節により資源量（バイオマス量）が変動する．バイオマスエネルギーは，生産・加工・運搬に伴うエネルギーがかからない"地産地消"が基本であるが，石油代替エネルギーとしても，CO_2の排出削減の手段としても，その効果はそれほど大きくないという見方もある．

アメリカは，2017年までに年間350億ガロン（1億3230万 kL）のバイオマスエネルギーの生産を計画している．現在，1 t のトウモロコシから340 L のエタノールが製造できるので，このバイオマスエネルギーのすべてをトウモロコシから生産するエタノールでまかなうとすると，3億9000万 t のトウモロコシが必要になる．アメリカにおける窒素肥料1 kg あたりの平均穀物生産量は36.2 kg である（2002年）．3億9000万 t のトウモロコシ生産には1080万 t の窒素肥料が必要になる．2002年におけるアメリカの窒素消費量は1090万 t であるから，現在の窒素肥料消費量と同量をバイオマスエネルギー生産のために充当する必要があり，窒素肥料消費量は現在の2倍になる（川島2008）．窒素肥料消費量の増大は，水系の硝酸汚染や富栄養化，温室効果ガスである亜酸化窒素（N_2O）の発生などをいっそう助長させることになりかねない．このように，バイオマスエネルギーの生産を施肥と切り離して語ることはできない．なお，ブラジルのサトウキビ栽培での窒素肥料の使用は最近少し増加しているが，もともとたいへん少ない（$0\sim60$ kg ha^{-1}）．第4章に記載したように，窒素固定による補償に起因すると考えられ，研究が続けられている．

　また，レスター・ブラウン氏が「人間を養ったうえ，燃料までまかなうための穀物を得るだけの水はない」と警告しているように，バイオマスエネルギーの生産は，肥料のみならず水利用とも深く関連する．

　バイオマスエネルギーの原料が食料でもある場合，その生産は食料生産と競合する．実際，アメリカのトウモロコシが大量にバイオマスエネルギー生産に向けられた結果，トウモロコシの価格が急上昇し，それに伴って，トウモロコシ関連食材が値上がりした．この状況はトウモロコシの作付けを増加させ，その結果，他の穀物の作付けが減少することになり，穀物価格やさらには食用油，家畜飼料などの価格も値上がりし，世界的な食料不安をもたらすことになった．

　当初，バイオマスエネルギー生産は，アメリカでもブラジルでも，余剰農産物の有効な活用方法の1つであったが，やがて，石油代替という政策的な側面が強くなった．石油が高騰した場合に，バイオマスエネルギーの利活用が強く要望される．バイオマスエネルギーの原料が食料でもある場合，前述したように食料不安が助長される．しかし，石油が高騰するとバ

イオマスエネルギーの原料となる農産物の価格も値上がりするので，バイオマスエネルギーの価格が石油に比べて安くなることはない．一方，石油価格の高騰が沈静化・下落すると，石油よりも高価なバイオマスエネルギーの経済的価値も下落することになる．エネルギーの調達は石油主体にもどり，バイオマスエネルギーへの注目度は下がる．そのため，食料である穀物をバイオマスエネルギー生産に振り向ける必要性も薄くなる．以上のように，食料生産とバイオマスエネルギーの競合は，石油価格が高騰した場合に顕在化するものであり，バイオマスエネルギーの利用が食料生産に及ぼす影響は限定的であるという見方もある．

　食料生産や環境保護と競合しないこと，低コストで生産できる技術開発とその普及が，今後のバイオマスエネルギー生産の課題である．

〔関本　均〕

3. 多量元素の獲得と機能

3.1 窒素 (nitrogen, N)

a. 窒素の吸収と移行

　微生物によってN分子から変換されたアンモニウムイオン，硝酸イオンは，植物によってアミノ酸に代謝される．植物によるこの無機態Nからの有機態Nへの変換，アミノ酸の合成こそが，動物をはじめとする生物の窒素栄養を支えている．植物バイオマス量は微生物による大気窒素の固定量に律速されていたが，20世紀初頭に開始された工業的窒素固定による窒素肥料生産が人口の増加を可能にした．窒素栄養は植物栄養の根幹である．しかし，Nが化学肥料の形で供給されるようになると，作物の必要量以上の施肥が常態となり，耕地から環境への流出と富栄養化が生態系に影響するようになってきた．適正量の窒素施肥と窒素利用効率の高い作物の育種が求められる．

　アンモニウムイオンは粘土鉱物にイオン結合して保持されるが，負電荷をもつ硝酸イオンは吸着されず，水とともに土壌中を移動し，土壌溶液にはアンモニウムイオンより硝酸イオンが高い濃度で存在する．アンモニウムイオン，硝酸イオンは根細胞膜に存在する輸送体（トランスポーター）によって細胞内に吸収される．硝酸イオンは1 molの硝酸イオンあたり2 molの水素イオンとともに膜を横切って輸送される（共輸送）．根による硝酸イオンの吸収速度は，外液の硝酸イオン濃度が低いときには飽和曲線を描き，0.5 mMを超えると直線的に増加する（図3.1）．このような速度変化は，外液濃度が低いときに機能する高親和性トランスポーターと高いときに機能する低親和性トランスポーターが協同的に機能することを示している．硝酸イオントランスポーター遺伝子は，アカパンカビの低濃度硝酸イオン培地で生育の遅い突然変異体や，

3.1 窒素（nitrogen, N）

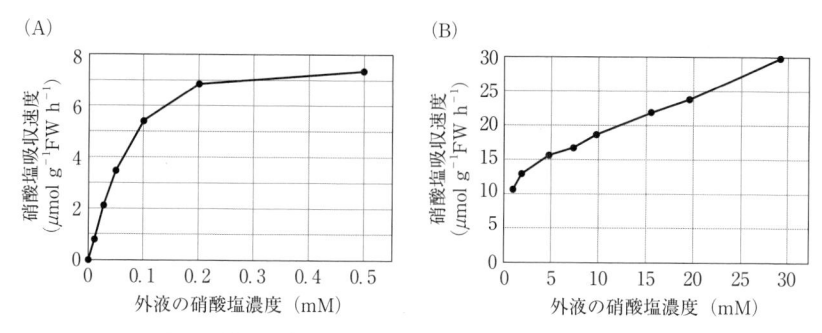

図3.1 外部硝酸イオン濃度と吸収速度（Buchanan ed. 2002）
左：外部硝酸イオン濃度が低い場合に作用する高親和性のトランスポーター活性．右：外部硝酸イオン濃度が高い場合に作用する低親和性のトランスポーター活性．

硝酸イオンに酷似し毒性の強い塩素酸イオン（ClO_3^-）でも死滅しない突然変異株の原因遺伝子として同定された．これらには低親和性トランスポーター（NRT1）と高親和性トランスポーター（NRT2）があり，それぞれ複数の遺伝子にコードされている．特にNRT2遺伝子の発現は硝酸イオンによって誘導され，体内の窒素化合物の濃度が高くなると発現が抑制される．シロイヌナズナのアンモニウムイオンのトランスポーター遺伝子 *AtAMT1* のつくるタンパク質は5種類あり，アンモニウムイオンに対する K_m 値は $0.5～40\,\mu M$ で，根や地上部で器官特異的に発現する．これらの遺伝子は外界のアンモニウムイオン濃度が低下すると誘導的に転写，翻訳され，アンモニウムイオンの吸収を増加させる．

植物にはアンモニウムイオンを好む種と硝酸イオンを好む種がある．水田，沼沢地などの湛水土壌は嫌気的で，Nはおもにアンモニウムイオンの形態で存在する．一方，畑土壌などの好気的な土壌では硝酸イオンの形態で存在する．水田で栽培されるイネはアンモニウムイオンをよい窒素源とし，畑作物の多くは硝酸イオンをよい窒素源とする．アンモニウムイオンが吸収される場合には根のまわりのpHが低下し，硝酸イオンが吸収される場合には上昇する．このため植物の窒素形態に対する嗜好は作物の土壌pHの嗜好とも関係する．さらに，硝酸イオンは陰イオンなのでカリウムイオンやカルシウムイオンが対イオンとして吸収されるのに対し，アンモニウムイオンの場合にはカリウムイオンやカルシウムイオン，マグネシウムイオンと拮抗する．しかし，pHを自動調節しながらアンモニウムイオン，硝酸イオンを低濃度で与えると，どちらのイ

オンもすぐれた窒素源となる．

　いずれの形態の N も土壌中に高濃度で存在すると植物の生育を阻害する．植物がアンモニウムイオンを過剰に吸収すると，アスパラギン（イネ）やシトルリン（キュウリ），テアニン（チャ）などの C/N 比の低いアミドやアミンを合成して解毒する．硝酸イオンは土壌に高濃度で存在すると作物に塩害を起こし，高濃度の硝酸イオンを含む野菜や飼料はヒトや家畜に亜硝酸イオン障害を引き起こす場合もある．

b. 硝酸イオン，アンモニウムイオンのアミノ酸への代謝

　細胞内に吸収された硝酸イオンは，細胞質に局在する硝酸還元酵素によって亜硝酸イオンに還元される．ただちに還元されない場合には液胞に蓄積され，陰イオンとして浸透圧の維持や陽電荷の中和に機能する．硝酸還元酵素の還元力（電子）は NADH から供給される．高等植物の硝酸還元酵素は同一のサブユニット 2 つからなり，それぞれのサブユニットに FAD，ヘムとモリブデンコファクターを含む（図 3.2）．硝酸還元酵素では植物の必須元素であるモリブデンが活性中心として機能している．硝酸還元酵素は転写での制御，酵素タンパク質の修飾の両方で活性が調節される．基質硝酸イオンが与えられると硝酸還元酵素 mRNA の転写が開始される（図 3.3）．また，酵素タンパク質に対して，セリン残基のリン酸化による可逆的な活性調節機構が存在する．硝酸還元酵素の活性は，生成物である亜硝酸イオンの毒性が強いため，培地の硝酸イオン濃度や体内のアミノ酸濃度，光条件，ショ糖濃度，植物ホルモンなどによって厳密に調節されている．生成した亜硝酸イオンは葉緑体に運ばれて亜硝酸還元酵素によって一挙にアンモニウムイオンにまで還元される．必要な電子は還元型フェレドキシンによって供給される．根などの非緑色組織では酸化的ペン

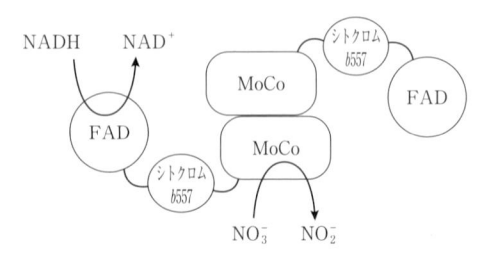

図 3.2　硝酸還元酵素のドメイン構造（小俣 2001）

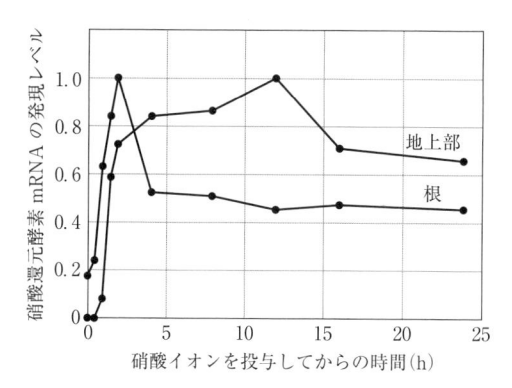

図3.3 オオムギ根と地上部での硝酸還元酵素 mRNA の誘導的蓄積（Buchanan ed. 2002）
0 時間に硝酸イオンを与えた．

トースリン酸経路で生産される NADPH からフェレドキシンを介して電子が供給される．

　こうして生成したアンモニウムイオンは 2-オキソグルタール酸の 2 位の炭素に結合してグルタミン酸 α アミノ基となる．この反応によって初めて窒素-炭素結合が形成され，無機態窒素が有機態窒素に変換される．この反応を触媒する酵素として，グルタミン酸脱水素酵素（GDH）による 2-オキソグルタール酸 2 ケト基の直接のアミノ化が想定された．しかし ^{15}N-アンモニウムイオンを投与した植物ではグルタミンがグルタミン酸よりも速く強く標識されること（図 3.4），この酵素のアンモニウムイオンに対する親和性が低く，ミトコンドリアに局在すること，などから，アンモニウムイオン同化の初発酵素としては疑問がもたれていた．1981 年になってグルタミンアミド基を 2-オキソグルタール酸の 2 ケト基に転移してグルタミン酸を生成するグルタミン酸合成酵素が発見されたことで，グルタミン合成酵素とグルタミン酸合成酵素が共役的に機能するアンモニウムイオンのグルタミン酸アミノ基への同化経路が，アンモニウムイオン同化の主要な経路と考えられるに至った（図 3.5）．

　グルタミン合成酵素は ATP の存在下でグルタミン酸の γ カルボキシル基にアンモニウムイオンをアミド結合させてグルタミンを生成する．この酵素には細胞質型グルタミン合成酵素（GS1）と葉緑体型グルタミン合成酵素（GS2）の 2 種類の酵素がある．

　グルタミン酸合成酵素はグルタミンのアミド基を 2-ケトグルタール酸の 2

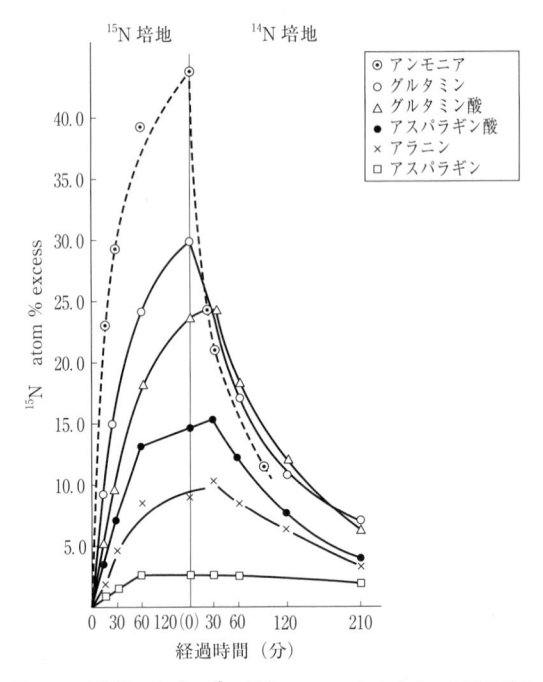

図 3.4　水稲根における ^{15}N 標識アンモニウムイオンの取り込み

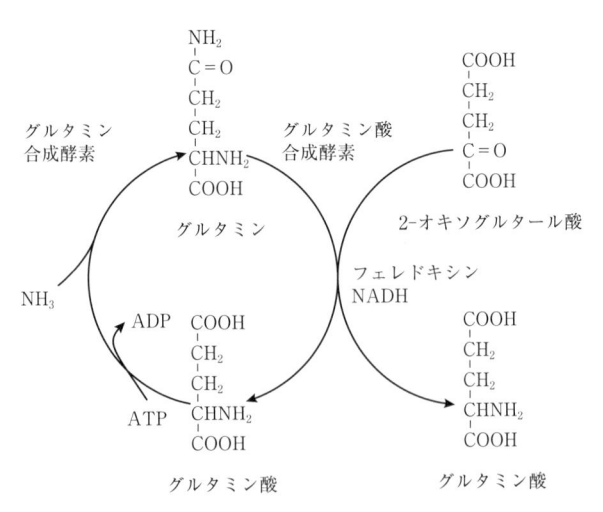

図 3.5　グルタミン合成酵素とグルタミン酸合成酵素によるアンモニウムイオンのグルタミン酸への取り込み経路

ケト基に転移し,合計2分子のグルタミン酸を生成する.この酵素には,反応に必要な電子が還元型フェレドキシン(Fd)によって供給されるFd-グルタミン酸合成酵素とNADHによって供給されるNADH-グルタミン酸合成酵素の2種類が存在する.

シロイヌナズナで見つかった葉緑体型グルタミン合成酵素やFd-グルタミン合成酵素の欠損した変異株は,酸素分圧が低く二酸化炭素分圧が高い,光呼吸が起こりにくい条件でのみ生育できた.この結果から,Fd-グルタミン酸合成酵素や葉緑体型グルタミン合成酵素は光呼吸反応で発生するアンモニウムイオンの解毒にも機能していることが示された.光呼吸で発生するアンモニウムイオンは根から吸収されるアンモニウムイオン,硝酸イオンに由来するアンモニウムイオンよりもはるかに多い.なお,フェニルプロパノイド合成の初発段階はチロシンやフェニルアラニンの脱アミノ反応だが,ここでもアンモニウムイオンが放出される.また,核酸塩基が分解されると尿素を経由してアンモニウムイオンが発生する.このように,細胞内ではアンモニウムイオンが活発に代謝されている.

根で吸収されたアンモニウムイオンはその場でアミノ酸に代謝された後,導管を地上部に移行する.硝酸イオンは植物の窒素栄養状態によって根でアミノ酸に同化される場合とそのまま地上部に輸送される場合がある.硝酸イオンが根と地上部のどちらで,どの程度還元されるかは種によっても異なる(図3.6).植物はアミノ酸など有機態窒素も吸収する能力がある.しかし土壌中では微生物と競合するため,有機態でのNの吸収は限られる.

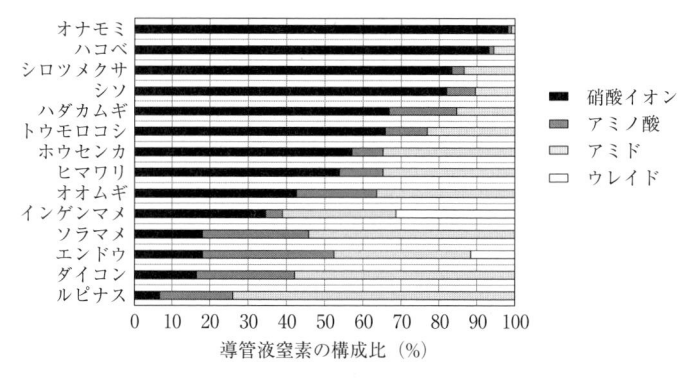

図 3.6 導管液窒素成分組成の種間差(Pate 1973)

アンモニウムイオンから合成されたグルタミン酸アミノ基はオキザロ酢酸に受容されてアスパラギン酸に，3-ホスホグリセリン酸に受容されてセリンに，ピルビン酸に受容されてアラニンに代謝されるなどして，タンパク質を構成するすべてのアミノ酸が合成される．一方，グルタミンアミド基はカルバミルリン酸合成の基質となり，カルバミルリン酸はピリミジンヌクレオチドの中間体となるオロト酸となる．また，グルタミン-PRPPアミドトランスフェラーゼとグリシンアミドリボヌクレオチド合成酵素によってプリンヌクレオチドの生合成が開始される．

c. 窒素の生理作用

作物ではN吸収量が収量を規定する（図3.7）．エンドウでは吸収され葉身に分配されたNの79%が葉緑体に存在し，炭酸同化作用を行う酵素タンパク質や集光タンパク質を構成する（図3.8）．このためN吸収量が増加すると光合成が促進され生育量が増加する．土壌から供給されるNだけでは作物の速く旺盛な生育量を満たさないので窒素肥料が施用される．Nが欠乏すると葉緑素合成，光合成能力が低下して植物体は小さく葉色は淡くなる．

器官の老化が始まると，タンパク質や核酸は構成単位であるアミノ酸や尿酸に分解される．アミノ酸は酸化的に分解され，アミノ基はアンモニウムイオンとして脱離し，炭素骨格は解糖系で代謝される．尿酸は尿素となりウレアーゼによって二酸化炭素とアンモニウムイオンに分解される．下位葉でアンモニウ

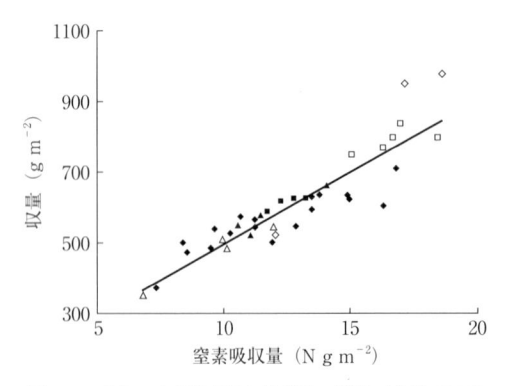

図3.7 イネの窒素吸収量と収穫量の関係（安藤 2006）
各点は日本国内の異なる栽培試験地．

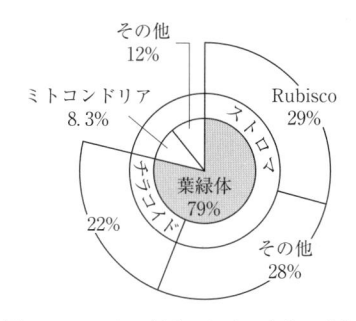

図3.8 エンドウ緑葉における窒素の分布
(Makino & Osmond 1991)

ムイオンは転流に適した窒素化合物（グルタミンやアスパラギン）に合成され，篩管に積み込まれ上位葉や花芽，子実に輸送される．細胞質型グルタミン合成酵素が老化葉の維管束組織に，NADH-グルタミン酸合成酵素がイネ未抽出葉身や登熟初期の穎果などの維管束組織に分布してNの転流に機能している．

3.2 リン（phosphorus, P）

a. リンの吸収と移行

Pは難溶性の塩を作りやすく，海水，陸水，土壌に広く存在するが濃度は低い．酸性土壌ではアルミニウムイオンや鉄イオンが，アルカリ土壌ではカルシウムイオンが，リン酸イオンと難溶性の塩を形成する．施肥された水溶性リン酸イオンも土壌中で難溶性のリン酸塩になったり粘土鉱物に強く吸着される．この現象をリン酸の固定とよぶ．リン酸は植物の種子にマグネシウム，亜鉛，鉄などと会合した難溶性のフィチン酸塩の形態で貯蔵される．飼料に含まれるフィチン酸塩は消化されずに家畜糞として排泄され土壌有機物として蓄積する．リン肥料はリン鉱石を酸処理して製造される．世界人口の増加によってリン肥料の生産量は増加を続け，リン鉱石資源は今世紀中頃には枯渇すると予想されている．これまで耕地に施用され固定されたPを吸収，利用できる作物や，廃棄物に含まれるPを肥料として再利用する技術開発が求められている．

Pは植物根細胞膜でプロトンATPアーゼによって形成されるpH勾配を利用してリン酸トランスポーターによって吸収される．吸収される形態はリン酸二水素イオンで2〜4分子のプロトンと共輸送される．シロイヌナズナ，トマ

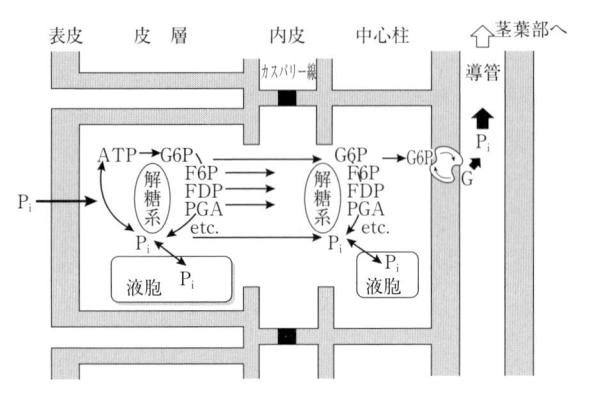

図 3.9 根におけるリンの吸収と道管への負荷の模式図
（佐々木 1985）

ト，ジャガイモの根皮層細胞に存在する高親和性のリン酸トランスポーターはP欠乏によって誘導的に合成される．土壌から皮層細胞に吸収されたリン酸はまずATPに，次いでグルコース-1-リン酸に取り込まれる．導管液に検出されるPはすべて無機リン酸なので，根組織内を糖リン酸で移動し，導管柔細胞で加水分解されて導管に負荷されると推定される（図3.9）．

植物は土壌中の低濃度のPを獲得するためにさまざまな機構を発達させてきた．菌根菌については後述する．Pが欠乏すると根毛密度が増加し，土壌との接触面積を増加させる．これらは土壌と根の接触面積を増加させ，Pの吸収を促進する．また，植物体のホスファターゼ活性が上昇し，根からも分泌される．ホスファターゼは植物体内外の有機物と会合したリン酸を加水分解して遊離のリン酸を増加させる．また，根からクエン酸などの有機酸やプロトンを放出して，FeやAlなどと会合したリン酸を可溶化する．

b. リンの生理作用

すべての生物において遺伝情報はDNA，RNAによって伝達され，Pはこれら高分子化合物の構成要素として重要な元素である．高等動物ではリン酸カルシウムが骨格を形成する．植物ではPが欠乏すると，葉色は濃くなり，節間の伸長が抑制され矮化する．茎や下位葉にアントシアンが蓄積することもある．

Pは細胞内でヌクレオチド，糖リン酸，アシルリン酸化合物，リン脂質などとして機能する（表3.1）．リン酸基は糖の水酸基とホスホジエステル結合を

表3.1 若い葉中のPの主要な存在形態 (Bieleski 1973)

Pの形態	濃度（μg P/g 新鮮重）
無機リン	310
RNA	62
DNA	4.7
リン脂質	47
リン酸エステル*	31

＊：糖リン酸, ATP, ADP, UTP, UDP, UDPG, PGA など.

形成する．この結合によってヌクレオチドがポリマー化してDNAやRNAを形成し，これらが遺伝情報物質，タンパク質合成の鋳型として機能する．また，糖の特定の水酸基がリン酸化され糖リン酸エステルとなると糖が活性化され代謝経路に入る．タンパク質を構成するアミノ酸のうち，セリンやチロシン残基の水酸基がリン酸化されると，そのタンパク質の酵素や情報伝達タンパク質としての活性が調節される．これらの反応はそれぞれのタンパク質に特異的なリン酸化酵素（キナーゼ）やリン酸加水分解酵素（ホスファターゼ）によって触媒される．ATP, ADP やホスホグリセリン酸にみられるピロリン酸結合やアシルリン酸結合は加水分解によって大きな自由エネルギーを放出するので，細胞内の化学エネルギー保存物質や運搬体として機能する．リン脂質は中性であるトリグリセライドに負の電荷を与える．

3.3　カリウム (potassium, K)

a. カリウムの吸収と移行

動物ではリンパ液，血液などの細胞外液ではナトリウムイオン濃度が高く，細胞内液ではカリウムイオン濃度が高い．この不均等な分布は細胞膜のNa^+-K^+ポンプによって，3分子のナトリウムイオンが細胞外に放出され，2分子のKが細胞内に取り込まれるイオン輸送（一次輸送）によって形成される．細胞膜内外のナトリウムイオンの濃度勾配と膜電位を利用して糖，アミノ酸などが細胞内に輸送される（二次輸送）．一方，植物細胞膜にはNa^+-K^+ポンプがなく，物質膜を横切る物質輸送は水素イオンの濃度勾配，すなわち細胞内外のpH勾配によって駆動される．これが多くの植物がNaを必須元素としない理由でもある．Kは植物に含まれる最も多い陽イオンで，植物乾燥重あたりの

含有率は3〜5%,搾汁液中の濃度は100〜150 mMである.すべて水溶性イオンとして存在する.

エプスタインら(1963)は,オオムギのカリウム吸収速度は外液Kの濃度変化に対して複数の変曲点をもつ曲線となることを示し(p.22の図1.16参照),その理由として,Kに対する親和性の異なる複数の輸送体が協奏的に機能するためと考えた.植物のカリウムイオンのトランスポーター遺伝子 *AKT1* は,カリウムイオン吸収能力の低下した酵母の機能を相補するシロイヌナズナ遺伝子として同定された.この遺伝子がコードするタンパク質はシェーカータイプのカリウムイオントランスポーターである(図3.10).その後,さまざまな遺伝子が発見され,植物のカリウムイオンのトランスポーターはその構造や作用機作から少なくとも4種類に分類され,これらの遺伝子産物が,プロトンATPアーゼによって形成される細胞膜内外のpH勾配と電位差を駆動力として,根毛,導管柔組織や孔辺細胞でカリウムイオンの輸送に機能している.エプスタインの提唱した仮説の検証も進められているが,K濃度に応じて1つのトランスポーターの輸送速度が変化するのか,複数のトランスポーターが相加的に機能するのかいまだにはっきりしていない.

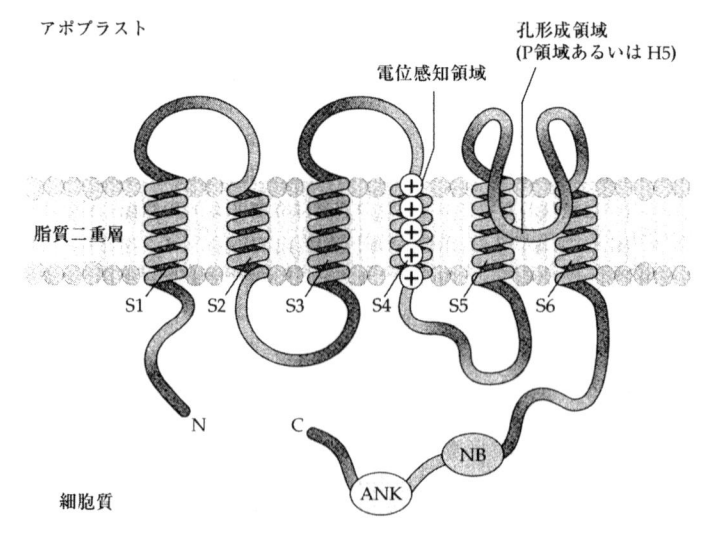

図3.10 シロイヌナズナカリウムイオントランスポーターKAT1構造の推定モデル(Buchanan ed. 2002)
H5領域が孔の部分,S4領域が電位センサーと想定されている.

3.3 カリウム (potassium, K)

カリウムイオンは重要なイオンで，植物の器官や細胞内小器官ごとにトランスポーターが異なっているため，非常に多くのカリウムイオントランスポーターが存在する．これらのトランスポーター遺伝子の発現時期や発現量，トランスポータータンパク質の活性は，植物ホルモン（ABA, サイトカイニン, オーキシン），ナトリウムイオンやカルシウムイオン濃度，光条件などによって調節され，植物体や細胞の細胞質カリウムイオン濃度が 100〜150 mM に制御されている．

b. カリウムの生理作用

Kの機能は，① 細胞の浸透圧を作り出すこと（量的機能）と，② 酵素反応に必要なイオン雰囲気を作り出すこと（質的機能）にある．植物の吸水は根圏土壌から葉への水ポテンシャルの勾配に従って生じる．導管中の水の凝集力も作用して，水は根から地上部に移動し葉肉細胞表面から気孔を通って大気中に蒸発する．このため植物は葉にカリウムイオンを蓄積して体内の水ポテンシャルを低下させる（体内浸透圧を作り出す）．気孔の開閉や葉枕の就眠運動は孔辺細胞や機動細胞の体積が膨張収縮によって変化することによって生じるが，この体積変化は水の移動により起こり，この水の移動はカリウムイオンのトランスポーターを介しての移動に伴う浸透圧変化によって生じる．細胞内で機能するタンパク質や核酸は負の電荷をもつ巨大分子であり，カリウムイオンはこれらの対イオンとしても機能する．さらに篩管輸送でも負電荷をもつ物質の対イオンとして，またショ糖輸送の調節物質として機能する．

成熟した植物細胞では液胞が細胞容積のほとんどを占め，葉緑体，ミトコンドリア，核などが局在する細胞質はきわめて限られた容積を占めるにすぎない．したがって細胞に含まれるカリウムイオンのほとんどが量的には液胞に存在する．液胞におけるカリウムイオンの機能は細胞の水ポテンシャルを低下させることであり，この機能はナトリウムイオンでも代替できる．K 欠乏時に Na の施用効果が大きい（生育低下が小さい）種として，イネ，オオムギ，ワタ，キャベツなどが，効果の少ない種としてトウモロコシ，ジャガイモ，ダイズなどがある．Na の K 代替効果に種間差がみられる理由として，トランスポーターのナトリウムイオンの輸送能力の違いやカリウムイオンとナトリウムイオンを識別する能力の違いが想定される．Na の K 代替効果がみられないトウモロコシ

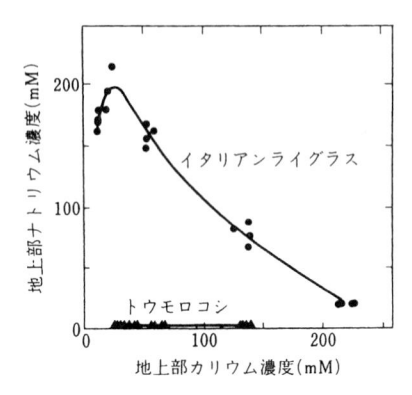

図3.11 イタリアンライグラスとトウモロコシの葉身カリウムとナトリウム濃度の関係（間藤 2001）
イタリアンライグラスではカリウム濃度の低下につれてナトリウム濃度が上昇するが，トウモロコシではまったく増加しない．

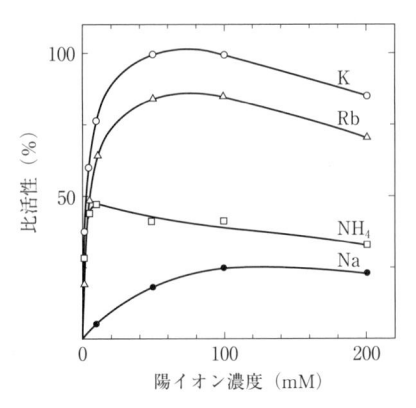

図3.12 イタリアンライグラスのピルビン酸キナーゼの活性に及ぼすカリウム，ルビジウム，アンモニウム，ナトリウムイオンの影響（間藤原図）

では，K欠乏下でも葉身にNaがまったく移行せず，Naの代替効果がみられるかどうかはNaの導管輸送能力に依存する可能性が考えられる（図3.11）．

　酵素反応の活性化はカリウムイオンの質的機能であり，ピルビン酸キナーゼやデンプン分解酵素などがカリウムイオンによって活性化される．ピルビン酸キナーゼ活性は50 mM～100 mMのカリウムイオンによって最大となり，ルビジウムイオンはカリウムイオンに次ぐ．ナトリウムイオンは酵素反応をあまり活性化できない（図3.12）．

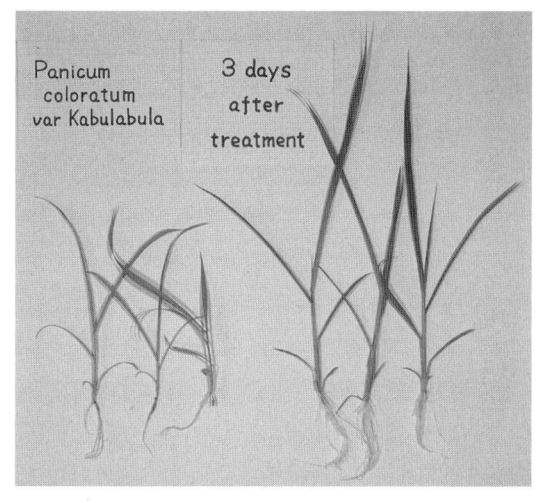

図 3.13 カブラブラグラスのナトリウム要求性（間藤原図）
ナトリウムを欠如した植物に 1 mM NaCl を与えて 3 日後のようす．

　ナトリウムイオンはほとんどの高等植物にとって必須元素ではない．しかしNAD-MA 型や PEP 型の C_4 光合成を行う植物は生育に Na を要求し，Na を与えないと欠乏症を示し枯死する（図 3.13）．C_4 光合成に必須のホスホエノールピルビン酸（PEP）の再生産過程に Na の関与が報告されている．

3.4　イオウ (sulfur, S)

a.　イオウの吸収，移行，代謝

　S は被子植物の乾燥重 1 kg あたり約 3400 mg 含まれ，その給源は土壌中の硫酸イオンである．硫酸イオンの吸収にかかわるトランスポーターは，硫酸イオンに対する親和性（高親和性，低親和性）やトランスポータータンパク質の発現部位（根表皮細胞，導管柔細胞，篩管伴細胞）によって複数のグループに分類されるが，いずれも 12 個の膜貫通領域をもつ単一のポリペプチドから構成され，Sltra 遺伝子にコードされる．硫酸イオンの輸送は膜内外の pH 勾配に依存する能動輸送で，1 mol の硫酸イオンは 3 mol の水素イオンと共輸送される．植物が S 欠乏になると根皮層細胞，導管柔細胞，篩管伴細胞のトランスポーター遺伝子発現量が増加し，硫酸イオンの吸収能力が増加する．吸収さ

れた硫酸イオンは液胞に貯蔵される.

硫酸イオンは葉緑体で ATP スルフリラーゼによってアデノシン 5'-ホスフォ硫酸 (APS) となる. APS は APS 還元酵素によって亜硫酸イオンに還元され,さらに亜硫酸イオン還元酵素によって硫化物イオン (S^{2-}) にまで一挙に還元される. この硫化物イオンはただちに O-アセチルセリンに受容されてシステインとなる. システインはタンパク質に組み込まれるとともに, メチオニン,グルタチオン, コエンザイム A (coenzyme A), ビオチン (biotin) などの合成の出発物質となる.

b. イオウの生理作用

S はタンパク質のメチオニン残基とシステイン残基, イオウ脂質, グルタチオンなどとして機能する. タンパク質の 2 つのシステイン残基は S-S 架橋を形成して立体構造を維持し, また, システイン残基に Fe が配位して Fe-S センターを形成して電子伝達系として機能する. S-アデノシルメチオニンはメチル基供与体として機能する.

グルタチオンはγ-グルタミル-システイニル-グリシンのトリペプチドで, 還元型イオウの篩管輸送, 生体の酸化還元調節, 生体毒物の解毒などに機能する. グルタチオンはグルタチオン S-トランスフェラーゼの作用によって, 植物体内に侵入した除草剤などの化学物質と抱合体をつくりこれらを無毒化する. また, アスコルビン酸と共役して細胞の酸化還元電位を調節する. 細胞内に Cd や Cu などの重金属が過剰に侵入すると, グルタチオン分子が複数重合したフィトケラチンが合成されて重金属と配位結合し無毒化する (図 3.14). 細胞内のグルタチオンや O-アセチルセリンの濃度が S 代謝の調節シグナルと考えられている.

S の欠乏は含硫アミノ酸の欠乏を介してタンパク質合成を低下させるため, 窒素欠乏に似た害徴を示し, 特に緑葉の黄色化が顕著である. S 欠乏に伴って硫酸イオン含有率が特に低下するため, 硫酸イオン態 S とタンパク質態 S の比が S 栄養のよい指標になる. わが国は火山国のうえ海が近いので S の欠乏土壌はない. しかし滋賀県湖北地方の水田で S 欠乏による水稲の生育不良が報告された. 有機物を含むペースト肥料によって土壌還元が進行し, 硫酸イオンが硫化物に還元されて水稲が吸収できなくなり, 硫酸イオンが欠乏すると推

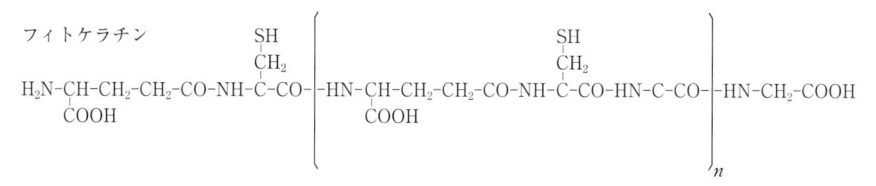

グルタチオン　　　　　H$_2$N-CH-CH$_2$-CH$_2$-CO-NH-C-CO-HN-C-COOH
　　　　　　　　　　　　　　　　　　COOH
（SH, CH$_2$ side chain on middle C）

フィトケラチン
H$_2$N-CH-CH$_2$-CH$_2$-CO-NH-C-CO-[-HN-CH-CH$_2$-CH$_2$-CO-NH-C-CO-HN-C-CO-]$_n$-HN-CH$_2$-COOH
　COOH　　　　　　　　CH$_2$　　　　COOH　　　　　　　　　CH$_2$
　　　　　　　　　　　　SH　　　　　　　　　　　　　　　　　　SH

図3.14　グルタチオンとファイトケラチン

グルタチオンは r-グルタミル-システイニル-グリシンのトリペプチドである．グルタチオンの r-グルタミル-システイン部分が複数個重合し，末端にグリシンが結合したフィトケラチンが SH 基で重金属と配位結合する．繰り返し数（n）は 2～11 が知られている．

定された．

3.5　カルシウム（calcium, Ca）

a.　カルシウムの吸収と移行

　植物の Ca 含有率はその植物の Ca 要求量と平行関係にあり，最大の生育を与える培養液 Ca 濃度はイネ科植物で低く，双子葉植物で高い．被子植物の平均的 Ca 含有率は乾燥重 1 kg あたり 18,000 mg だが，イネ科植物では 3,900 mg と低い．カルシウムイオンはおもに細胞壁や細胞間隙のアポプラスティック経路を通って導管に移動し，導管中ではマスフローによって地上部に移動する．篩管では輸送されないので体内での再移動は起こりにくい．このため土壌からの Ca 吸収が不足するとトマトの尻腐れ果やハクサイ，キャベツの芯腐れなどの欠乏症が発生する．果実や新葉は蒸散量が少なく，急速な生長に見合うカルシウムイオンの輸送が不足するためである．Ca の欠乏症は新葉や新芽から現れる．

b.　カルシウムの生理作用

　カルシウムは細胞壁に多く存在する．双子葉植物の細胞壁はイネ科植物の細胞壁と比べてペクチン含有率が高い．カルシウムイオンはペクチンを構成する

ガラクツロン酸カルボキシル基にイオン結合するので，双子葉植物細胞壁はカルシウム含有率が高い．また，このイオン結合によってペクチン質多糖鎖どうしが架橋されペクチンゲルとなり，細胞壁のもつ分子篩効果や保水力が発揮される．

植物細胞の細胞質には葉緑体やミトコンドリア，核などが局在し，ATP などのヌクレオチドや糖リン酸，無機リン酸や DNA, RNA などのリン酸化合物が代謝の中枢を担っている．このためリン酸化合物と難溶性塩を形成するカルシウムイオンは，カルシウム ATP アーゼやカルシウムプロトン逆輸送によって細胞質から排除され，細胞質の遊離カルシウムイオン濃度は 10^{-7} M 程度に保たれている．一方，液胞や細胞壁にカルシウムイオンが有機酸の塩やガラクツロン酸の対イオンとしてプールされている．

細胞質のカルシウムイオン濃度が低く保たれていることを利用して，カルシウムイオンの濃度変化が細胞内での情報伝達の手段として使われている．細胞質から能動的に排出されたカルシウムイオンは細胞壁にイオン結合して，また遊離のカルシウムイオンとして存在している．外界の刺激（一次メッセンジャー，植物ホルモンや日長変化など）が細胞膜表面の受容体カルシウムチャネルに受容されると，チャネルが開孔して細胞外からカルシウムイオンが細胞質に流入し，細胞質カルシウムイオン濃度が急激に上昇する．細胞質には Ca と特異的に結合するカルモジュリンなどのタンパク質があり，カルシウムイオンはこれらのタンパク質に結合することでタンパク質の立体構造を変化させる（図 3.15）．Ca が結合したカルモジュリンは，たとえばタンパク質をリン酸化する酵素（プロテインキナーゼ）やタンパク質ホスファターゼの活性を調節し，標的タンパク質をリン酸化/脱リン酸化してその酵素活性が変化する．この変化は玉突きのように伝わり，代謝変化が次々と生じる．細胞外の刺激を細胞内で伝達する物質を二次メッセンジャーと呼び，カルシウムイオンや cAMP がその役割を果たす．刺激の伝達が終了するとカルシウムイオンは細胞外に排出され，細胞内の濃度は低下し，再び定常状態に戻る．

Ca は原子半径が大きく空の d 軌道をもつ．このため遷移元素のようにタンパク質の窒素原子や酸素原子と配位結合することができる．しかし，Fe や Zn と異なり，素早く解離することもできる．この性質が二次メッセンジャーとして機能することを可能にしている．一方で，細胞壁のペクチン質多糖カルボキ

図 3.15 カルモジュリンの構造模式図（Alberts ed. 1995）
カルシウムイオンが 4 原子配位する．

シル基や細胞膜リン脂質リン酸基の対イオンとして細胞構造の維持にも機能している．植物の生長が阻害される酸性土壌やアルカリ性土壌では，カルシウム塩の増施が生育阻害を軽減する．これは高濃度のプロトン，アルミニウムイオンやナトリウムイオンが障害する部位とカルシウムイオンが結合する部位が拮抗するためと考えられ，カルシウムイオンは細胞内（シンプラスト）でも細胞壁などの細胞外（アポプラスト）でも重要な機能を果たしている．

3.6 マグネシウム (magnesium, Mg)

a. マグネシウムの吸収と移行

Mg は被子植物に乾燥重 1 kg あたり平均 3,200 mg 含まれる．このうちの 15〜20% がクロロフィルとして，60〜80% が水溶性のマグネシウムイオンとして存在する．細胞質のマグネシウムイオン濃度は 2〜10 mM である．マグネシウムイオンの挙動は 2 価の陽イオンではあるがカリウムイオンに似る．根からの吸収においても両イオンは拮抗関係にあり，一般にカリウム塩を多く与えると Mg の含有率は低下する．家畜で K に富む牧草だけを給餌すると Mg 欠乏症（グラステタニー）を起こすことがある．また，最近の耕地土壌は酸度矯正のために Ca が多く施用され，Mg を積極的に与える必要がある場合もみられる．

カリウムイオンのトランスポーターに対して，マグネシウムトランスポー

ターはあまり研究が蓄積されていない．最近になって酵母に Al ストレス耐性を賦与する遺伝子がマグネシウムトランスポーター遺伝子であることが示された．その遺伝子産物は 2 回の膜貫通領域を持ち，5 つのホモポリマーが会合してマグネシウムトランスポーターを構成する．

b. マグネシウムの生理作用

マグネシウムイオンはイオン半径が小さいので，核の正電荷が他の原子の電子を強く引きつけ，イオン結合を作りやすい．クロロフィルはグルタミン酸に由来する δ アミノレブリン酸から合成されるポルフィリン環にフィトール側鎖がついた色素で，光合成において集光色素として機能する．このクロロフィルは活性中心に Mg を含み，この Mg は例外的にポルフィリン環の窒素原子と配位結合している（図 3.16）．タンパク合成を行うリボゾーム顆粒の会合にはマグネシウムイオンが必須で，マグネシウムイオンが欠乏するとリボソーム顆粒が解離しタンパク合成が阻害される．葉緑体には葉身に含まれる窒素の 70〜80% が局在する．このため Mg 欠乏はクロロフィルの合成だけでなく，葉緑体タンパク質の合成にも影響し，葉身が黄化する．マグネシウムイオンは水溶性で移動しやすいため，Mg 供給が低下すると Mg は下位葉から上位葉に移動し，黄化など欠乏症状は下位葉から発生する．

ATP やピロリン酸が加水分解される反応では，マグネシウムイオンは基質のピロリン酸基とイオン対を形成して酵素との結合を促進し補酵素的に機能す

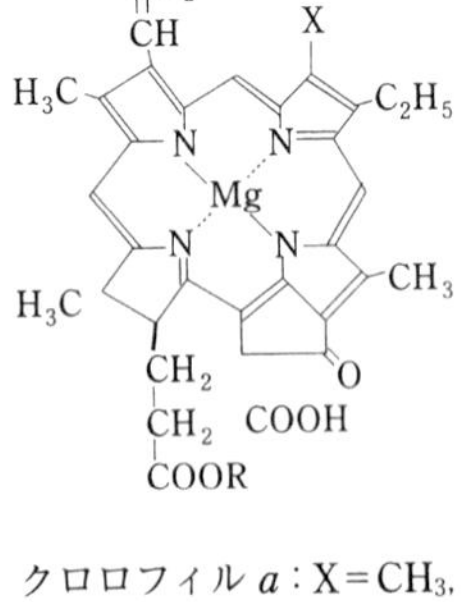

クロロフィル a : X = CH_3,
クロロフィル b : X = CHO,
R = $C_{20}H_{39}$.

図 3.16 クロロフィル a, b の構造

る．二酸化炭素を同化する鍵酵素であるRubisco（リブロース-1,5-ビスリン酸カルボキシラーゼ・オキシゲナーゼ）はRubisco活性化酵素（activase）によってリジン残基がカルバミル化され，ここにMgが配位して活性化される．光照射下の葉緑体ではチラコイド内腔にストロマからプロトンが移動して酸性化し，ストロマへはチラコイド内腔からマグネシウムイオンが流入してアルカリ化する．マグネシウムイオンの濃度上昇とアルカリ化はストロマに局在するRubiscoを活性化し，二酸化炭素の固定反応が至適条件で進行する．

4. 共生系の植物栄養

4.1 共生系とは

　高等植物の細胞は，核，ミトコンドリア，葉緑体（クロロプラスト）の小器官の絶妙な構成からなっている．マーギュリス博士「真核細胞の起源」(1970)の考え"連続細胞内共生"によれば，核は基本小器官であり嫌気微生物（古細菌）に由来，ミトコンドリアは好気微生物（真核生物，αプロテオバクテリア）由来，そして葉緑体は葉緑素をもつシアノバクテリア（真正細菌）に由来し3者の遺伝子が再編成されたものである．まさしく細胞内の共生である．この3小器官は栄養分とシグナルを交換して役割を分担し細胞の生存と増殖，さらに分化を図っている．

　高等植物は他の生物と共生して生存と拡大をより可能としている．自然環境，特に養分獲得が困難な環境，非肥沃な土壌で，特殊な技能の生物を有効に自らのためになるように利用しているように見える．アマゾンやインドネシアの熱帯雨林では，アカネ科植物などの茎にアリが生息し，木はアリが運びこんだエサの食べ残しやフンから栄養分（N源）を得，アリは樹液（C源）の獲得や安全な住処を得ている．現在植物栄養獲得を目的とした最も明らかで，多くのところでみられる共生が，高等植物と窒素固定菌，そして高等植物と菌根菌の関係である．

　約46億年前地球が誕生し，約38億年前海で生命の活動が始まった．約4億年前のデボン紀には地球上が乾燥化し，海水はその塩濃度を増した．この頃海水で生息していた一部の植物（藻類）は，陸状態の環境で生育するようになった．細胞壁を発達させ，葉部と根部を分化させ，高等植物はこれまで接地器官としていた根で無機養分を吸収し，それを用いて葉部で光反応により炭水化物

を生産した．葉部で生産した炭水化物の一部は根の生長のため移行し，余りは根圏に分泌された．土壌の有機物に腐生していた糸状菌の一部は根の外側に菌糸をはりめぐらし（外生菌根），さらには，細胞内にも一時的に菌糸を伸長し（内生菌根），植物が根に送った炭水化物をより積極的に利用するようになった．その代わりに，植物は菌糸が土壌から吸収した無機リンやアンモニア（さらにアミノ酸），ミネラルを菌糸から受け取るようになり，貧栄養下で巨大化したシダ植物が繁茂した．また土壌にはシアノバクテリアが拡大し，植物の一部で窒素固定機能をもつシアノバクテリアとの共生も始まった．土壌にも有機物が蓄積し，土壌に埋没した植物起源有機物から石炭，石油，メタンが生成されたと推定できる．これにより大気の炭酸ガスは化石化された．

約4億年前から植物の根と共生する糸状菌（菌根菌）が発達し，さらにずっと後の約6000万年前には，大気窒素ガス（N_2）をアンモニアに変換する酵素ニトロゲナーゼの遺伝子（*nif*）をもった細菌が，根粒形成遺伝子などを水平伝達によって獲得して，細菌の植物細胞内共生による窒素固定システム（根粒）を形成した．根粒という窒素固定に特化した共生システムの成立以前に，植物根と遊離窒素固定菌のゆるい共生である根圏の窒素固定システムと，植物体内（エンドファイテック）に移動した窒素固定菌による窒素固定システムの成立を想像することができる．

菌根菌と植物の共生関係に働く植物側の遺伝子が，根粒菌の感染（根粒菌の受容）にも共通して働くことが認められる（図4.1）．共生的窒素固定では，このうえに根粒の発達と窒素固定システムのための遺伝子が発現することになる．根粒形成と窒素固定のための植物側の遺伝子（nodulin genes）がマメ科植物で特異的に進化した．

4.2 植物に窒素栄養を供給する3つの窒素固定システム

窒素固定菌は土壌に生息し，植物に感染するものがある．植物と関係する窒素固定の様式には3つある（表4.1）．植物-微生物による第一の窒素固定システムの研究は，1886年ヘルリーゲル（Hellrigel）による根粒が窒素固定サイトであることの発見と，それに続くバイジャリンキ（Beijerinch）によるエンドウからの根粒形成菌の単離に始まる．多くのマメ科植物の根粒に根粒菌，

根粒菌　　菌根菌
Nod 因子　Myc 因子

NFR1
NFR5

↓ *SYMRK*
↓ *CASTOR*
↓ *POLLUX*
↓ *NUP85*
↓ *NUP133*

Ca^{2+} スパイキング

↓ *CCaMK*
　CYCLOPS

NSP
NIN
ALB1
ALB2
CRINKLE

根粒形成　　　　菌根形成

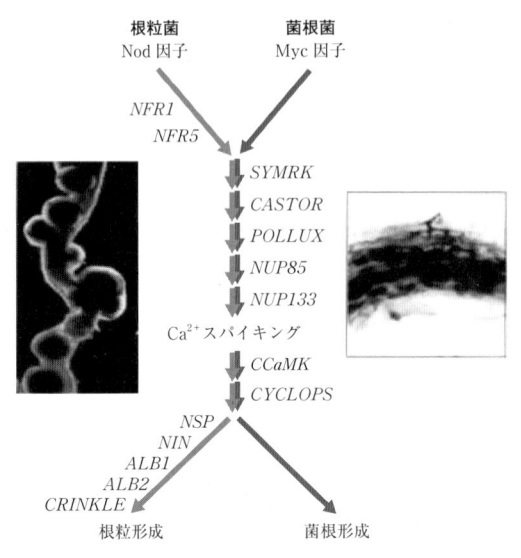

図 4.1 植物と菌根菌，植物と根粒菌との共生に共通する共通シグナル伝達経路（林ら 2006）

表 4.1 窒素固定微生物の生息場所と植物と関係する生物的窒素固定の様式

窒素固定微生物の生息場所	バクテリア	シアノバクテリア
土壌中 （植物と無関係）	フリーリビング *Azotobacter* *Clostridium* *Beijerinchia*	フリーリビング *Nostoc* *Anabaena*
根圏または根表面 （根圏窒素固定）	トウモロコシ，イネ，サトウキビ *Azospirillum* *Kreibeiella* *Enterobacter*	コムギと *Nostoc*
植物体内細胞間 （エンドファイテック窒素固定）	サトウキビ，カンショ，パイナップル *Gluconacetobacter* *Herbaspirillum* *Bradyrhizobium* *Azoarcus*	アゾラと *Anabaena* ソテツと *Nostoc*
植物体内細胞内 （共生窒素固定）	マメ科植物と根粒菌 ハンノキとフランキア（根粒形成）	グンネラと *Nostoc*

そしていくつかの木本植物の根粒に放線菌フランキアが共生する (symbiotic) タイプである（図 4.2(a)）．

第二のタイプは植物根圏（根の表面と根のごく近傍の土壌）における窒素固定システムである．1972 年ブラジルのドベライナー（Döbereiner）らはサト

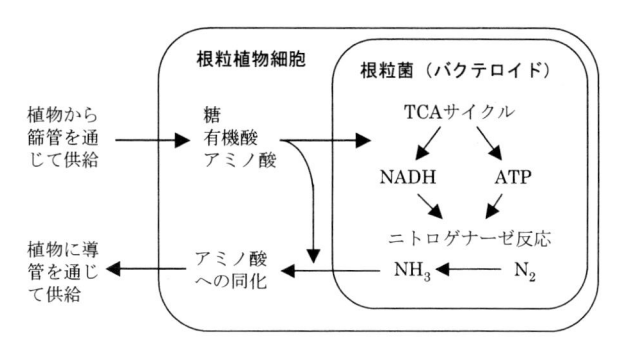

4.2 植物に窒素栄養を供給する3つの窒素固定システム

(a) 共生的窒素固定システム

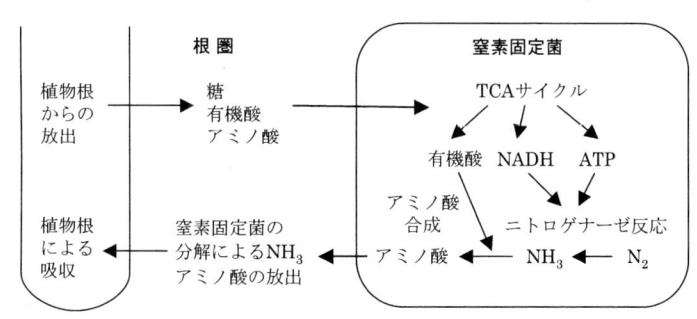

(b) 根圏協同的窒素固定システム

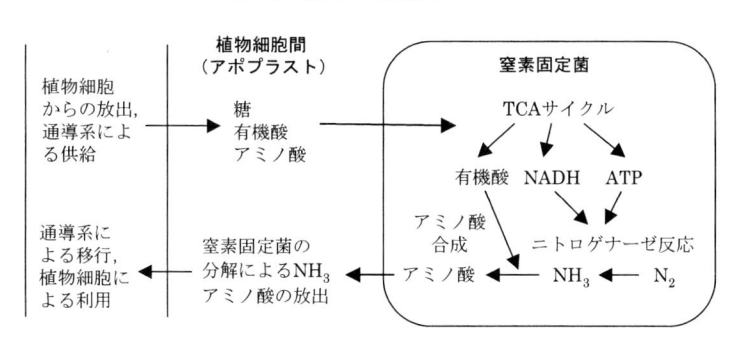

(c) エンドファイティック協同的窒素固定システム

図4.2 さまざまな窒素固定システム

ウキビや牧草の根圏には，*Spirillum*（後*Azospirillum*）を含む窒素固定菌が特異的に生息していると報告した．1970～80年代にかけて，緑の革命を担った作物であるイネ，コムギ，トウモロコシなどの根圏で窒素固定の証明と関与する微生物の研究がなされた．さらに，1990年代には非マメ科植物への根粒

形成の試みもなされた．こうした研究を通じて，植物（おもにイネ科）の根圏で根から分泌される有機化合物をエネルギー源として窒素固定活性を発現する微生物の生息が知られるようになった．特に水稲根圏は窒素固定酵素（ニトロゲナーゼ）反応を阻害する酸素分圧が低く，生物的窒素固定の環境として好ましいものとなっている．これらは根圏協同的（rhizosphere associative）システムと呼ばれる（図4.2(b)）．

1988年ブラジルでサトウキビ茎汁液から単離された *Acetobacter*（現在 *Gluconacetobacter*）*diazotrophicus* は，植物体内に生息する（エンドファイティック）窒素固定菌であった（Cavalcante & Döbereiner 1988）．筆者らは1994〜2000年にかけて，この窒素固定が有意に圃場栽培の作物生産に寄与しているかの調査を，マメ科作物における窒素固定の寄与の大きさを計測するのに使われる ^{15}N 自然存在比法を用いて行い，サトウキビ（C_4 植物），サツマイモ（C_3 植物），パイナップル（CAM 植物）で高い窒素固定の可能性を示す結果を得た．この窒素固定をエンドファイティック協同的（endophytic associative）システムと呼ぶ（図4.2(c)）．

これら3つの窒素固定システムのうち，圃場レベルでの窒素固定活性は共生的システムが最も高く，次いでエンドファイティック協同的システム，最も小さいのは根圏協同的システムである．植物への寄与もこの順である．後の二者，特に根圏協同的システムでは，窒素固定菌が生成する植物ホルモンによる作物生産増の効果もある．

3つの窒素固定システムで高い窒素固定活性が発現されるためには，窒素固定のために十分なエネルギー源（炭水化物）が供給されることと，窒素ガスの還元を行うニトロゲナーゼ反応環境が低酸素分圧に維持されることが必要である．エネルギー供給からみると，根圏協同的システムでは根から分泌される炭水化物を根圏で生息する多くの菌が競合し，窒素固定菌が利用できる割合は低いと考えられる．エンドファイティック協同的システムでは，細胞から植物細胞間へ浸出される糖，有機酸，アミノ酸などを利用する．サトウキビ，サツマイモ，パイナップルは糖や有機酸を多量に生産し，細胞外に放出する．また篩管を経て多量に茎，イモ，果実などに送られる．細胞間や篩管とその周辺に窒素固定菌が生息すれば，エネルギー源は豊富である．根から感染したエンドファイト窒素固定菌は，根組織の細胞間（アポプラスト）や導管に分布するとの証

拠が多く出されている．今のところ篩管あるいはその周辺の細胞での窒素固定菌の確かな存在は報告されていない．しかし篩管にはファイトプラズマのような小さな遺伝子―たぶん進化過程で退化した―をもった細菌の存在が知られている．根粒共生系では，葉から供給される糖や，根粒貯蔵のグリコーゲンやポリヒドロキシ酪酸（poly-β-hydrooxybutyrate）を分解し，ジカルボン酸を生成し，N_2の還元に用いる．根粒の窒素固定活性は光合成による糖の供給に強く依存している．

酸素分圧を考えると，根粒内のニトロゲナーゼ周辺では数 nM の低酸素濃度となっている．水稲の根圏は低酸素環境だが，他の陸生植物の根圏の酸素分圧は高い．植物組織の細胞間や通道系では，組織外より酸素濃度は低く，特に篩管は酸素濃度が低い．組織の糖，有機酸濃度が高くなるとさらに低い酸素濃度となる．

各々の窒素固定システムで固定された窒素は，以下のような形で植物に利用される．すなわち，根粒により固定した窒素の 95% は植物にアミノ酸として移動し，短期に利用される．根圏の窒素固定では，固定された窒素は菌の分解によってアミノ酸として放出され，植物はその一部（約 20%）を利用する．エンドファイトが固定した窒素の利用についての解析は進んでいない．窒素固定システムから想像すると，エンドファイト菌が固定した窒素は菌の分解によってアミノ酸として放出され，通導系を移行して植物に利用されると考えられる．パイナップルでみられるように，CAM 植物に窒素固定をするエンドファイトが生息するとすれば，乾燥地のサボテンなどによる貧窒素栄養条件下での窒素獲得戦略として興味深い．

窒素固定システムの進化からみると，最初植物根圏に生息していた窒素固定菌が，植物根より放出される炭水化物をエネルギー源として得て窒素固定活性が生じた（根圏協同的窒素固定システム）．植物からの炭水化物には窒素固定菌の根粒形成遺伝子の発現にかかわるシグナル分子があり，根粒菌と植物の遺伝子の共同作業により根粒形成そして共生窒素固定システムとなった．一方根細胞間隙や葉の気孔などから窒素固定菌が植物体内に侵入し，体内で生息するようになり，サトウキビやサツマイモなどで栄養繁殖により次世代に窒素固定菌が移行し，エンドファイティック協同的窒素固定システムとなったと推定される．

4.3 マメ科植物-根粒菌共生系

a. 共生系の成立：窒素固定根粒の形成のシグナル交換

マメ科植物の多くでは根に直径 2～15 mm の球形（有限型）やヒトデ状（無限型）の根粒（nodule）を多数発達させ，その中に根粒菌（Bradyrhizobium, Rhizobium）が住み着き，ホスト植物との間に共生関係を形成している．セスバニア（*Sesbania rostrata*）やクサネム（*Aeschynomene* spp.）のある種では根ばかりだけでなく，茎にも nodule（茎粒と呼ばれる）を発達させている．茎粒に住まう根粒菌がいくらか光合成する能力があるとするレポートもある．またパラスポニア（*Parasponia* spp.）はマメ科植物ではないが，根粒菌と共生系をつくり根粒を形成するまれな植物である．ある種の放線菌（Frankia）はハンノキ（*Alnus*）やモクマオ（*Casuarina*）のような木本植物の根皮層組織に nodule を形成し窒素固定をしている．またシアノバクテリアのノストック（Nostoc）はアゾラ（葉小室に共生），ソテツ（コラロイド根細胞間），グンネラ（根細胞内共生）などの植物との間に共生関係を作っている（表 4.1）．

表 4.2 に示すように 2000 年までは，根粒菌がダイズ，インゲン，レンゲなどマメ科作物の根粒から単離され，同定分類され，すべてが α 型プロテオバ

表 4.2 2001 年以降の窒素固定をする新しい根粒形成菌の発見

2000 年までに知られていた根粒菌 6 種
 α-Proteobacteria
  Rhizobium：エンドウ，インゲン
  Sinorhizobium：アルファルファ，ルセナ，アカシア
  Mesorhizobium：ミヤコグサ，レンゲ
  Allorhizobium：ネプチュニア（セネガル）
  Bradyrhizobium：ダイズ，落花生，パラスポニア（ニレ科植物），クサネム
  Azorhizobium：セスバニア
2001 年以降確認された根粒形成菌
 α-Proteobacteria
  Methylobacterium：マメノキ（アフリカ），マメノキ（ニュージランド），クロタラリア
  Blastobacter：クサネム
  Ochrobactrum：アカシア，ルーピン（アルゼンチン）
  Devosia：ネプチュニア（インド）
  Phyllobacterium：ルーピン（スペイン）
 β-Proteobacteria
  Burkholderia：マメノキ Aspalathus（アフリカ），ミモザ
  Ralstonia(*Cupriavidus*)：ミモザ（コスタリカ）

クテリアのリゾビア（rhizobia）であった．しかし，2001年のアフリカの野生マメノキ根粒からβ型プロテオバクテリアの*Burkholderia*が同定され，根粒形成能が確認されて以後，リゾビア以外の菌の根粒形成の報告がされるようになった．これら根粒菌の窒素固定遺伝子（*nif*）や根粒形成（*nod*）遺伝子は，遺伝子の水平移行（horizontal gene transfer）により広がったと考えられている．

マメ科植物と根粒菌との共生系における特長は，宿主植物根に根粒菌の窒素定能がきわめて効率よく発揮できるように特殊に分化した根粒組織が形成されることである．この共生系は，まず根粒菌と宿主植物との相互認識から始まる．宿主を認識して根に付着した菌は細胞内へ侵入する．根粒菌の感染である．感染細胞を破壊をせず，物質を交換して，互いの生長と増殖を図る共生である．その間，宿主植物と菌は互いにシグナルを交換しながら，共生の場である根粒を形成し，共同の機能である窒素固定を活発化する．

最初のシグナルはマメ科植物の種子や根から根近傍に放出されるフラボノイド（flavonoids）である（図4.3）．フラボノイドは光存在下葉で合成され，篩管経由で根に移行する．根近傍にアンモニアなど窒素がないと，マメ科植物が抗菌物質フラボノイドを放出する．このフラボノイドの化学形態はマメの種ごとに，あるいは品種で特有である．根の周辺に生存する根粒菌に拡散したフラボノイドは根粒菌に取り込まれる．根粒菌では転写調節因子Nod Dタンパク質が常に存在し，取り込まれたフラボノイドと複合体を形成する（図4.3）．根粒形成（*nod*）遺伝子は，*Rhizobium*属根粒菌ではDNAサイズで200 kb以上ある巨大プラスミド上にあり，*Bradyrhizobium*属根粒菌では，核染色体DNA上にある．上に述べた根粒菌細胞内のNod Dタンパク質は*nod*遺伝子で作られる．フラボノイドが結合することでNod Dタンパク質は形態変化し，*nod*遺伝子群のプロモーターのNodボックスに結合，共通*nod*遺伝子の*nod A, B, C*を発現させ，さらに宿主特異的*nod*遺伝子の*nod E, F, G, H*などを発現する．これらの*nod*遺伝子がつくる酵素タンパク質の働きによってNodファクターが形成される．このNodファクターは根粒菌種特有のリポキトオリゴサッカライド（lipo-chitooligosaccharides）であり，脂肪酸側鎖，*N*-アセチルグルコサミンの数，硫酸基などによって，Nodファクターを受け入れるマメ科植物種が決まってくる（宿主特異性）．

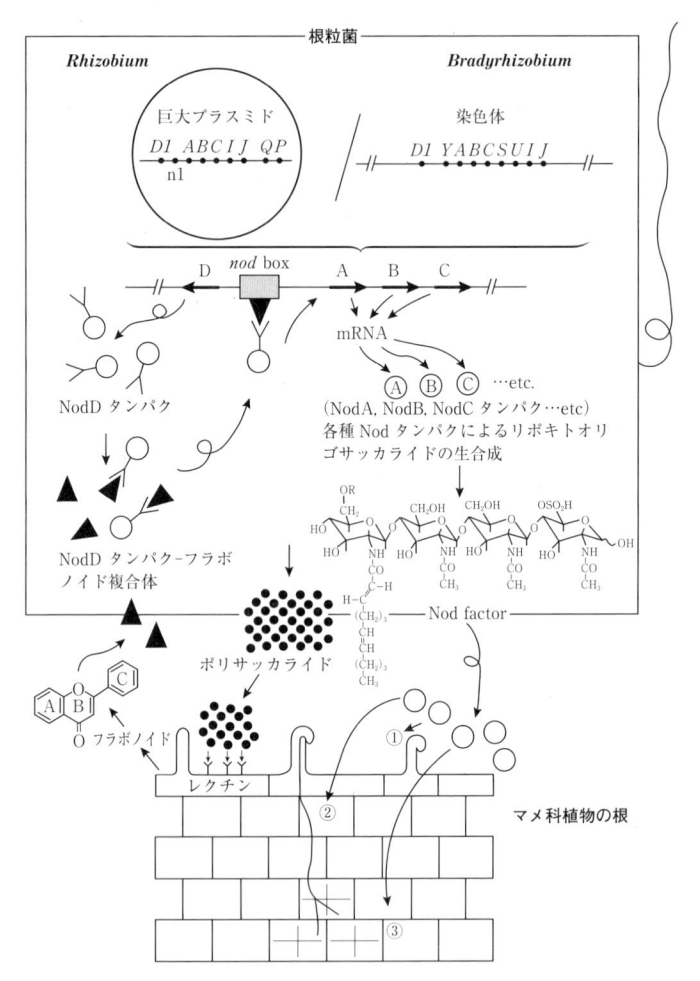

図4.3 マメ科植物と根粒菌間のシグナル交換（赤尾・横山・米山 1994）

Nodファクターを受け入れたマメ科植物の根では，根毛のカーリング（図4.3の①）を起こしたり，感染系形成（図4.3の②）が進み，さらに根皮層細胞の再分化（図4.3の③）を引き起こす．一方根粒菌は宿主の植物根に感染する．感染はカーリングした根毛から根粒菌が陥入したり，側根原基のクラックから侵入したりする．いずれも植物細胞が準備した感染糸を通じて増殖しながら，再分化が起こっている皮層細胞に移行し，最後は感染糸の先端からエンドサイトシスにより細胞内に放出される．細胞内に放出された根粒菌は植物細胞

がつくる膜，ペリバクテロイド（peribacteroid）膜に囲まれ，植物細胞の細胞質（サイトソル）との間は二重膜で囲まれ，根粒菌はバクテロイド（bacteroid）とよばれる窒素固定に特化した形態をとる．

このようにしてできた根粒原基は根 10 mm 当たり数十個できるが，大きな根粒として発達するのはその 10 分の 1 程度である．この"間引き"の過程はオートレグレーション（autoregulation）と呼ばれる．オートレグレーションには成熟葉でできるファクターが関与するとされるが，そのファクターの化学形態は同定されていない．

植物サイトソルにはレグヘモグロビン（leghaemoglobin）が作られ，また根粒感染細胞の周りには酸素の侵入を防ぐ酸素拡散障壁（oxygen diffusion barrier）が形成される．一方バクテロイドでは低酸素，低アンモニアによって nif（ニトロゲナーゼ）遺伝子が発現し，ジニトロゲナーゼ酵素とこれを還元するジニトロゲナーゼレダクターゼ酵素ができる．またバクテロイド特有のチトクロームが発現し，低酸素（10 nM）下で ATP と NADH が生産され，窒素ガス（N_2）がアンモニア（NH_3）に還元される．レグヘモグロビンなど，根粒形成や窒素固定に必要とされる遺伝子のうち植物側の遺伝子は，ノジュリン（nodulin）遺伝子と呼ばれる．

b. 共生系の炭素，窒素，酸素，水素代謝

1) ジカルボン酸の生成，窒素ガスの還元，アンモニアの拡散，有機態窒素の合成

根粒菌とマメ科植物根の共生の場 根粒（nodule）では，ホスト植物から篩管を通じて糖などのエネルギー源，ミネラル，水が供給され，根粒菌 nif 遺伝子の発現によってバクテロイド内で作られた窒素固定酵素ニトロゲナーゼ（dinitrogenase reductase-dinitrogenase）によって，大気の N_2 を NH_3 に還元し，根粒中のホスト細胞サイトソルに供給，そこでグルタミン，アスパラギン，ウレイド（アラントイン酸）などの有機態窒素が合成されて，導管を通じてホスト植物の根そして茎葉部に移行される（図 4.4）．窒素固定の反応は次式で表され，大量の ATP と NADH を必要とする．

$$N_2 + 16ATP + 8e^- + 8H^+ \longrightarrow 2NH_3 + H_2 + 16ADP + 16Pi$$

根粒での N_2 還元はバクテロイドと呼ばれる根粒菌が包含されたオルガネラで

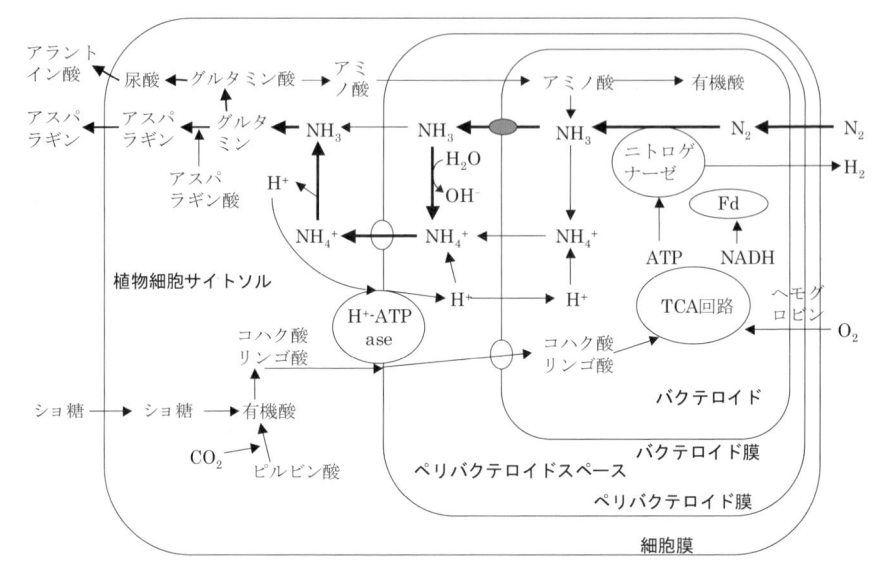

図 4.4 根粒感染細胞での H^+ の動きを中心とした窒素固定のスキーム

行われ，必要なエネルギー（MgATP）と還元力（NADH）は植物細胞画分から供給されたコハク酸，リンゴ酸などの C_4 ジカルボン酸や，グルタミン酸，アスパラギン酸，プロリン等のアミノ酸から TCA サイクルや酸化的リン酸化により生成される．生成した NH_3（少しは NH_4^+）はバクテロイド膜をアクアポリン（aquapolin）による拡散によりペリバクテロイドスペースに移行，この空間は弱酸性であるために NH_3 は NH_4^+ となり，外側の植物膜 ペリバクテロイド膜のアンモニウムトランスポーターにより植物サイトソルへ移行，ただちにグルタミン合成酵素（GS）により同化される．ダイズの根粒では，酸素供給が少ない場合，アミノ酸のアラニンの形で固定 N がバクテロイドから放出される（Waters *et al.* 1998）．多くの植物種の根粒では窒素固定反応の活性化と併行して（おそらく NH_4^+ をシグナルとして），根粒特有の GS が合成される．多くのマメ科植物種ではこのグルタミンからアスパラギンが合成され，ホストへの移行態となるが，ダイズ，インゲン，ササゲ等ではプリン代謝を経て尿酸となり，さらに根粒菌の感染していない細胞（非感染細胞）のパーオキシゾームでウレイド（アラントイン酸，アラントイン）となり宿主植物に移行される．

2) 水素の発生と再固定

ニトロゲナーゼによる $N_2 \rightarrow NH_3$ の還元反応で使われる H^+ の約 25% は H_2 として遊離されてしまう．根粒菌の中にはこのように生成した H_2 や外から与えた H_2 を酸化して ATP と H_2O にするヒドロゲナーゼ，すなわち uptake hydrogenase をもつ菌がいる．Uptake hydrogenase はニトロゲナーゼ反応を阻害する H_2 (100~300 μM となると推定される) を消費するなどの利点をもつ．Uptake hydrogenase をもち H_2 を放出しない根粒菌はマメ生産にとって優良な菌とされる．

3) 呼吸，酸素拡散障壁，酸素毒の解毒

ニトロゲナーゼ反応には多量の ATP や NADH が必要であり，また根粒の呼吸（維持と生長）に酸素が必要であり，根粒全体の O_2 吸収や CO_2 放出の活性（新鮮重ベース）は根の数倍となっている．しかしニトロゲナーゼ反応は還元反応であり酸素の存在は酵素を不活性化し，またタンパク質生成を抑制する．根粒では酸素は外皮 (cortex) から拡散で入り，根粒菌を包含する感染細胞に達する．ニトロゲナーゼ周辺の O_2 濃度は 10~25 nM と根粒外皮の約 250 μM（外気 20% と平衡）に対してたいへん低くなっている．この O_2 濃度の低下には，外皮と内皮の間のグルコタンパク質が関与した酸素拡散障壁，レグヘモグロビンによる O_2 の捕捉，呼吸や uptake hydrogenase による酸素消費が関与するとされている．一方このように O_2 濃度の低い根粒内部では，低 O_2 濃度での酸化的リン酸化のための酵素 (high-affinity terminal oxidase) が機能している．また根粒の代謝で発生する酸素毒 H_2O_2 は窒素固定活性を大きく阻害するため，篩管によって運ばれる還元型のアスコルビン酸を根粒に供給し，ascorbate peroxidase, monodehydroascorbate reductase によって解毒している．

c. 宿主植物における固定窒素の利用

1) アスパラギン，ウレイドの代謝

宿主植物へ固定窒素はアスパラギンやウレイドとして大部分が輸送され，通導系によって植物器官に分配され，植物が使えるアミノ酸や有機酸に代謝される（図 4.5）．

植物の葉に分配されたアスパラギンは 2 つの経路で代謝される．1 つはアス

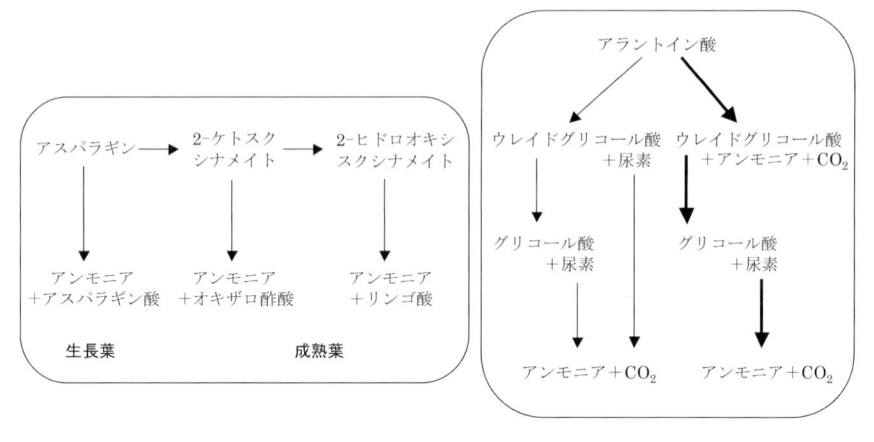

図 4.5 エンドウ葉におけるアスパラギンとダイズ葉におけるウレイド（アラントイン酸）の代謝経路

パラギナーゼにより脱アミド反応を受けてアスパラギン酸とアンモニアになる経路である．他の経路では，まずアスパラギン-ケト酸トランスアミナーゼによってアスパラギンのアミノ基がグリオキシル酸またはピルビン酸に転移され，グリシンまたはアラニンと 2-ケトスクシナメイトになる．2-ケトスクシナメイトは脱アミドされオキザロ酢酸となるか，さらに還元されて 2-ヒドロオキシスクシナメイトになった後で脱アミドされてリンゴ酸となる．前者の経路の活性は生長中の葉や子実で高く，葉が成熟するとこの活性は低下し，後者の活性が高まる．脱アミド反応で生じたアンモニアはグルタミン合成酵素-グルタミン酸合成酵素 (GS-GOGAT) 反応によって，グルタミンやグルタミン酸となりさらに利用される．

宿主植物に移行したウレイド（大部分はアラントイン酸）はアミノ酸に変換される．ウレイドの CO_2，アンモニア，グリコール酸への主要な分解サイトは，葉，サヤ，種皮である．最初の分解の過程で尿素を生成するか，生成せずアンモニアを放出するか 2 つの経路があるが，後者が主要な経路と考えられる（図 4.5）．後者の経路ではアラントイン酸はアラントイン酸アミドヒドロラーゼによって CO_2，アンモニア，ウレイドグリコール酸を生じ，さらにウレイドグリコール酸尿素リアーゼによって尿素とグリコール酸を生じる．尿素はウレアーゼによって CO_2 とアンモニアになる．最終産物のアンモニアは GS によってグルタミンとなり，グリコール酸は，葉の光呼吸系でグリシン，セリンに代謝さ

2) 子実の栄養としての固定窒素

生長する子実へはおもに篩管で窒素化合物と炭水化物が供給される．篩管中の主要窒素化合物はアミノ酸で，特にグルタミン，アスパラギンが多い割合となっている．窒素固定産物としてウレイドを生成するダイズやインゲンでは，ウレイドが篩管で種子に供給される．子葉の直接的な窒素源としてはグルタミンが最もよく，ウレイドの効果は低い．種子にタンパク質が集積するとき，ウレイドの窒素は種皮でアンモニアそしてグルタミンやアミノ酸となり，これらが胚や子葉に送られる．日本のダイズでは種子窒素の約半分が窒素固定に由来している．

d. 窒素固定活性に影響する生態的因子
1) 外的因子

共生的窒素固定（図 4.2(a)）では，植物側から根粒への光合成産物の供給が窒素固定のための ATP と NADH の生成量を規定している．このため光量と炭酸ガス濃度が，窒素固定活性と相関する．窒素固定酵素ニトロゲナーゼの生成は窒素固定産物のアンモニアによって抑制される．土壌中や肥料からのアンモニアは直接的に根粒の形成や，ニトロゲナーゼ活性を抑制する．また土壌や肥料からの硝酸イオンは，根粒のレグヘモグロビンに結合するために，低酸素濃度環境を作ることができず窒素固定活性を低下させる．さらに根粒の代謝には他の植物組織よりも多量のリン酸が必要であり，リン酸供給が窒素固定活性の制御因子となる．また Mo はニトロゲナーゼの構成金属であるため，モリブデン酸の植物供給の少ない酸性土壌では，窒素固定活性が抑制される．

土壌中で生息する根粒菌の呼吸では酸素や硝酸イオンが最終電子受容体となる．このため土壌中の根粒菌では，窒素固定活性はなく，硝酸イオンが存在すると脱窒素活性を示す．

エンドファイテック協同的窒素固定（図 4.2(c)）では，窒素肥料の供給は窒素固定菌の生息数を低下させ，また光量の低下は光合成を抑制するために，窒素固定活性が低下する．Mo の充分な供給も重要である．

根圏協同的窒素固定（図 4.2(b)）では，根圏が低酸素環境にあることが重要な因子であり，湛水栽培のイネではトウモロコシなど畑栽培より窒素固定活

性は高い.

2) 内的要因

ここで注意しておくことは，1) に述べた窒素固定を抑制するさまざまな外的因子のもとでは，植物自身が固定窒素の要求性（demand）を低下させていることである．たとえば土壌の無機態窒素や肥料のアンモニア，硝酸が植物に吸収される条件では，植物はこれらの窒素源を優先的に利用し窒素固定への要求性は低下する．光合成量が低下し炭素化合物やエネルギーが欠乏となる条件では，植物の生長が止まり，生長に必要なN要求性が低化する．Nのシンクとなる生長器官や種子を取り除くと，植物のN要求性が低くなり，窒素固定活性が低下する．すなわち生態系レベルから，植物個体の窒素代謝，ニトロゲナーゼ反応，そして窒素固定関連遺伝子やシグナルの発現まで，植物のN要求性による制御という共通のシステムとなっている．

火山の噴火で積もったテフラ（火山砕屑物；おもに火山灰や軽石からなる）のあとの植物群落の発達は，まず多年生のイネ科植物が，雨水の養分を利用した乾燥集積によって炭素富化の状況をつくることから始まる．そこに窒素固定植物やシアノバクテリアが定着し窒素養分が富化される．生命の進化でも，最初化学反応でできた有機物から出発し，大気炭酸ガスの固定酵素が進化，それによる炭素化合物富化の状況で，大気 N_2 を利用するニトロゲナーゼが進化したと予想される (Sprent & Raven 1985).

植物-微生物共生系も，根圏の炭水化物を利用する根圏協同的窒素固定から始まり，植物体内の炭水化物を利用するエンドファイテック協同窒素固定，そして共生的窒素固定へと進化したと考えられる．このようにN要求性が窒素固定の進化や酵素反応のトリガーとなっている．

4.4 植物-ミコリザ共生系

土壌には，細菌より種類ははるかに少ないが数倍の量をもつ糸状菌が生息している．糸状菌は多様な形態をもち，長期の生存は胞子で，活発な活動は胞子が発芽し菌糸を伸長させる糸状体で行われる．糸状菌の生存のための栄養は，植物遺体から得るもの（腐生性）と生きた植物根から得るもの（共生性，寄生性）がある．植物から水と栄養を獲得する寄生性が強いと植物の病原菌となる．病

原性糸状菌にはフザリウム菌，バーテシリウム菌，ネコブ菌，ピシウム菌，リゾクトニア菌などがある．これに対し，植物と栄養分の交換をし，また植物細胞内に菌糸が侵入しても，植物細胞を壊死させることなく栄養分の交換を行う，いわゆる共生関係を形成する糸状菌があり，菌根菌（ミコリザ，mycorrhiza）と呼ばれている．菌糸は，植物にとって，細根が拡大した状況となっている．菌根菌にとっては菌糸を拡張し，胞子を増殖するため植物との共生が必須となっている．

　菌根菌には植物根の外皮（細胞壁の外側）周辺にマット状に菌糸が発達する外生菌根菌（エクトミコリザ，ectomycorrhiza）と，植物根の皮層細胞内に侵入して樹枝状体（arbuscules）を形成し，他方で根外に広く菌糸をはりめぐらす内生菌根菌（エンドミコリザ，endomycorrhiza）がある（図4.6）．外生菌根菌はおもにマツ科，ブナ科，フタバガキ科などの樹木の根に共生する（スギは菌根を形成しない）．内生菌根菌は，草本植物の約80%，そして一部の木本植物の根で共生する．代表的な内生菌根菌には *Glomus* 属と *Gigaspora* 属がある．草本植物のうちアブラナ科植物（ナタネ，キャベツ，ブロッコリーなど），テンサイ，ソバなどには菌根菌が感染せず，感染に抵抗する要因，たとえば忌避物質の生成などが考えられている．菌根菌が感染しない植物種では，根から土壌のリン酸の可溶化を促進するため，重炭酸や有機酸が放出される．

　菌根菌の植物に対する役割として，土壌の低濃度栄養分の広域からの吸収，

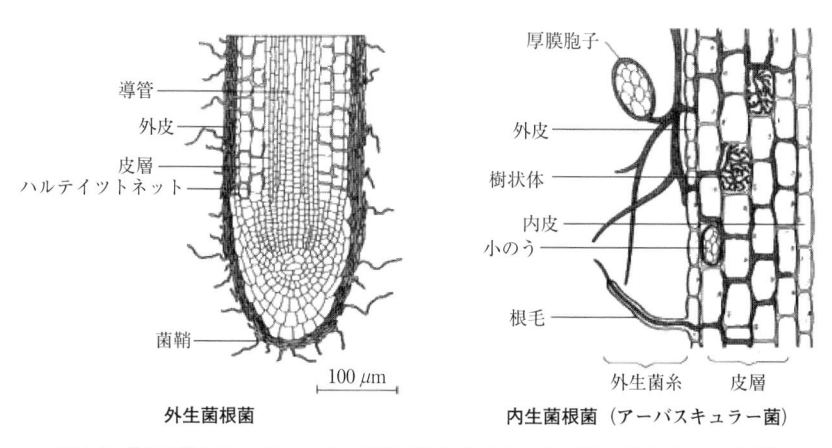

図 4.6　外生菌根とアーバスキュラー菌根（Taiz & Zeiger 編：Plant Phisiology を改変）
ハルテイツトネット（Hartig net）：皮層細胞間に発達した菌根

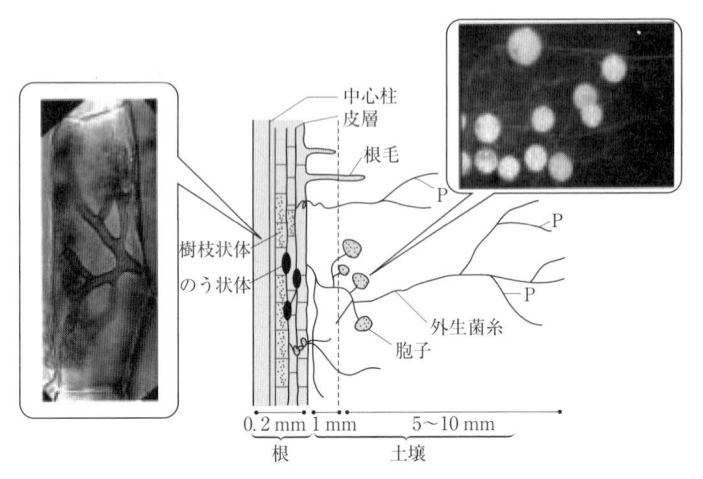

図 4.7 アーバスキュラー菌根の形態（斎藤 2006）
挿入写真は *Gigaspora margarita* の樹枝状体（左）と胞子（右）.

水分の獲得，病原菌への抵抗（防御）がある．とりわけ植物が多量に必要とするが土壌中で移動しない養分 リンの獲得が，内性菌根では根の周辺最大 10 cm まではりめぐらされた菌糸によって行なわれ，植物の生産に劇的な効果をもたらす（図 4.7）．マツタケなどを作る外生菌根からの菌糸は数十 cm から数 m になる．土壌の P 供給力の低いところで菌根菌は発達し，植物生産への効果を示す．北海道における作物の輪作栽培の効果の研究で，前作が菌根菌が発達し胞子が多量にできる条件であるほど，後作での菌根菌による養分獲得効果が大きいことが示されている（Arihara & Karasawa 2000）．

a. 菌根菌共生系の成立

根の皮層細胞では，菌根菌からのファクター（未同定）と根粒菌の Nod ファクターに対して，同様な遺伝子の発現やカルシウムスパイキング（Ca spiking）が生じ，これらは共通シグナル伝達経路（common signaling pathway, CSP）と呼ばれている（図 4.1 参照）．この後，根粒共生系では根粒の形成のためのイベント（根毛の変形，ノジュリンタンパク質の発現）に特化した宿主因子が作動するが，菌根菌共生系では下記に述べる菌糸の根への接着となる．菌根菌の胞子が発芽し，菌糸が成長するには植物根との共生が必須となる．すなわち，発芽した菌糸が分岐し，根に接着することが必要である．

最近低リン酸条件で水耕栽培されたミヤコグサ（*Lotus japonicus*）の根分泌物からアーバスキュラー菌根菌の菌糸の分岐を誘導する物質5-デオキシストリゴールが同定された（Akiyama *et al.* 2005）．植物根が出す菌根共生系の成立のためのシグナル物質であり，P欠乏の植物からより多く分泌される．

内生菌根の樹枝状体の寿命は短く10〜12日である．また外生菌糸は根よりも細く縦横に分岐し，根から10cmにも達するネットを形成することがある．

b. 菌根菌共生系の養分交換

菌根菌の菌糸の発達は，植物根との共生が成立し糖分を獲得することで増大する．菌糸を通じて植物との連絡ができると，菌糸が獲得した土壌養分が，菌糸の原形質を通じて長距離移行する．菌糸が吸収する土壌養分は土壌溶液のリン酸（$H_2PO_4^-$），アンモニア（NH_4^+），アミノ酸さらにミネラルのFe, Znなどであり，いずれも菌根菌の吸収トランスポーターによる吸収とされる．

菌根の外生菌糸には，高親和性のリン酸吸収トランスポーターがある（図4.8）．菌糸細胞膜で吸収されたリン酸は菌糸内でポリリン酸となり，細胞内顆

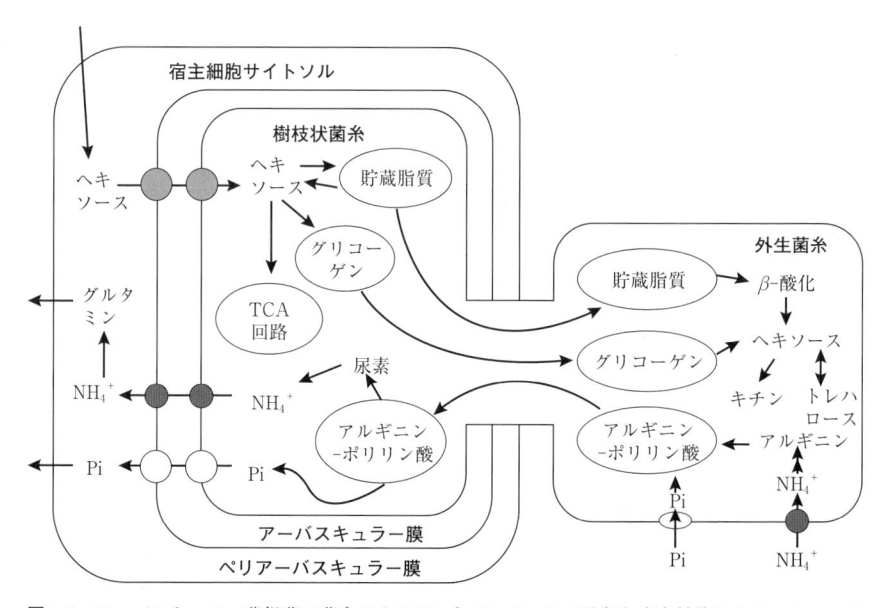

図4.8 アーバスキュラー菌根菌の菌糸によるリンとアンモニアの吸収と宿主植物によるヘキソースの供給
○：リン酸トランスポーター，●：アンモニアトランスポーター，●：ヘキソーストランスポーター．

粒に内包され原形質流動で菌糸に沿って根細胞内に展開する樹枝状体に移動する．ポリリン酸は，酸性フォスファターゼによって，無機リン酸となり，菌糸細胞膜の外向リン酸トランスポーターによりペリアーバスキュラースペースに放出されさらに植物原形質膜のリン酸吸収トランスポーターによって植物細胞に移行し，植物体内に分配される．

　菌糸に吸収されたアンモニアは，グルタミン合成酵素（glutamine synthetase）によってグルタミンとなる．このあとアルギニンになり，アルギニンはポリリン酸とともに菌糸内を移行，根菌糸内で再びアンモニアとなり，アンモニアの外向トランスポーターで菌糸外に放出され，植物細胞にとり込まれる．このアンモニアが植物細胞内でグルタミン，グルタミン酸，各種のアミノ酸となり，植物に利用される．逆に植物の光合成で生成された糖は根に篩管で移行し，根細胞でスクロースシンターゼによってヘキソース（グルコース，フルクトース）となる．ヘキソースは根細胞から菌糸に移行，菌糸の発達や，糸状体の形成に使われる．アカマツ根の菌糸に発達するマツタケはアカマツからの糖の供給に依存しており，外生菌根には宿主植物が生産した炭素の20～30%を受け取っているものもある．視点を変えれば，菌根菌が宿主に供給するPやNによる光合成の促進で生み出された炭素を回収している，という見方もできる．この多量な有機炭素は菌糸内でトレハロース（trehalose），グリコーゲン，貯蔵脂肪（トリグリセライド）として貯蔵もされる．

　菌根菌の感染により植物のZn, Fe含有量が増えることが知られており，これらのミネラルを菌根菌菌糸が吸収していることが推定されるが，そのメカニズムは不明である．

　2つの植物間が同一の菌根菌の菌糸で連絡されると，一方の植物から他方の植物にCやNが移行することもみられる（Fittter et al. 1998）．

c. 菌根菌共生系とリン酸栄養環境

　窒素固定系はN栄養が不足する環境で発達するが（4.3節d. 参照），植物-菌根菌共生では土壌の植物可給態リン酸が不足するとき，すなわち植物のリン（P）要求性の高いとき発達し，植物のP吸収，ひいては（N栄養が充分であれば）植物生産性を増大する．逆に土壌の可給態リン酸が多いとき，菌根菌菌糸の発達や根への接着，胞子の形成が抑制される．

5. 栄養素とシグナルの長距離移行

5.1 器官間の栄養素とシグナルのネットワーク

　高等植物の生長において栄養素の吸収，同化（合成）と利用（代謝，再合成）のサイト（部位）が違っている．たとえば，植物が土壌溶液の硝酸イオンを利用するとき，硝酸の一部は根細胞膜の外側（アポプラスト）を通過し，導管（アポプラスト，弱酸性 pH5～6）に至るが，大部分の硝酸は根細胞膜で囲まれた内側（シンプラスト，弱アルカリ性 pH7.5 前後）を経て，原形質連絡（プラズモデスマタ）を通じて細胞間を移行，導管に放出される．シンプラスト移行の間，細胞質（サイトソル）にある硝酸還元同化系の酵素群によって，アミノ酸になったり，細胞内の細胞外空間ともいうべき液胞（vacuole, 弱酸性 pH5～6）に貯留される．サイトソルで生成されたアミノ酸は大部分が導管に放出される．根において吸収された硝酸が直接に利用されるには，根細胞サイトソルでアミノ酸に変換後，根篩管（pH8）に入り，根の生長部位に送られることが必要だが，その量は少ない．

　導管に放出された硝酸やアミノ酸は地上部に移行する．硝酸イオンは蒸散流とともに成熟葉に，アミノ酸は一部節，葉の付け根，そして葉の葉脈間などで導管から篩管への乗り換え（xylem-to-phloem transport）が起こる．ここにはしばしば両通道系間の移行に特化した細胞（転送細胞 transfer cell と呼ばれる）が発達する．葉の硝酸は葉細胞のサイトソル（pH7.5）と葉緑体（pH8）でアミノ酸に同化される．葉緑体，サイトソルで生成されたアミノ酸は糖などの光合成産物（このような生産の場をソースと呼ぶ）とともに篩管（pH8）によって利用の場（シンク）である生長器官（生長する葉と茎，生殖器官，生長する根）に移行する．篩管によるシンクへの移行では最も近くへの方向性をもって

おり，同一篩管内での移動は双方向には起こらない．葉の生長初期，その葉の篩管は他のソースからの篩管物質の輸入の道であり，最大生長に近づきその葉がソース器官となると輸出が始まる．成熟してソース器官となった葉に他の器官からの篩管液が供給されることはほとんどない．

ソースからの栄養分の移行では中間にいったん貯蔵し，必要に応じて可動化（mobilization）して必要なサイト（シンク）に移行する．イネ，ムギでは，種子ができる前に茎（幹）に炭水化物を貯蔵している．また冬季を越す永年牧草や，果樹・チャ樹など永年木本では秋に根や枝に貯蔵した炭水化物，タンパク質，アミノ酸，ミネラルを春に可動化して新芽などの新器官を形成する．

高等植物の生長において，ソースで作られた（あるいは貯蔵された）代謝物を利用する有機（従属）栄養（heterotrophic）が基本となっている．さらに植物は環境から取り込んだ炭酸ガスやアンモニアなど無機栄養素を有機栄養物，また金属イオンを金属-キレート結合体に変換することができるため，無機（独立）栄養（autotrophic）も可能となった．

最近，高等植物の生長制御にあたって，細胞間のシグナリングに加えて，分化した器官間での篩管流による情報のやりとりが植物全体のレベルでなされており（whole-plant regulation），栄養素や代謝物がシグナルとして植物内を長距離移行している実態が明らかになってきた．葉を中心とした「栄養素」や「代謝物」の栄養的機能とシグナル機能を図5.1に示した．栄養素は生合成や代謝を経て生理活性を制御するエネルギーとなったり，生長・分化の基質となる．また多様な代謝物は機能性や特異性をもつシグナル物質となる．長距離シグナル物質の同定，それを生成する代謝と感知するメカニズム，そして遺伝子発現，それによる生理機能の制御など，まだ多くの不明な点があり，さらなる実証が必要である．

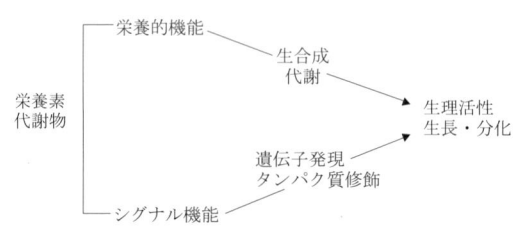

図 5.1 植物における代謝物の栄養的機能とシグナル機能

5.2 篩管・導管による移行と分配：循環（サーキュレーション）　　133

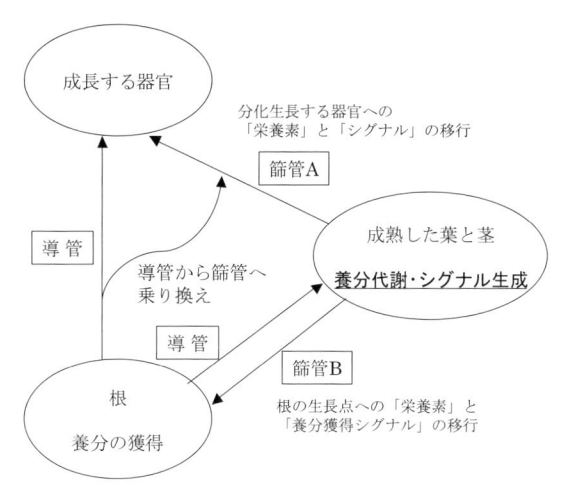

図5.2 篩管と導管による器官間の栄養素とシグナルのネットワーク

図5.2に篩管と導管による器官間の栄養素とシグナルのネットワークのモデルを示した．これは1つの植物のシステムバイオロジーである．

5.2　篩管・導管による移行と分配：循環（サーキュレーション）

a. 導管から篩管への移行

導管で上昇する溶質成分が，節などで篩管に移行することが知られている．いわゆる xylem-to-phloem 移行による経路の変更である．米山・熊沢（1974）が，イネ幼植物による $^{15}NO_3^-$ と $^{15}NH_4^+$ の吸収と分布の比較をしたところ，$^{15}NO_3^-$ は成熟した葉に，$^{15}NH_4^+$ は生長葉に分布した．これは未還元の $^{15}NO_3^-$ は導管流とともに成熟葉に移行，一方 $^{15}NH_4^+$ は根でグルタミンなどのアミノ酸となり，これらが生長葉へ積極的に，たぶん篩管に乗り換えて移行したものと考えられる．その後の研究（Kiyomiya et al. 2001）により，イネ茎基部にはデスクリミネーションセンターと名づけられた乗り換えポイントが存在することが示されている．このほか，ホウ素（B）やZnにおいても同様の「乗り換え」により生長部位へ移行することが報告されている（Takano et al. 2001；Herren & Fuller 1994）．

蒸散速度の低い生長中の葉や種子に対しては，導管を介した輸送は少ない．

b. 篩管から導管へ

他方ソース（成熟葉など）からの栄養分が篩管で新葉や種子へ移行するとともに，根にも移行する．この栄養分のうちアミノ酸やカリウムイオン（K^+）は根でその生長や機能に使われるが，残りは根成熟部位の篩管から導管に放出され，再度新葉や種子へ移行する．このように植物体内で物質は循環（サーキュレーション）しているといえる．

5.3 篩管による栄養分の移行

a. 篩管液と導管液の成分

表 5.1 に篩管液と導管液の糖，アミノ酸，有機酸，無機イオンの濃度，pH を示した．導管液は糖やアミノ酸が少なく，ミネラル，硝酸が相対的に多い．また個々の成分濃度の変動は大きい．植物生育環境の土壌水から根によって吸収された物質，硝酸，リン酸，硫酸，ミネラルは，根の導管によって地上部に運ばれる．導管は一部の細胞が連続して消失して連なったものであり，ここを流れる導管液 pH は細胞外を示す弱酸性（pH5～6）である．根で吸収された水や栄養塩が，さらに根細胞で合成された同化・代謝産物が導管に積み込みされる．これまで茎基部の切断面から得られる導管液には，栄養塩，アミノ酸，有機酸そして植物ホルモンのアブシジン酸，サイトカイニンが検出されている．またキュウリの導管液から特異的に合成される glycine-rich protein

表 5.1 篩管液と導管液の糖，アミノ酸，有機酸，ミネラルの濃度 (mM) と pH 値

	篩管液	導管液
糖	400～1,000 （おもな糖：ショ糖）	0～3
全アミノ酸	60～250 （おもなアミノ酸： グルタミン酸，アスパラギン酸，セリン，アスパラギン，グルタミン）	2～20 （おもなアミノ酸： グルタミン，アスパラギン酸，アラニン）
全有機酸	15～20	1～3
カリウム	60～200	4～20
鉄	0.13～0.23	0.01～0.02
硝酸イオン	1～4	2～30
リン酸	1～10	1～9
pH	7.5～8.5	5.0～6.0

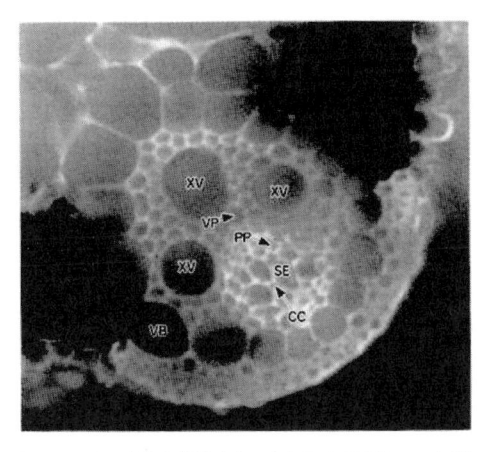

図 5.3 イオ葉身大維管束とその周辺細胞(林 2001)(撮影：藤巻 秀)
完全展開したイネ葉身の切片を蛍光顕微鏡で観察した.
SE：篩管, CC：伴細胞, PP：篩部柔細胞, XV：導管,
VP：木部柔細胞, VB：維管束鞘細胞.

や arabinogalactan proteins（AGP），細胞壁の成分分子であるペクチンの Rhamnogaracturanan（RG-I，RG-II），それに oligosaccharides が検出されている（Imai *et al.* 2006）．ブロッコリー，ナタネ，カボチャ，キュウリの導管液からは 30 の共通するタンパク質がみられ，その中でパーオキシダーゼ，キチナーゼ，セリンプロテアーゼは量的に多い（Buhtz *et al.* 2004）．

篩部は分化の過程で，核酸，ゴルジ体，リボゾームを失い，タンパク質合成能をもたない．しかし篩管細胞は生きており篩管液の pH は細胞サイトソルの 7.5〜8.5 である．篩管液には光合成産物の糖，アミノ酸，有機酸，ミネラルなどの栄養分が高濃度で含まれており，さらに植物生理，生長，分化を制御する以下に述べる機能性物質が安定に制御された濃度で存在する．

図 5.3 にイネの維管束を示した．

b. 無機イオンと金属結合体の移行

篩管液は弱アルカリ性（pH7.5〜8.5）であり，リン酸濃度は数 mM（表 5.1）と高いため，遊離イオンがカチオンとなる金属元素は，そのままでは沈殿したり細胞膜などに結合してしまい，篩管を移行できない．植物の生育には，Fe，Zn などの必須な金属元素が必要とされる器官（シンク）まで篩管で運ばれる

ことが重要である．そのため，篩管液中では金属元素が沈殿したり，膜に沈着しないためリガンド原子のSやOと結合したり，低分子のキレート結合体となっている．近年篩管液をサイズ排除ゲルクロマトグラフィやイオン交換クロマトグラフィで分離して，原子吸光分析やICP-MSで金属の同定ができるようになり，いくつかの金属-リガンド結合体，金属-キレート結合体が同定されている．

たとえば，ヒマの篩管からは17kDaのFe-移行タンパク質（ITP）が同定されており，このITP以外のFeはニコチアナミンと結合していると予想された．イネの篩管液ではFeとタンパク質，クエン酸，デオキシムギネ酸との結合が考えられる．

Fe以外の金属では，イネ篩管液からZn-ニコチアナミン結合体や約13kDaのCd結合タンパク質が見いだされており，Cuに関してはニコチアミン，ヒスチジンが主要なキレート結合体であることが推定されている．また，ペポカボチャの篩管液からはCu含有スーパーオキサイドジスムターゼ（superoxide dismutase）が検出されている．

c. 二次代謝産物（アスコルビン酸，S-含有ペプチド，グルコシノレート，脂肪酸，アルカロイド）

アスコルビン酸（ビタミンC）は根粒を除くすべての植物器官で合成され得るが，果実や生長器官と光合成器官の葉において特に高い濃度でみられる．前者はシンクであり，後者はソース器官で，その間は篩管で結ばれている．ヒマシ油を生産するヒマでは茎や葉柄の表皮切口から，シロイヌナズナではアブラムシロ針切断口（アブラムシは口針を植物の篩管に突き刺して吸汁する．その状態で口針の根本を切断すると，切り口から新鮮な篩管液があふれ出，採取することができる）から，イネではトビイロウンカロ針切断口から数mMの還元型アスコルビン酸が測定されている．篩管移行のアスコルビン酸は，先端部位の細胞分裂や成長，そして根粒の窒素固定活性に影響する．根粒ではレグヘモグロビン，フェレドキシン，ヒドゲナーゼなど金属を含む酵素反応に伴って活性酸素が発生し，これらはスーパーオキサイドジスムターゼとアスコルビン酸パーオキシダーゼなどによって消去されるが，そのため還元型アスコルビン酸の供給は必須である．根粒では新規にアスコルビン酸は合成されず，酸化型

アスコルビン酸の再還元か，篩管による供給によっており，活性酸素の消去は窒素固定活性と相関する（4.3 節 b. 参照）．

抗酸化剤として働く還元型グルタチオン（γ-Glu-Cys-Gly）はイネ篩管液から検出されている．コムギの果柄からの篩管液にはグルタチオンと S-メチルメチオニンがあり，後者は種子でメチオニンに変換されタンパク質合成の基質となる．また，茎葉部で生成したフィトケラチン（(γ-Glu-Cys)n-Gly）や γ-グルタミルシステイン（γ-EC）も篩管を移行している．これらは，根における Hg や As の蓄積に関与すると予想される．

篩管内は弱アルカリ性であり，外界よりはるかに酸素濃度は低い．しかしながら篩管液ではスーパーオキサイドや過酸化水素が検出されており，これらを消去する活性のある Cu/Zn スーパーオキサイドジスムターゼが存在する．

シロイヌナズナの篩管では，イオウ含有二次代謝産物グリコシノレートの移行が認められる．グリコシノレートはナタネやカラシナの辛味成分であり，抗食害物質としての役割をもつと考えられる．カラシナの篩管から吸汁するアブラムシが分泌する蜜にはからしの成分シニグリン（sinigrin）が 10mM も検出されている．

ケノーラの篩管液には，lauric acid，myristic acid，pentadecanoic acid などの遊離脂肪酸，特に短鎖～中鎖の非エステル脂肪酸が多くあり，脂肪酸顆粒もみられる．リノレイン酸から作られる植物ホルモンのジャスモン酸は篩管を移行する．また，長鎖脂肪酸のアシル CoA はアシル CoA 結合タンパク質と結合し篩管移行する．

植物種の約 20% はアミノ酸からアルカロイドを合成する．アルカロイドは植物の特異な器官でできるが，ケシのモルヒネやコデイン（codeine）の合成酵素は篩部に局在する．

d. 篩管液タンパク質

篩管液からは各種のタンパク質が検出されている．これらのタンパク質は篩管伴細胞（companion cell）で生成され，原形質連絡（plasmodesmata）を通して篩管に放出される．篩管液のタンパク質濃度は 0.1～30 mg mL^{-1} と見積もられている．

篩管液タンパク質の存在は以前から知られていたが，1990 年代になって同

定がなされるようになった.篩管液タンパク質は100以上存在するとされ,その同定には,MALDI-TOFMSによる網羅的分析と200 μL以上の篩管液から2次元の電気泳動による分離に始まってアミノ酸配列を決める方法がある. Hayashi et al. (2000) は篩管液タンパク質を,構造タンパク質,レドックス制御のためのタンパク質,情報伝達関連タンパク質,その他に分類している.

ウンカの切断口針より得られたイネ篩管液から,量的に多いタンパク質として thioredoxin h, glutathione S-transferase (GST), phloem-specific small heat-shock protein (smHSPs), acyl-CoA binding protein (ACBP) が同定されている.篩管液の thioredoxin h は酸化ストレスにより不活性化したタンパク質のジスルフィドの還元に働き,タンパク質の活性を回復させていると考えられる.篩管液中GSTは水に溶けない物質をグルタチオンと反応させ移動を容易にしたり,GST自身がフラボノイド,オーキシン,サイトカイニンと結合するリガンドとなり,これらの物質の細胞間の移動を補助している可能性がある.またACBPは脂質と結合して,先端部への移行に働いていると予想できる.smHSPsはタンパク質の変性 (denaturation) を防ぐのに働くと予想される.またイネ篩管液から,細胞質型グルタミン合成酵素 (GS1) が検出されており,篩管のソースからシンクへの窒素の移行過程でアンモニアからグルタミンの合成をしていると予想される.

ヒマ篩管液からは glutaredoxin が検出されており thioredoxin と同様タンパク質ジスルフィドを還元していると予想できる.プロテアーゼ阻害タンパク質である cystatin がヒマとイネから,trypsin inhibitor, aspartate protease inhibitor がカボチャの篩管液から検出されている.イネ篩管液からはカルシウム依存プロテインキナーゼの活性が検出されている.何らかの情報伝達に働くかもしれない.

カボチャの篩管液では植物ホルモンの生成と代謝に関与する酵素タンパク質が検出されている.Lipoxygenase はジャスモン酸の生合成に,ACC-synthetase, ACC-oxidase はエチレンの代謝に関与する.

篩管を移行し,シンク器官に到達したタンパク質など高分子は原形質連絡で,篩部から周辺細胞に移行する.

5.4 篩管によるシグナルの移行

a. RNA（mRNA, smallRNA）

Kühn et al.（1997）は，篩部にショ糖トランスポーター1遺伝子（*SUT1*）の転写産物 mRNA が存在することを示した．また，Sasaki et al.（1998）はイネ篩管液にいくつかのタンパク質（thioredoxin h, oryzacystatin-1, actin）の mRNA を認め，これらは篩管伴細胞で生成したと考えた．さらに RNA と結合するタンパク質 Cm16-1，Cm16-2，CmPSPP1 がカボチャの篩管液から検出されている．最近，smallRNA または microRNA と呼ばれる 19～25 の塩基が篩管液から検出され，これらは病原菌の感染や mRNA のサイレンシングに関与していると考えられている．

b. 植物ホルモンとサリチル酸

サイトカイニンは ATP や核酸から生成され，植物細胞群の組織化（分化）や葉緑体の緑化の作用をもつ一群の化合物（植物ホルモン）である．ヒマの篩管液でサイトカイニンが計測され，主要なものは zeatin, zeatin riboside, isopentenyladenine であった．篩管液のサイトカイニンの起源は，成熟葉もあるが，根端で生成され導管で葉部に送られたものの再循環が主要と考えられる．篩管へのサイトカイニンはプリントランスポーターで積み込みされる．導管にもサイトカイニンは存在し，トウモロコシ，シロイヌナズナでは根への硝酸の供給が根でのサイトカイニンの合成を促し，それが導管に移行，*trans*-zeatin riboside や *trans*-zeatin riboside-5'-monophosphate として茎葉部に送られ，His-Asp リン酸リレーでシグナル伝達され各種の遺伝子発現にかかわる．

アブシジン酸（ABA）は水分ストレスのシグナル伝達や老化に関係するとされる．ヒマの篩管液にみられる高濃度の ABA（$0.2～2.3\,\mu g\,mL^{-1}$）は成熟葉で合成され，篩管を移行し，茎頂に行き，そこで dihydrophaseic acid に分解される．一方水分ストレスに置かれたコムギでは，導管液の ABA 濃度が増え，葉の気孔を閉じる．

葉で合成されるステロイドホルモンのブラシノステロイドには長距離移行はなく，細胞から細胞への情報伝達にかかわっているとされる．しかし葉に与え

たブラシノステロイドが根粒着生を制御するように，シグナルの長距離伝達における役割を予想させる結果もある．

オーキシン（IAA）は若い葉で合成され，茎を下方へと根まで移行するとされる．またジベレリンは若い葉，茎，芽で合成され，茎部伸長に働く．

ジャスモン酸は不飽和脂肪酸リノレイン酸を出発物質としてリポオキシゲナーゼ経路で合成される植物ホルモンで，植物の生育を阻害したり老化を促進する．シロイヌナズナでは葯の裂開に必須の因子である．障害葉ではシステミンと（それをシグナルとして）ジャスモン酸が合成され，ジャスモン酸が長距離移行すると考えられている．トマト篩部ではジャスモン酸が作られる．

成熟葉にタバコモザイクウイルスなど病原菌が感染すると葉緑体内でサリチル酸が合成され，篩管を移行し，他の器官での病害抵抗性（SAR）を誘導する．ヒマの成熟葉にサリチル酸を添付すると篩管で根に移行し，一部は導管で茎葉部に再分布する．

c. 栄養分吸収機能を制御するシグナル

植物根による栄養分の吸収機能は根環境への養分供給によって作動することはもちろんだが，近年の研究は植物体内（特に葉部）の栄養状態によっても養分吸収活性が制御されることを示している．

タバコやシロイヌナズナでは，葉部の硝酸含有量，N含有量，あるいは葉茎部重／根部重の比が高くなると，根の高親和性硝酸トランスポーターシステム（HATS）の発現と硝酸吸収活性が抑制される．すなわち葉部のN要求性が低いと根のN吸収と同化のための遺伝子の発現と生理活性が低くなる．逆も真である．葉部のN状態を示し，根の遺伝子の発現を制御するシグナル物質がおそらく篩管によって根に移行して作動すると考えられる．長距離移行シグナル物質として，窒素代謝物質のグルタミンまたは糖など代謝産物とオーキシンなどの植物ホルモンが考えられる．

硫酸イオンの吸収についても葉部のS需要性が根での硫酸トランスポーターの発現と活性を制御していることが観察され，篩管を移行するグルタチオンまたはグルタチオン／硫酸比が負のシグナル物質になると考えられる．

植物体のFe含有量が低下し，植物がFeを要求する状態になると，葉のFeセンサーがFe欠乏を感知し，その情報は篩管中をおそらくFe含有（結合）

5.4 篩管によるシグナルの移行

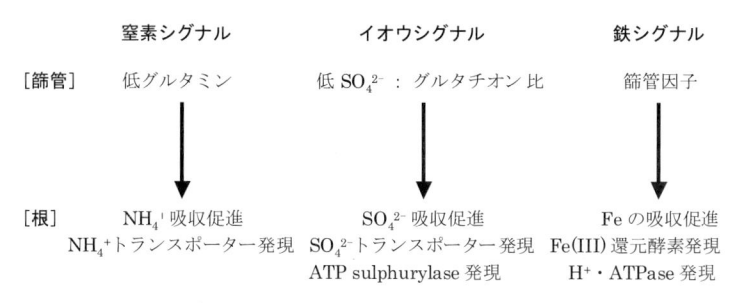

	窒素シグナル	イオウシグナル	鉄シグナル
[篩管]	低グルタミン	低 SO_4^{2-} : グルタチオン 比	篩管因子
	↓	↓	↓
[根]	NH_4^+ 吸収促進	SO_4^{2-} 吸収促進	Fe の吸収促進
	NH_4^+ トランスポーター発現	SO_4^{2-} トランスポーター発現	Fe(III)還元酵素発現
		ATP sulphurylase 発現	$H^+ \cdot$ ATPase 発現

図 5.4 根の養分吸収機能を制御する成熟葉からのシグナル

物質をシグナル物質として根に伝えられる．根には葉からの情報を感知するセンサーがあり Fe 欠乏のシグナルが伝達され，根による Fe 吸収を促すと予想されている．Fe 欠乏では根の Fe（III）還元酵素や根外へのプロトンの放出に働く H^+-ATPase の mRNA の発現が促される．

図 5.4 に，根の養分吸収機能を制御する成熟葉からのシグナルを示した．篩管を移行するシグナル分子はまだ仮説のものであり，確かな証拠が必要である．

d. 器官形成シグナル

トマトでは 1 つの成熟葉が食害などの障害を受けると，その葉でシステミン (systemin) と名付けられた 18 アミノ酸のポリペプチドが生成され，篩管移行し他器官での障害発生を抑制する．また，これらの情報伝達に植物ホルモンジャスモン酸が関与することも示されている．

成熟葉は光合成産物の生産のように物質生産の場であると同時に，"シグナル物質"の生成の場でもあると考えられるようになった．最も古くから知られているのは，植物の茎頂分裂組織で葉原基から花芽に転換するシグナル物質，いわゆる花成ホルモンで，成熟葉で生成されるとされてきた．花成の時期を調節する要因のうち，日長は最も重要であり，この日長のセンサーは成熟葉にある．その情報伝達物質として，篩管を移行するショ糖などの糖，リジンやグルタミンなどのアミノ酸の濃度あるいは篩管液の C/N 比の変化が予想されていたが，いずれも決定的でなかった．最近のシロイヌナズナやイネを用いた遺伝的解析から，成熟葉には日長の変化をセンスするタンパク質（CO）があり，これが篩部で FT 遺伝子の発現を活性化し，FT 遺伝子の産物の FT タンパク質（イネは Hd3a タンパク質）が篩管を移行することが証明された．このシグ

ナルタンパク質が茎頂の FD タンパク質と関連し，花芽形成遺伝子 AP1 を転写活性化すると予想されるに至った．FT 様タンパク質がイネ幼植物篩管液から検出されている．また CO と FT に似たタンパク質がジャガイモの塊茎形成に作用すると考えられている．

　マメ科植物の根粒原基の形成を制御する遺伝子は根粒菌からのシグナル物質（ノッド因子）や根粒菌感染によって根で発現する．しかし根粒原基が根粒として発達するか否かは，成熟葉からのシグナルで制御されている．このシグナルは根粒着生数を根粒原基数の 10 分の 1 程度に自主的に制御（オートレグレーション）している．根粒着生数の制御にかかわるタンパク質として，ミヤコグサの HAR1 やダイズの CLAVATA1 タンパク質が同定されている．HAR1 が生成されないと根粒着生数が 10 倍にも 20 倍にもなり，根粒超着生（supernodulation）と呼ばれる状態となる．この根粒着生制御にはたらく成熟葉から根へのシグナル伝達物質として，アブシジン酸，ジャスモン酸メチル，そしてブラシノステロイドが推定されたが，これら植物ホルモンと HAR1 の関係，そして根粒着生制御へのシグナル伝達はまだ不明であり，確かな解明に至っていない．

　植物根と共生する菌根菌の菌糸の分岐には，宿主根から分泌される発芽刺激物質ストリゴラクトンがシグナル物質としてはたらく（Akiyama et al. 2009）が，このストリゴラクトンはストライガ（striga）やオロバンキ（Orobanche）など根寄生植物の発芽を誘導するシグナルでもある．興味深いことにストリゴラクトンの根からの分泌は，植物茎葉部のリン酸濃度の低下がシグナルとなっている（関本・米山，2009）．

　シロイヌナズナの成熟葉周辺の CO_2 濃度や光条件を変えると，その情報は生長葉の気孔の数の変化となる．すなわち成熟葉を高 CO_2 環境下または少光量条件下に置くと，生長葉の気孔の数は減り，逆に低 CO_2 濃度下や高光量条件に置くと生長葉の気孔数は多くなる．この成熟葉の CO_2 や光の環境情報のシグナルは篩管を移行すると予想される．

●トピックス●　植物根環境の機能性物質

（1）　機能性物質のいろいろ

　植物が養分を吸収し生長する基盤である「土」あるいは「土壌」は，ケイ素（Si），鉄（Fe），アルミニウム（Al），リン（P），カリウム（K），マグネシウム（Mg），カルシウム（Ca）などの酸化物からなる岩石鉱物（母材）にパイオニア植物が侵入してつくられる．日本は火山列島で，火山の爆発で飛散した火山灰と礫（テフラ）にパイオニア植物のススキ（C_4 植物）や寒いところではササ（C_3 植物）などが生息を始め，植物残渣の有機物の集積が開始される．さらにその有機物に土壌微生物が生息し代謝が活発化する．一方ミネラルと有機物とのゆっくりとした反応が進行し，低分子・高分子の土壌特有の有機物（腐植物質）が生成集積する．このように，植物が光合成で生成した有機炭素化合物の供給と，雨水でもたらされるアンモニアや硝酸イオンと窒素固定微生物による固定窒素との化学反応によって，植物が生育できる「土壌」が生成される．

　植物根は，土壌生物が生息する土壌固相，土壌溶液そして土壌気体（土壌溶液に溶解している気体を含む）と接している．これらのコンポネントには植物の生存や生長の生理活性に影響する"機能性物質"が含まれている．

① 根環境の機能性物質には，リン酸可給性の低い土壌で植物根が放出する有機酸やフェノール性化合物，鉄可給性の低いアルカリ土壌でイネ科植物根が放出するムギネ酸のように，植物が環境に応じて戦略的に放出するものがある．植物根からは，植物残渣や微生物遺体のリン酸化合物やポリペプチドを分解する酸性ホスファターゼやプロテアーゼなど酵素タンパク質の放出もある．

② 4章に述べたように，いくつかのマメ科植物は土壌中の可給態の窒素が不足するとき，土壌生息の窒素固定菌と共生し大気の N_2 を固定する器官「根粒」を形成する．このときマメ科植物から二次代謝産物で抗菌性のフラボノイド（flavonoids）が放出され，根粒菌を誘う．多くの植物根は，土壌中の可給態のリン酸が不足するとき，根

毛や細根の代わりに広域からリン酸を集める菌糸を展開する菌根菌と共生関係をつくる．この場合，植物根から放出されるストリゴラクトンが菌糸の発達を促す．

③ ある植物が体内で二次的に生産し，植物の根や葉からの溶出や植物組織の分解により植物組織外に放出されて他の植物に影響する物質，いわゆるアレロケミカル（allerochemicals，他感物質）が長く注目されてきた．最近熱帯牧草 Brachiaria の根から methyl-p-coumarate と methyl ferulate（Gopalakrishnan et al. 2007）が，熱帯作物ソルガムの根から methyl 3-(4-hydroxyphenyl) propionate（Zakir et al. 2008）が放出されて，根周辺のアンモニアの硝酸への変換を抑制する（硝酸化成阻害）作用をもつことが明らかにされた．

④ 土壌中で土壌微生物は有機物を分解して有機酸やアミノ酸を生成したり，オーキシンやサイトカイニン，さらに一酸化窒素（NO）などの植物の生長や根の形態を変える機能性物質を生成する．植物ホルモンを生成する Azospirillum sp. を作物に接種すると，作物の生育や生産性を高めることが世界各地の圃場で検証されている（Okon & Labandera-Gonzalez 1994）．

⑤ 土壌腐植酸の金属キレート作用（麻生 1993）や，植物起源のリグニンの土壌中での分解によって生成される p-hydoxy cinnamic acid や 2,6-dimethoxy-hydroquinone のように，植物の生育に生理活性をもつ化合物の存在も知られている（Flaig 1978）．

(2) 現場（in situ）での作用の評価（アセスメント）

このような根環境の機能性物質の同定は進み，ビーカー実験や植物の水耕実験などでその効果も確認されてきている．しかし最も重要な検証項目は「植物栽培の根土壌環境でこれらの活性ポテンシャルをもった機能性物質が in situ（現場）で作用しているか」であり，この解析はほとんどなされていない．現場土壌で有機酸やムギネ酸はリン酸や鉄の植物獲得においてどのように作用しているか，土壌中に放出されたアレロケミカルは他の植物の生育を抑制しているか，土壌で生成した植物ホルモン様物質は本当に植物に効果をもつのか？ この問いはこれまで充分な解析法がないということで解析がほとんどされなかったが，機能性物質の極微量分析，

非破壊分析，ミュータント植物や組換え体の利用などのツールが進歩した今日，解明にチャレンジするときになったと考える．

Ito et al. (1998) はかつてセイタカアワダチソウの多感物質とされたデヒドロマトリカリア（dehydoromatricaria）について，土壌溶液中の濃度が他感作用をもつレベルかどうか調べた．セイタカアワダチソウ生息現場の土には本化合物が高濃度に存在したが，いわゆる土壌溶液にはごくわずかしかなく，現場では多感作用はないと判明した．最近イネ（コシヒカリ）の根から根環境に，イネ自身には影響しないが雑草ヒエの生育を阻害する濃度の momilactone B が放出されていると報告された（Kato-Noguchi et al. 2008）．このイネ根からの momilactone B の放出は，根がストレスを受けたときや周辺にヒエがあるときに増えるという．

土壌中には植物のリン酸源として無機態リンや有機態リンがあり，前者は有機酸によって，後者はホスファターゼによって溶出される．しかし根環境の土壌では有機酸を分解する微生物が生息し，根圏では特にその活性が高まっている．イネ科植物が酸化鉄をキレートするために放出するムギネ酸も微生物で分解される．これらの機能性物質がどのように微生物分解に抗して機能を発現しているか，興味ある課題である．

(3) 今後明らかにすべき事項

マメ科植物が根粒を形成するために，まず根から抗菌物質フラボノイドを放出する．また菌根菌の菌糸を発達させるため，リン欠乏植物はストリゴラクトンを放出する．しかし化学肥料を施用した栽培では，これらの機能性有機化合物の放出が止まる．すなわち化学肥料中心の今日の栽培では，植物本来の養分獲得戦略を抑制してしまう，またそれらの機能性物質の他の機能（たとえば抗菌性）を抑制することになるとも考えられる．

化学肥料を使わない有機栽培では，有機窒素化合物の直接吸収が注目されている．かって Virtanen & Linkola (1946) はマメ科植物がアミノ酸を吸収することを示し，Nishizawa & Mori (1980) は水耕栽培したイネが ^{3}H 標識したヘモグロビンタンパク質を根細胞に取り込むことを証明している．土壌に生育する生態系の植物によるアミノ酸やタンパク質などの有機窒素化合物の直接吸収のメカニズムとその量的意義について，現在も議論がなされている（Paungfoo-Lonhienne et al. 2008；Näsholm et al.

2009).

　肥料も農薬も使わない自然栽培では，どのようなメカニズムが作物の生長と生産に対する栄養機能やシグナル機能，さらに病害虫への対応（抵抗性）にはたらいているのだろうか．そこでは機能性物質がたいへん重要な役割を果たしていると考えられる．世界の農耕地の40%で肥料を使わないで生産されていることを考えると，この栽培システムの成り立ちの研究は重要である． 〔米山忠克〕

6. 微量要素の獲得と機能

6.1 微量要素とは

　植物の必須元素には，植物体中の存在量，要求量の面からみて，比較的多量に必要なもの（3章参照）と，その必要量は微量で，多いとかえって害のあるようなものとがある．1947年にイギリスのローザムステッド研究センターで開催された植物栄養関係の国際学会で，D. I. Arnon が植物の必須元素を多量要素（macronutrient）と微量要素（micronutrient）に分け，微量要素としては Mn，Cu，B，Zn，Mo，Fe を提案した．これが微量要素という言葉が使われた最初であろう．その後，Cl や Ni が追加され，今日に至っている．微量要素のうち，B，Mo，Cl 以外は重金属元素であり，酵素の補欠金属あるいは賦活剤として重要であり，その必要適量範囲が狭いことが特徴である．微量要素の植物への供給は，通常，天然賦与に依存しているが，その含有量は土壌の母材の岩質に深く依存し，一般に Fe，Mn，Cu は塩基性岩由来土壌で多く，B，Mo は酸性岩由来土壌に多いが，Zn は岩質との関係は明瞭でない．また，微量要素の可給性は土壌の pH や腐植含量とも密接に関係している．

　微量要素の必要量は元素の種類によって，また植物種によって大きく異なる．特に，重金属元素は過剰になると植物に著しい障害が発生する．一般の農耕地で過剰害が発生する可能性は低いが，鉱山や工場排水が下流域の農耕地を汚染することによって起きる場合もあり，明治年間に起こった足尾銅山の鉱毒事件はその典型で，環境問題としてもとらえる必要がある．

6.2 鉄 (iron, Fe)

a. 鉄の吸収と移行

土壌中での Fe は Fe^{2+} または Fe^{3+} として存在し，その含有量は温帯地方の1～4%から熱帯地方のラテライト土壌の約40%までと幅が広い．土壌中で置換態の Fe は少なく，土壌溶液中の鉄含量も少ない．置換態は Fe^{2+} の形であり，Fe^{3+} のものは不溶性の水酸化物となっており，水や中性塩溶液では溶解しないが，腐植酸や有機酸をはじめとする有機物とキレート化合物を作り植物に利用可能な形態になることもある．

鉄の溶解度や風化速度は土壌の反応や酸化還元電位に大きく影響され，一般に畑条件下（酸化状態）では Fe^{3+} の形で，水田条件下（還元状態）では主として Fe^{2+} の形で存在している．

畑作物根はその根圏を還元する力をもち，水稲根などはそれを酸化する力をもっているので，実際の根面に到達するのは，Fe^{2+}，Fe^{3+} の両形態が考えられる．畑状態では前述したように可溶性 Fe はわずかであるので，一般には植物はその根圏を積極的に変えることによって Fe を吸収利用している．

高城成一（1925-2008）は，イネ科植物が Fe 欠乏時にアミノ酸系キレート剤を根から多量に分泌し Fe を溶解して吸収することを発見した（トピックス「ムギネ酸」参照）．この物質は，水耕栽培した Fe 欠乏オオムギ根の分泌物より単離・構造決定され，ムギネ酸（mugineic acid）と命名された．その後，森・西澤らによってムギネ酸生合成経路が解明され，メチオニンサイクル→ニコチアナミン→（ケト酸）→2'-デオキシムギネ酸が主要な経路で，さらにムギネ酸，3-ヒドロキシムギネ酸，アベニン酸，3-ヒドロキシ 2'-デオキシムギネ酸，3-エピヒドロキシムギネ酸などへと合成されることがわかっている．これらのムギネ酸類化合物はいずれも Fe キレート能を有し，ムギネ酸系ファイトシデロフォア（mugineic acid family of phytosiderophores）と呼ばれる．

この高城の発見をもとに，ドイツの Marschner と Römheld は，植物の2つの鉄獲得機構 Strategy I と Strategy II を提唱した（図6.1）．

6.2 鉄 (iron, Fe)

Strategy - I

根圏 | フリースペース | 細胞膜 | 細胞質

- キレート物質 ←
- キレートFe^{3+} → TR → Fe^{2+}
- R
- Fe^{3+} 不溶性
- H^+
- ATPase
- 還元剤
- キレート物質

TR : Fe^{2+}のトランスポーターあるいはチャネル
R : 鉄還元酵素

Strategy - II

根圏 | フリースペース | 細胞膜 | 細胞質

- Fe^{3+} 不溶性
- X ← ムギネ酸
- ムギネ酸
- YS1 ← ムギネ酸-Fe^{3+}
- Fe^{3+}

X : ムギネ酸トランスポーター
YS1 : ムギネ酸-Fe^{3+}トランスポーター

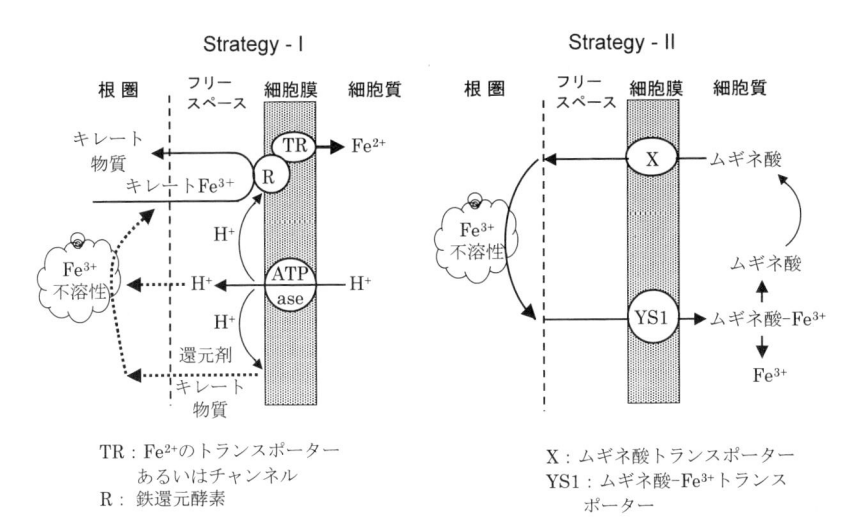

図 6.1 植物の鉄吸収に関する2つの戦略 (Marschner 1986, Romheld 1987 を一部改変)

●トピックス● ムギネ酸

　高等植物の鉄吸収様式には2つの機構がある．1つは双子葉類とイネ科以外の単子葉類の様式 Strategy I であり，他方はイネ科植物の様式 Strategy II である．Strategy II においては，ムギネ酸類と呼ばれる鉄キレート能をもつアミノ酸系生理活性物質を分泌し，根圏の鉄を溶解し，根細胞膜上のトランスポーターを介してムギネ酸鉄複合体を吸収するものである．

　この物質の研究は，昭和20年代東北大学農学研究所において高城成一により始められた．当時，食糧難克服のため，イネの生理学的研究が行われていたが，イネが水耕栽培において鉄欠乏に大変弱いことが問題であった．

　高城は研究開始当初，イネ科植物の根圏の水分含量が高いときに，地上部に鉄クロロシスと呼ばれる葉の黄化症状が誘導されることに注目し，さらに，鉄欠乏条件で水耕栽培し，鉄クロロシスを呈したイネの根を1日に30分ほど空気にさらす処理を行うと，鉄クロロシスが軽減されることを見いだした．また，鉄欠乏にイネより強いエンバクを水耕鉄欠栽培し，そ

の水耕液の一部を鉄クロロシスを呈したイネの水耕培地に加えると，その症状が軽減されることも見いだした．

これらの現象を説明する仮説として，高城はイネ科植物根から鉄を溶かす未知物質が分泌され，根圏の鉄が溶解吸収されるのではないか，また，根圏の水分含量が高いとその物質が希釈され根圏の鉄が溶解され難いのではないかと考えた．そして，鉄欠乏に弱いイネはこの物質の分泌量が少ないと予想した．地殻の鉄含量は約 4～5% であり，土は多量の鉄を含むため，土の鉄含量不足が作物の鉄欠乏を誘導するのではないこと，鉄欠乏が誘導される主因は，水酸化第二鉄として根圏で沈殿する鉄の不可給化であることは知られていた．

この仮説に基づき，水溶液中で調製した水酸化第二鉄のゲル $Fe(OH)_3$ を用いた化学 Assay 法（鉄溶解活性法）が考案され，その方法を用いて，根の洗液中の鉄溶解物質の収集，検定，さらに精製が行われた．

その結果，昭和 50 年頃までにイネ，エンバク，オオムギなどイネ科植物の根の分泌物より，数種類の新物質が単離された．昭和 50 年代にそれらの化学構造がサントリー生物有機科学研究所の野本享資や東北大学薬学部の伏谷真二らにより解明された（図1）．欧米においては，当時，J. C. Brown らにより鉄吸収様式 Strategy I に関する研究が進んでいたが，イネ科植物が Strategy I 型の鉄欠乏に対する生理的応答を示さないにもかかわらず，オオムギなど鉄欠乏耐性の強い植物種が存在することが大きな疑問とされていた．高城が示したイネ科植物の鉄吸収様式は，特に，ロッキー山脈周辺や地中海沿岸のような，土壌 pH7～9 を示す石灰質土壌を農業現場にもつ欧米各国の農学研究者の大きな注目を集めた．一方，微生物学の分野においては，昭和 50 年頃までに J. B. Neilands らが微生物が根圏で鉄を溶解する多数の鉄溶解物質を分泌することを発見しており，それらはシデロフォア（siderophore）と名づけられていた．そこで，

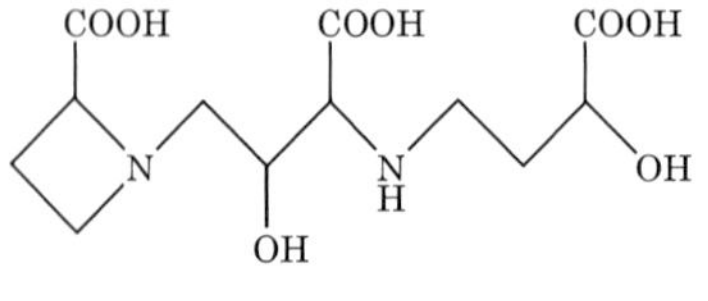

図1　ムギネ酸の構造式

ムギネ酸を含む鉄溶解活性物質群は，現在，「ムギネ酸類」，または，「植物の」という意の「ファイト（phyto）」をつけてファイトシデロフォア（phytosiderophore）と呼ばれている．

　ムギネ酸類を水耕イネ科植物の根圏に 10～30 μM の濃度で添加すると数時間内に根への鉄吸収が劇的に促進され，この時，導管溢泌液の鉄濃度も 10～100 倍に増加することが知られている．それに対し，人工キレーター EDTA，微生物由来のシデロフォアなどではその効果はみられない．また，ムギネ酸は鉄以外に銅，亜鉛，マンガン，コバルトなどとも錯体を形成することが知られているが，鉄以外の金属の根内または導管内への運搬についてはさらに研究の余地がある．

　ムギネ酸類の合成能力はイネ科の植物により大小があることが知られており，鉄欠乏耐性の強弱の順序（オオムギ＞コムギ≒ライムギ＞エンバク＞トウモロコシ＞ソルガム＞イネ）と根よりの分泌量の順序がほぼ一致することが知られている．ゆえに，ムギネ酸の合成分泌量がイネ科植物の鉄欠乏耐性を強弱を決めると考えられる．

　ムギネ酸類は日の出後の数時間分泌される．分泌は温度降下と温度上昇の両方で制御されていると考えられる．この仕組みによれば，自然界では水吸収が始まる日の出直後の 3～4 時間にムギネ酸類が根圏で鉄を可溶化し，その鉄錯体が根に吸収されることになる．ムギネ酸を介した吸収様式は，効率良く鉄を吸収するためのイネ科植物の乾燥した環境への優れた進化適応の産物であると考えられる．また，ムギネ酸は主根の先端や分岐根など新しい根の細胞より分泌される．図2は日の出直後の3時間にろ紙上に分泌されたムギネ酸類を鉄溶解活性で検出したものである．

　また，ムギネ酸類はアミノ酸の一種メチオニン（methionine）3分子が結合することにより生合成され，その分子の炭素，窒素はいずれもメチオニンに由来することが ^{14}C, ^{13}C, ^{15}N などの同位体で標識したメチオニンを与えた植物根が合成したムギネ酸を放射能測定，NMR や発光分光分析することにより示された．また，水耕培地のイオウ濃度により鉄欠植物根のムギネ酸合成量が変動することなどより，その生合成経路とイオウ代謝経路との関連が示唆されている．ムギネ酸類生合成の前駆体のメチオニンは，タンパク質を構成するメチオニンとは異なる経路で合成されるといわ

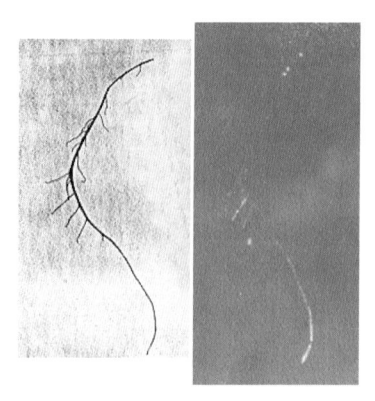

図2 ムギネ酸の分泌部位 (Yoshida et al. 2004)

れ,その経路として植物ホルモンであるエチレンの合成経路,メチオニンサイクルが提唱されている.

生合成経路上では,メチオニンからニコチアナミンを介して2'-デオキシムギネ酸がムギネ酸類として最初に合成されると考えられている.ニコチアナミンはG. Scholzにより双子葉類の鉄輸送物質として発見され,導管,葉肉細胞内で鉄,銅など金属元素を運搬するといわれる物質でもある.現在,その生合成経路に関与する遺伝子が導入された組換え植物の圃場試験も行われている.今後,ムギネ酸の研究が世界の農業現場において,食糧増産につながるか否かが課題である. 〔河合成直〕

b. 鉄の生理作用
1) ヘム鉄含有タンパク質

生体内でのFeは主としてFe^{2+}としてポルフィリン環を構成しヘムとなり,さまざまな酵素の活性中心に存在して酸化還元反応,電子伝達反応,酸素運搬に関与している(表6.1).

シトクロム(cytochrome)は,鉄ポルフィリンを有する一群のタンパク質で,生理的にヘムが$Fe^{2+} \rightleftharpoons Fe^{3+} + e^-$の反応を行って電子伝達系の構成成分となっている.

パーオキシダーゼ(peroxidase)は,植物体中に広く存在し,フェノールやアミン類などをH_2O_2で酸化する過程を触媒する酵素である.

6.2 鉄 (iron, Fe)

表6.1 高等植物の主要な鉄酵素

ヘム鉄	パーオキシダーゼ
	カタラーゼ
	シトクローム a
	シトクローム b
	シトクローム b_6
	シトクローム c
	シトクローム f
	レグヘモグロビン
非ヘム鉄	フェレドキシン
	コハク酸脱水素酵素
	亜硝酸還元酵素

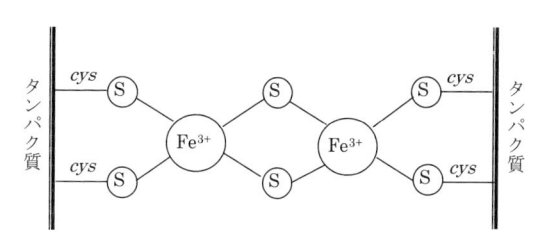

図6.2 酸化型フェレドキシン (鉄-イオウタンパク質)

カタラーゼ (catalase) は，新根や新しく展開した葉などで特に活性が高く，H_2O_2 を水と酸素に分解する酵素である．

2) 鉄-イオウタンパク質

酵素の活性中心に [Fe-S] のクラスターを有するタンパク質で，その代表的なものがフェレドキシン (ferredoxin) である (図6.2)．これは葉緑体中に存在し，光励起クロロフィルから種々の電子受容体への電子の流れを支配するなど光合成の初期過程におけるエネルギー伝達系として働いている．NADHデヒドロゲナーゼ，コハク酸デヒドロゲナーゼ，アコニターゼなどもこの範疇である．

3) 鉄欠乏クロロシスの誘因

葉緑素 (クロロフィル) はポルフィリン環に Mg^{2+} が入ったもので，クロロフィル-タンパク複合体として葉緑体のチラコイド膜にある．このポルフィリン環合成の前駆物質であるプロトポルフィリノーゲンやプロトクロロフィライドの合成酵素は，それらの遺伝子レベルの制御に Fe が関与していると考えられている．したがって，葉緑素の生合成には Fe が不可欠であるといわれている．

Fe は植物体内を移動しにくい元素であるため，それが欠乏すると新しく伸長する茎や葉のクロロフィル形成が低下し，これらの部分が明らかな黄色ないし黄白色を呈するようになる．これを Fe（欠乏）クロロシス（iron chlorosis）と呼んでいる．Fe クロロシスの発症には植物の種類（種または品種），生育時期などが関係する．土壌中で，何らかの原因により鉄の可溶化が抑えられると Fe クロロシスの発症がみられる．

i) 石灰誘導 Fe クロロシス 一般に土壌の pH が上がると Fe は不可給態になりやすい．地球上の乾燥・半乾燥地帯に広く分布する石灰質土壌（炭酸カルシウムに富み，一般に pH が高い）は代表的な Fe 欠乏土壌として知られており，また，通常の土壌でも石灰質資材の多投により Fe 欠乏を発症する．これを石灰誘導 Fe クロロシスと呼んでいる．

ii) 重金属誘導 Fe クロロシス 土壌中に種々の重金属（Cu, Zn, Mn, Ni, Co, Cd など）が過剰に共存した場合，Fe の吸収が抑えられ，Fe クロロシスを発現する．これを重金属誘導 Fe クロロシスと呼ぶ．銅鉱毒地帯で水稲や陸稲がしばしば黄化症状を起こすのがこれである．その他，土壌や植物体内のリン酸過剰によっても Fe クロロシスが発症することがある．

6.3 マンガン（manganese, Mn）

a. マンガンの吸収と移行

土壌中での Mn は 2 価，3 価，4 価の形態で存在し，土壌溶液中の遊離イオン Mn^{2+}，置換性イオン Mn^{2+}，非置換態の 2 価 Mn，不溶性の 3 価（Mn_2O_3）または 4 価（MnO_2）の Mn および有機態 Mn などに分けることができる．可給態 Mn は土壌の pH，酸化還元電位によって著しく変動し，土壌の pH が低くなることや酸化還元電位が低くなると可給態 Mn 量が増大する．好気的な環境下では不溶性の MnO_2 になるので，還元によって Mn の吸収が促進される．また，植物根からの有機酸の分泌が MnO_2 を可溶化し，Mn^{2+} への還元を助ける．

Mn^{2+} はエネルギー依存の能動輸送によって根から吸収される．植物根による Mn の吸収に関与するトランスポータータンパク質の候補がイネやシロイヌナズナで見つかっている．吸収された Mn が，機能するサイトである葉緑体やミトコンドリアに輸送される際の形態については，明らかでない．水耕液から

の Mn^{2+} の地上部への移行は非常に遅い．

b. マンガンの生理作用

植物体内の Mn は，無機イオン，酵素タンパク質との結合体，葉緑体中のタンパク質との結合体として存在している．緑葉中の Mn の 60% 以上が葉緑体のチラコイド膜に安定な形で結合して存在し，光化学反応系 II（PS II）における水の光分解による酸素発生の段階に関与している．光エネルギーを受けて励起された光化学系 II 反応中心クロロフィルが電子を放出し，生成した酸化力をもつ酸化型クロロフィルにより Mn が間接的に酸化され，次いで酸化された Mn が水から電子を取って元の還元型に戻る．このように水分子から Mn さらに光化学系 II 反応中心クロロフィルと続く電子伝達鎖は，光エネルギーにより無機の炭素，窒素，イオウの同化に必要な還元力を供給する光合成の初期に位置する重要な働きをしている．Mn が欠乏すると，光合成の電子伝達機能が失われるが，光化学系 I による循環的リン酸化などの機能は影響を受けない．また，Mn は葉緑体やクロロフィルの形成・維持にも関与している．

一方，スーパーオキシド（O_2^-）を O_2 と H_2O_2 に不均化して消去する酵素スーパーオキシドジスムターゼ（superoxide dismutase, SOD）には Mn を含むものがある．O_2^- はミトコンドリアと光照射下の葉緑体では，無傷の細胞でも呼吸や光合成の速度に対して 0.01〜1% の比率で生成しており，SOD が機能しなければ数十 μM レベルで常に存在することとなり，酸素障害の原因となる．そのため，好気的生物は，O_2^- が生成する細胞内小器官にそれぞれ特有の SOD をもっている．葉緑体ストロマには Cu と Zn を含む SOD（Cu/Zn-SOD）と Fe を含む SOD（Fe-SOD）が，ミトコンドリアには Mn を含む Mn-SOD，細胞質には Cu/Zn-SOD が局在している．生体膜を隔てた別の細胞内区画にある SOD は相補することができないので，Mn が欠乏すればミトコンドリアの Mn-SOD の機能が失われ，呼吸機能が O_2^- による障害を受ける．

6.4 銅（copper, Cu）

a. 銅の吸収と移行

土壌中の Cu 量は母材の Cu 含量，肥料および殺菌剤からの Cu 施用量，銅

鉱山よりの排水に含まれるCu量などにより変動する．一般に農耕地では全Cuとして7〜100 mg kg^{-1}存在する．土壌中では特に表層に集積し，陽イオンとして土壌溶液に水溶性の形態で，また粘土鉱物と結合した置換性の形態で，さらに土壌有機物，特に腐植と結合した形態で存在する．Cuは有機物と安定な錯体を形成する重金属元素の1つで，植物のCu欠乏は腐植質に富む土壌で起きやすい．また，土壌pHが高いと植物のCu吸収が妨げられる．植物に吸収されるCuは水溶性および置換性の形態のものが主体で，植物のCu吸収を支配する因子には，①土壌中の有機物含量，②粘土鉱物の種類と量，③土壌pH，④Fe・Mn・Alなどの重金属イオンの存在とその量，⑤前作の影響，などがあげられる．

植物のCuの要求量は，おおむね0.2〜2 mg kg^{-1}（新鮮重）程度である．酵母ではCuの高親和性トランスポーターが知られているが高等植物では不明で，Cu吸収の詳しいメカニズムについてはほとんど知られていない．Cuの吸収は，FeやZnの吸収と拮抗し，特にCu過剰条件ではFe欠乏が起こる．

b．銅の生理作用

植物体内において，Cuは茎葉よりも根，特に細根に集積しており，比較的地上部には比較的移行しにくい元素と考えられる．地上部には0.3〜4 mg kg^{-1}（新鮮重）存在し，緑葉，特に葉緑体中や種子の胚に多く存在する．

植物体内Cuの大部分はタンパク質と結合した形態で存在し，無機のCuイオンの形ではほとんど存在しない．Cuの酸化状態は，通常の条件下ではCu$^+$とCu^{2+}で，生体内におけるCuの役割は，基本的にはCu$^+$ ───→ Cu^{2+}＋e$^-$を利用した電子1個の授受を介在させた電子伝達と酸化還元反応であり，その主体はCu酵素である．

1) 銅酵素

i) シトクロームオキシダーゼ（cytochrome oxidase） ミトコンドリアの電子伝達系の最終酸化酵素で，シトクロームcを酸化し，酸素を還元して水にする働きをする．この酵素はシトクロームaおよびシトクロームa_3の複合体で，2個のヘムFeと2個のCu原子をもっている．ヘムa_3とCu 1原子の組合せはヘムaとCu 1原子の組合せから電子を受けて酸素と結合する．

ii) スーパーオキシドジスムターゼ（superoxide dismutase, SOD）

SODには，Fe-SOD，Mn-SOD，Cu/Zn-SODの3種が存在する．このうち，Cu/Zn-SODは高等植物ではミトコンドリア，グリオキシソーム，葉緑体に存在し，呼吸や光合成の過程で発生する強い酸化力を呈するスーパーラジカルイオン（O_2^-）の無毒化をカタラーゼとともに行っており，Cu欠乏になるとCu/Zn-SOD活性が低下し，活性酸素の毒性が現れる．

iii) アスコルビン酸オキシダーゼ（ascorbate oxidase） アスコルビン酸を酸化し，酸素を水に還元する酵素である．Fe酵素とともに末端呼吸酵素（terminal oxidase）で植物体に広く分布し，緑葉，特に若い葉身での活性が高く，根でも先端部や新根で活性が高い．また，Cu欠乏の感受性植物であるムギ類は，Fe感受性のイネに比べ，この酵素の占める比率が高い．

iv) フェノールオキシダーゼ（phenol oxidase） フェノール類をオルソキノンに酸化する酵素で，ラッカーゼ，チロシナーゼなどは，Cu酵素である．ラッカーゼはフェノールの一種であるウルシオールを酸化する．ポリフェノールオキシダーゼ（polyphenol oxidase）は，リグニン，アルカロイド，メラニン様物質の生合成にかかわっている．傷つけると黒化する果実や野菜に多く，障害に対し保護する機構との関連が示唆されている．この酵素はCOにより阻害されるが光照射によっても回復せず，根は基部の方に高い活性が認められている．Cuの欠乏組織ではリグニン化が抑制され，葉のゆがみや小枝のねじれの原因となっている．

2) ブルー銅タンパク質

ブルー銅タンパク質には，プラストシアニン（plastocyanin）とステラシアニン（stellacyanin）があり，濃い青色をしているタンパク質で電子伝達に関与している．プラストシアニンは1分子中にCu1原子を含み，光化学系II（PS II）から光化学系I（PS I）への電子伝達系の一成分として光合成に深く関与している．葉緑体中のCuの50%以上はプラストシアニンに結合しており，クロロフィル1000分子あたり3～4分子のプラストシアニンがある．Cu欠乏植物ではプラストシアニン含量が低下し，電子伝達系の活性が低下する．

6.5 亜鉛 (zinc, Zn)

a. 亜鉛の吸収と移行

土壌中の Zn は 2 価で存在し，植物への可給態の量は pH に支配され，pH が低いほど供給量が多い．塩基性岩や石灰岩に由来する土壌は通常 Zn に富んでおり，ポドソル土壌や砂質土壌に少なく，腐植質土壌はやや高い．土壌の全 Zn は 10～300 mg kg^{-1} であり，そのうち置換性 Zn は 3.5～23 mg kg^{-1} である．根で吸収される Zn は Zn^{2+} であり，低分子量の有機化合物（イネではクエン酸）などと錯体をつくり導管を通って地上部へ運ばれる．篩管液中には導管液よりも高濃度の Zn が含まれている．根で吸収された Zn は，まず根にいったん保持された後，一週間以内に地上部に移行される．Zn は分裂組織に高濃度に集積されるが，この高濃度の Zn 含量を維持するために，根で吸収された Zn を優先的に分裂組織に輸送する機構を備えている．そして，分裂組織が活動を停止するとただちにそこから流出が開始され，一部を残して次の分裂組織に再転流される仕組みが，イネで証明されている（小畑・北岸 1982）.

b. 亜鉛の生理作用
1) 亜鉛酵素

植物体内での Zn の生理作用は，まだ不明の点が多いが，各種の酵素の賦活剤として働いており，特に生体内の酸化還元反応に重要な働きをしていると考えられている．Zn のイオン形態は Zn^{2+} であり，複数の酸化数をとる遷移元素と異なりそれ自体が酸化還元反応の活性中心にはなりえないが，Zn は疎水領域では強いルイス酸であり，その電子吸引効果により電子密度の高い原子から電子を吸引し，加水分解反応を触媒することができる．Zn 酵素は金属酵素の中では Fe 酵素に次いで多いが，高等植物では Zn 酵素であることが証明されたものはあまり多くない．

Zn が賦活剤として働いている酵素の 1 つ carbonic anhydrase は葉緑体内あるいは細胞質内での溶存 CO_2 と HCO_3^- の平衡化を促進している．アルコール脱水素酵素（alcohol dehydrogenase）や Cu/Zn-SOD も Zn 含有酵素である．

Zn 欠乏によるクロロシスの発生が強光で生じやすいことや，遮光処理によ

り欠乏症の発症が軽減されてタンパク質合成の抑制が緩和されることが認められている．高等植物のSODに占めるZn酵素の割合が高いことから，Zn欠乏は光酸素障害の発生を引き起こすと予測される．

また，遺伝情報伝達の中枢をなすRNAポリメラーゼやDNAの複製に働くDNAポリメラーゼがZn含有酵素である（図6.3）．

2) ジンクフィンガータンパク質

ジンクフィンガータンパク質はDNA鎖上の特定部位に結合する転写因子の1つである（図6.3参照）．Znが4個のシステイン（Cys）またはヒスチジン（His）と配位結合することにより，ペプチド鎖が折り曲げられて指に似た構造をとることから命名された．

3) 核酸の代謝

Znは核酸の代謝に関係していることが報告されている．Zn欠乏になるとRNAの含量が低下し，無機態リンが増加する．また，ZnがRNA分解酵素（RNase）活性を阻害しRNAの分解を抑制することから，Zn欠乏下ではRNase活性が異常に高くなり，RNAレベルに影響しているとの考えもある．

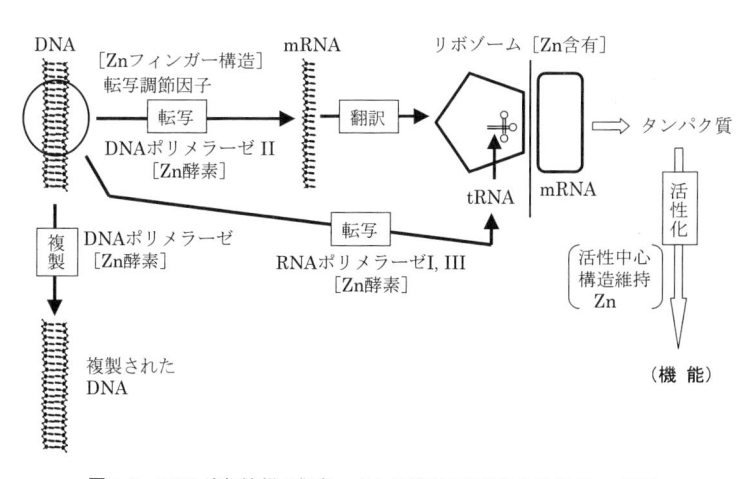

図6.3 DNA遺伝情報の保存，または発現の過程におけるZnの関与

6.6 モリブデン (molybdenum, Mo)

a. モリブデンの吸収と移行

　土壌中でのMo含有量は$0.2\sim5\,\mathrm{mg\,kg^{-1}}$と低く，平均$2\,\mathrm{mg\,kg^{-1}}$である．Moは土壌中において$MoO_4^{2-}$，$HMoO_4^-$として，水溶性ないし置換性の形態で存在するが，大部分は粘土鉱物の結晶構造中や有機物中に取り込まれた非置換態で存在する．Moは陰イオン（モリブデン酸）として挙動するので，pHの上昇，リン酸の添加で植物は吸収しやすくなり，反対に土壌の酸性が強くなると，プロトンと結合した化学形態を取りやすくポリマーになりやすい性質をもっている．また，酸性土壌では，土壌中のFeやAlと結合し，水に不溶性の塩となるためにその吸収が抑えられ欠乏症が発症することがある．このことはリン酸の固定と同様の現象である．また，根からの吸収に際して硫酸イオン（SO_4^{2-}）と競合することが知られており，硫酸イオンが多い土壌ではMoの吸収が抑えられる．蛇紋岩地帯のようにNiやCrが過剰に作物に吸収されるとMo欠乏症が発生することが知られている．

　Moは，導管や篩管中を移動しやすい元素である．移動中の化学形態は不明であるが，MoO_4^{2-}であると推定されている．篩管中を移動しやすいため，土壌からの吸収ができにくい環境にある場合は葉面散布が有効である．

b. モリブデンの生理作用

　Moは植物の新鮮重あたり$0.01\sim0.5\,\mathrm{mg\,kg^{-1}}$含まれ，植物にとって必要量の最も少ない必須元素である．Moは遷移元素で複数の酸化数を取りうるため，生体内で電子の授受に直接関与して酸化還元反応を行う．

　Moは窒素代謝の項で述べたように硝酸還元酵素（nitrate reductase）の構成金属である．硝酸還元酵素は，FAD，ヘム，Moを含み，FADからヘム，Mo，NO_3^-の順に電子が渡されてNO_2^-が生成される．したがってMoが欠乏すると葉中に著しい硝酸の集積がみられる．Moが正常に存在する場合には，生成された還元型の窒素化合物によって遺伝子発現が抑制される．またMo欠乏の植物はビタミンC含量が著しく低いこともその特徴の1つである．

　Moは窒素固定酵素（ニトロゲナーゼ）の構成元素でもある．この酵素は分

子状窒素（N_2）をアンモニアまで還元する N_2 固定微生物に特有の酵素である．2個の Fe タンパク質からなり，そのうち1つジニトロゲナーゼは 240KDa で4個のサブユニットで構成され，それぞれ 30 原子の Fe と2原子の Mo を含んでいる．共生微生物による N_2 固定に依存している植物は，Mo 欠乏になると生育が低下する．窒素供給を減らしてダイズを栽培した場合，Mo 濃度の影響は根粒着生区で非着生区より大きく，Mo は硝酸還元よりも N_2 固定により多く必要とされる．

キサンチンオキシダーゼ/ヒドロゲナーゼは，FAD，FeS タンパク質，Mo を含み，核酸分解物のキサンチンを尿酸に分解する．尿酸から生成されるウレイドは，根粒中で固定窒素から生成される窒素化合物であるため，Mo 欠乏で N_2 固定が低下する原因の1つになっている．

6.7 ニッケル（nickel, Ni）

a. ニッケルの吸収と移行

植物の必須元素に Ni が加わったのは 1980 年代で，最も新しく認知された元素である．Ni が必須元素となったのは，尿素をアンモニアと CO_2 に加水分解する酵素であるウレアーゼが Ni を含む金属酵素であるという発見が発端となった．

植物における Ni の吸収や移行に関する知見は，後述する重金属超集積植物についてのものがほとんどである．植物の地上部 Ni 含有率は数 $mg\,kg^{-1}$ 以下であり，それ以上濃度が上がると過剰害が発生する．Ni を高濃度に含有する蛇紋岩風化土壌に生育する *Thlaspi caerulescens*，*Thlaspi japonicum*，*Alyssum bertolonii*（以上，アブラナ科）や *Psychotria douarrei*（アオイ科）などの植物は Ni 集積植物として知られ，地上部の乾物あたり 1〜数% の Ni を含有するとの報告がある．これらの植物は，体内の Ni を細胞壁と結合させて不溶化しているほか，クエン酸やリンゴ酸などの有機酸やフィトケラチン様ペプチドと結合させて無毒化し，液胞内に集積させていると考えられている．これらの Ni 集積植物では，根で吸収された Ni がその毒性を発現させないで組織内を移動するのに特別な機構を有するのではないかと考えられているが，その実態は不明である．

b. ニッケルの生理作用

植物中に存在する生理活性のある Ni 含有酵素はウレアーゼだけである．ウレアーゼの基質である尿素は，哺乳動物ではオルニチン回路により生成するが，植物では生じた尿素は体内にあるウレアーゼによって分解されてしまいほとんど検出されない．植物の窒素代謝におけるウレアーゼの重要性は，Ni 欠乏のダイズで葉の周辺にクロロシスが発症し，それがウレアーゼが働かないために集積した尿素が原因であることが明らかにされた．Ni を施用したダイズではこれらの症状がみられないことから，この症状は尿素の過剰症であり Ni の欠乏症と同じであることが証明され，植物の窒素代謝におけるウレアーゼの重要性が認識された．ウレアーゼは代謝で生じる尿素を分解してCとNを再利用するために存在していると考えられ，Ni は植物の窒素代謝に深くかかわっていることから必須元素に加えられた．なお，植物における Ni の必要量は Mo よりも少ないとされ，自然界では欠乏することはない．

Ni のそのほかの生理作用として，Ni を通常量含む種子は正常に発芽するが，Ni 欠乏の植物から採取した種子は発芽率が著しく低下することが報告されている．しかしその理由は定かでない．

6.8　ホウ素（boron, B）

a. ホウ素の吸収と移行

B は土壌中では，ホウ酸塩として水溶性または置換性，非置換性の形態で存在し，ある場合にはケイ酸塩構成物として存在している．土壌中の全B含量は平均 $10\sim20$ mg kg^{-1} であり，火成岩起源の土壌より水成岩起源の土壌に含有量が高く，また河成沖積の土壌より海成沖積の土壌の方が多い．土壌によるBの吸着量は，アロフェン系土壌で大きく，結晶性鉱物を主体とする土壌では小さい．B吸着に及ぼす pH の影響は土壌により異なり，一般に腐植質アロフェン系，アロフェン系土壌では pH3〜5 の領域で pH の上昇に伴って吸着量が増大するが，結晶質粘土を含む土壌では吸着のピークが pH3〜4 と pH9 にあり，pH4〜7 では吸着に変化がないといわれている．したがって，B欠乏の発症は pH の低下によるBの溶脱および石灰施用による pH の上昇に伴う有効態の減少のいずれかが原因となっている．

Bは植物の必須元素の中で,動物や細菌類,糸状菌類では必須でない唯一の元素である.通常H_3BO_3またはHBO_2の形で吸収されるが,Bの好適濃度範囲は狭く,また植物種によっても異なる.一般に土壌中の好適濃度は$1\ mg\ kg^{-1}$前後である.正常な植物体内の濃度は植物種によって著しく異なり$0.2 \sim 2\ mg\ kg^{-1}$(新鮮重)程度の幅があり,一般に双子葉植物で高く単子葉植物は低い.Bの含有率はその要求性をよく反映しており,一般にB含量の高い植物は,B要求性が高く耐性も強い.

最近,根におけるBのトランスポーターがクローニングされた.セロリの篩管液からホウ酸-マンニトール複合体が単離されており,ホウ酸がこれらの糖と複合体を形成して体内を移動する可能性が示された.

b. ホウ素のトランスポーター

Takano et al. (2002)は,シロイヌナズナのbor1-1変異株からホウ素トランスポーター(AtBOR1)を同定し,それが排出型のトランスポーターであることを明らかにした.さらに,Nakagawa et al. (2007)はイネのホウ素トランスポーターOsBOR1を同定し,このトランスポーターはAtBOR1と同様に細胞内のBを細胞外に汲み出す活性をもつが,AtBOR1とは異なってBの地上部への輸送だけでなく土壌からの吸収にも関与していること,B栄養条件によっておもに発現している組織が変化することなどを明らかにした.さらに,OsBOR1は,Bが十分にある条件で栽培すると根の中心柱付近で比較的強く発現するが,B欠乏条件にすると表皮近くでの発現が強くなる.こうした現象は,栄養条件に応じた効率的な輸送に重要であり,このようなトランスポーターを利用することで,B栄養条件の必ずしも適切でない土壌での作物生産を高めることが期待される.

c. ホウ素の生理作用

吸収されたBは体内ではほとんどが不溶性の形で存在し,そのため生長に応じて継続的に絶えず供給されないと容易にB欠乏が現れる.B欠乏症は,根の先端や頂芽の分裂組織のような最も若い組織に顕著に現れる.ハクサイやキャベツなどの結球野菜では芯の部分が壊死し,ジャガイモやビートなどの塊茎,塊根の中空や中心部の壊死が発生する.B欠乏の根の分裂組織の細胞にお

いては，細胞内膜構造には変化がないが，細胞壁の形状が著しく崩れ，また，ゴルジ体の小胞化が顕著に進行していることなどから，Bは細胞壁生成過程で重要な役割を果たしていることが推定される．マメ科植物ではB欠乏によって根粒の発達が阻害される．また，生殖生長期は栄養生長期に比べB欠乏に敏感になるが，これは花粉の成熟と花粉管が伸長にBが必須であるためであり，Bが欠乏すると花粉が発芽しなかったり，花粉管が伸長しないため受精が起こらず種子ができない．このような例はアブラナ，オオムギ，イネなどで報告されている．

高等植物におけるBの役割については，多くの仮説が提案されてきた．B欠除に伴ってカリウム，リン酸などの吸収が低下することから，細胞膜の機能維持に関与すること，ウラシル塩基の合成が低下するので，その合成に関与する，またB欠除によってアスコルビン酸含量が低下するので，その生合成に関与するなどの諸説があるが，これらの現象がホウ素欠除の直接的な影響なのか，間接的な影響なのかの判断は困難であり，Bが植物のその代謝過程にどのように関与しているかは明らかでない．

Bは酸素と結合したホウ酸$B(OH)_3$とその塩として存在しており，水溶液中では水からOH^-をとって$B(OH)_4^-$となり，その結果H^+を生成する弱酸である．ホウ酸イオンは2つの水酸基をもつ化合物（ジオール化合物）とエステル結合する能力をもつ．ジオール化合物の濃度が高いと2分子のジオール化合物と1：2ホウ酸-ジオール化合物を形成する．ホウ酸はこのような性質をもつため，生体では糖などのジオール基をもつ化合物と複合体を形成することで生理作用を発揮すると考えられる．すなわちBはポリフェノール類や糖類と結合し，細胞壁成分の合成過程および構造維持に対して何らかの役割を果たしていることや，糖の移行など糖代謝と関連があることも示唆されている．Mato et al. (1995) は，ダイコン細胞壁から2分子のラムノガラクツナロンII (rhamnogalacturonan II, RG-II) と2分子のホウ酸，2分子のCa^{2+}からなるホウ酸-ペクチン質多糖複合体を単離した（図6.4）．その後の研究により，この複合体はRG-II単量体とホウ酸を混ぜるだけで再構成されるが不安定でただちに分解すること，しかしここにCa^{2+}が共存すると再構成の速度が速く安定化され，ホウ酸がないと二量体化は起こらないこと，などが明らかになった．このホウ酸-RG-II複合体は，すべての細胞の細胞壁に分布し，高等植物に普

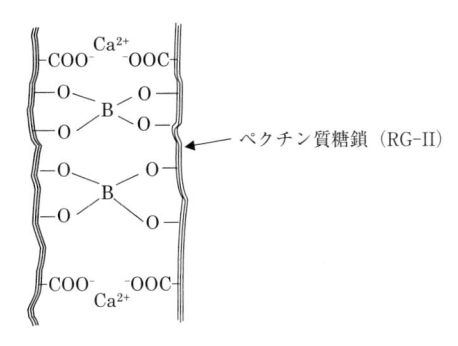

図6.4 ペクチン質多糖ネットワーク模式図

遍的に存在する．高等植物の細胞壁にはそのほかのホウ酸多糖複合体は検出されず，細胞壁に含まれるホウ素のほとんどがホウ酸-RG-II複合体として存在している．このホウ酸-RG-II複合体は，2本のペクチン質糖鎖がRG-II領域どうしをホウ酸-ジエステル結合によって架橋してペクチンネットワークを形成し，Ca^{2+}がこの架橋を補強しており，この架橋はペクチン質多糖の細胞壁への固定にも機能している．

6.9 塩素 (chlorine, Cl)

a. 塩素の吸収と移行

Clは一般には土壌，大気，水または植物体中に豊富に含まれ，欠乏症を起こすことはない．したがって，特に施肥の必要はなく，むしろ海岸地帯などでは，海水の浸入によるいわゆる塩害に注意を要する．Clの植物体葉部への流入 (influx) は，光合成系の電子の流れに依存しているとされ，エネルギー依存型積極吸収といわれている．一方，受動型吸収の例としてはCl⁻チャンネルの存在があり，藻類や培養細胞のプロトプラストなどで見つかっている．しかし，小胞体膜を含め，Clイオンの膜内外への流入出についてはまだ不明な点が多い．Clの吸収・移行に関しては，塩害との関連で研究されているが，比較的高濃度の例が多い．アズキは土壌中のCl濃度に従ってよく吸収し，しかも地上部への移行量も増加するが，ダイズは土壌中の塩素濃度が高くても体内濃度は上がらない．このように高濃度培地から根内への浸入の難易には植物種間差や品種間差異があるが，その差異が生ずる機構は不明である．

b. 塩素の生理作用

Clの生理的役割はまだあまりはっきりしていない．その理由は，ハロゲン元素は酸化還元反応に関与しないことや，最外殻のp軌道に唯一空の軌道を有するためイオンとしての存在以外の確認が難しいことによるものと思われる．光合成における酸素の発生にかかわる反応で，Cl^-はMnと緩く結合するMnイオンクラスターの構造を安定にしているのではないかとの仮説がある．つまり，光化学反応系IIにおける水の光分解にMnと協同して作用している，との考えである．また，窒素の代謝においても何らかの役割を果たしているらしいという指摘もある．Clは比較的古い葉に集積し，またβアミラーゼ作用の活性化作用などが明らかにされている．Cl^-は硫酸イオンより細胞の酸性化に強く働くことから，細胞液のpH調整に働いているとされている．さらに，Cl^-は繊維の生成に促進効果があるといわれ，繊維用の植物には塩化アンモニウムの施用がよく，逆にデンプンの取得が目的の作物には塩素系肥料は好ましくないとされているが，科学的な証明がなされているわけではない．Cl^-は，状況的証拠に基づけば量的には膜電位の維持，あるいは小胞体内外での電気的中性維持に大きな役割を果たしていると考えられるが，その役割はCl^-でなければならないということではない．

6.10　特殊な生理作用を有する元素

有用元素（beneficial element）は，必須元素でないが植物の生育を促進するか，ある特定の植物種かある特殊な条件下において必要とされる元素と定義される（Marschner, 1995）．高等植物ではNa, Si, Co, Se, Al，下等植物ではさらにV, Iが挙げられている．

a. ケイ素（silica, Si）
1) ケイ素の吸収と移行

土壌中のSiは大部分が不溶性のケイ酸塩鉱物，すなわち石英，長石，雲母，角閃石，輝石など一次鉱物中および粘土鉱物中に存在している．一次鉱物中のSiは風化によらなければ遊離してこないが，粘土鉱物中のSiの一部はOH基やリン酸などと置換しうる形で存在している．土壌溶液中には，風化または置

換溶出されたケイ酸が溶液状ないしコロイド状として存在している．河川水中の SiO_2 は，一般に花崗岩地帯を流れる河川水には少なく，火山灰土壌地帯を流れる河川水中に多い．日本では灌漑水によって水田に供給される SiO_2 は平均して 262 kg ha^{-1} と推定されている．水稲は Si 含量の高い植物で，茎葉中には SiO_2 として 15% 近く含んでおり，その給源は土壌 80%，灌漑水 20% といわれている．なお，茎葉中 SiO_2 が 11% 以下のときにケイ酸を肥料として施すと，施用効果が高いといわれている．

Si はリービッヒ（Justus von Liebig）によりはじめは必須元素に入れられていたが，多くの研究者により植物は Si が非常に少なくなっても生育できることが指摘され，現在は必須元素から除かれている．しかし，珪藻類やトクサ科植物，イネ科植物などでは必須とされている．植物が吸収する Si の形態は水に溶解しているイオン状あるいは分子状ケイ酸であるが，このケイ酸を吸収する力は植物の種類によって著しい差異がある．自然界には Si 含量の高い植物（Si 集積植物）の存在が知られているが，それらはいずれもケイ酸吸収力の高い植物である．

水稲のケイ酸吸収は種々の代謝阻害剤によって強く阻害されることから，エネルギー依存型の能動吸収とされているが，その吸収および移行機構については不明な点が多い．最近，ケイ酸のトランスポーター遺伝子が単離され，その解明が進められている（下記 2 参照）．吸収されたケイ酸は蒸散流によって地上部に運ばれるため，蒸散量の多い器官に多くのケイ酸が運ばれる．ケイ酸は高濃度（2 mM 以上，25℃）になると重合する性質をもっているので，地上部に運ばれたケイ酸は蒸散に伴い体内で次第に濃縮重合され，水稲葉身，葉鞘中では維管束組織，表皮組織の細胞壁外側に集積し，特に機動細胞は著しくケイ質化（珪化細胞）される．

2) **ケイ素のトランスポーター**

Ma *et al.* (2004) は，Si の細胞内への輸送にかかわる内向きトランスポーターをコードしている *Lsi1* 遺伝子を同定した．さらに，*Lsi1* とは相同性がないために特徴づけがなされていなかった Si の蓄積にかかわる遺伝子 *Lsi2* が，根の外皮（表皮）と内皮で構成的に発現していることや，その遺伝子がコードするタンパク質は，Lsi 1 タンパク質と同様にこれらの細胞の細胞膜に局在することを明らかにした．しかも，Lsi 1 タンパク質が細胞の根の外側向きに位置す

るのに対して,Lsi 2 タンパク質は細胞の根の内部向きに局在し,この Lsi 2 タンパク質が Si の外向きトランスポーターであることも証明した.

イネ科植物の根では,カスパリー線が外皮にも存在するためにアポプラスト経路の輸送が阻害されており,養分は必ず外皮と内皮においてはシンプラスト経路によって輸送されることになる.イネは,これらの細胞の外側向きに Si を細胞内に輸送する内向きトランスポーター Lsi 1 を,内側向きに Si を細胞外に輸送する外向きトランスポーター Lsi 2 を配置することにより,効率的に中心柱に向けての Si の細胞間輸送を行い,地上部に多量の Si を供給している.

3) ケイ素の有効性と生理作用

Si は必須元素ではないが,特定の植物の生育に好影響をもつことが知られている.わが国では,大田道雄によって山梨県富士見土壌における水稲の Si 欠乏が世界で初めて見いだされ,1955 年に世界で初めて Si を肥料成分とする肥料が認知された.Si は植物の種類によって有益性が異なり,水稲やサトウキビ,ムギ類などは Si の施用効果が大きい.水稲の場合,実際の水田では土壌に多量の Si が含まれているので,ケイ酸質肥料の施用効果が顕著でない場合もあるが,有効態ケイ酸の低い土壌では施用効果が高い.また,キュウリやトマトなど一部の非 Si 集積植物でも,後期育成に対する Si の有益効果が認められている.もう 1 つの特徴として,病虫害などの生物的ストレス条件下や,気象・水分などの非生物的ストレスのある条件では Si の効果が顕著に現れるが,ストレスのない条件では Si の有益性が現れにくい.これは,Si が他の必須元素のように代謝に関与するのではなく,物理的な作用によって効果を発揮しているからである.また,これまで述べたように必須元素は量が多くなると過剰障害が発現するが,地上部の Si は沈積量が多いほど効果が高いことである.これはケイ酸が生理的な pH において荷電をもたない分子状の形態で存在し,しかも濃度が高くなると自動的に重合するからである.

Si の施用効果としては以下のようなものが挙げられる(図 6.5).

① 水稲など Si 集積植物では,葉身に Si が大量沈積することによって葉が直立するために葉の受光態勢が改善され,光合成が促進される.

② 葉や茎に大量の Si が沈積すると病虫害の組織への侵入に対して物理的な障壁となって抵抗性が増大する.しかし,最近の研究では,キュウリのピシウム属病原菌の侵入に対して,ケイ酸がある種のシグナルとなって

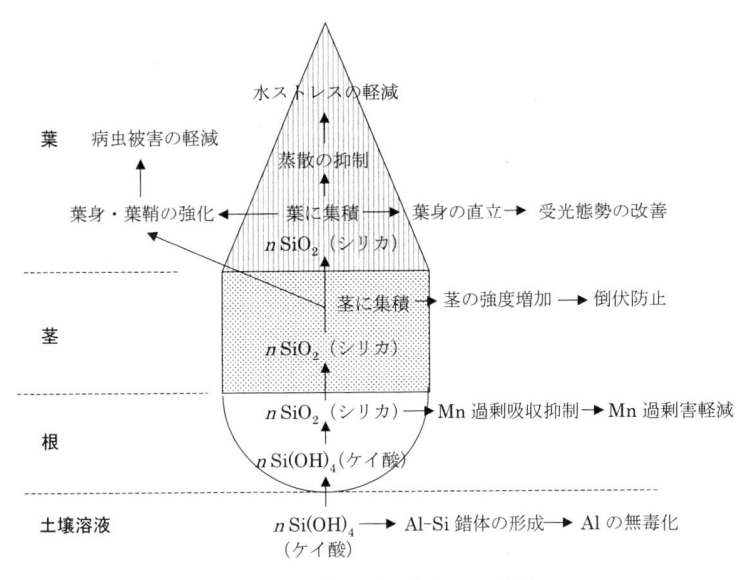

6.10 特殊な生理作用を有する元素

図6.5 ケイ酸の吸収・移行とその効果

植物体内にファイトアレキシン (phytoalexin) 様物質の生産を誘導することも知られている.

③ Siが水稲の茎に沈積すると稈壁の厚さと維管束の太さが増加し, 倒伏抵抗性が向上する.

④ 植物の茎葉部の蒸散は, 気孔とクチクラを介して行われる. クチクラと細胞壁の間にケイ酸が沈積するとクチクラ蒸散が減少し, 水ストレスの軽減になる.

⑤ MnやAl毒性, 塩害, P不足あるいは過剰ストレスに対してSiによる軽減効果が多くの植物において認められている. 水稲ではSiが根の酸化力を増大させMnの過剰吸収を抑制する. オオムギやマメではSiが体内のMn分布を均一化することや, カボチャではSiがMnを不活性部位に局在化させMn過剰を回避させることなどの報告がある. また, Siの添加によってAlによる根の伸長阻害が軽減される. これはケイ酸がAl^{3+}と結合することで無毒化されることによる. さらに, 水稲ではSiの添加によってNaの体内への浸入が抑制される. Naの根への取り込みは一部が蒸散流によっており, Siによる蒸散の抑制が塩ストレスの軽減に寄与

しているものと思われる．一方，水稲でケイ酸はリン酸の吸収に影響を与えないが，SiやMnの過剰吸収を抑えることで間接的に体内のPの有効度を高めることになる．

このように，Siの有益効果はいろいろ述べられるものの，特定の植物（Si素集積植物）の特殊なストレス条件下でしか現れないことが，必須元素として認められない理由の1つである．

b. アルミニウム（aluminum, Al）
1) アルミニウムの吸収と移行

土壌中のAlはpHが中性付近では主としてケイ酸アルミニウムとして存在しており無毒である．土壌pHが低下するとさまざまなイオン形態をとり溶解する．pHが4.5以下になると大部分が毒性が強いAl^{3+}となる．植物によるAlの吸収と移行に関しては不明な点が多い．コムギによるAlの吸収は，短時間で急速に飽和に達する初期吸収と，それに続く緩やかな吸収の2つの相からなっている．この初期の急速なAlの吸収は，アポプラスト内のドンナン膜平衡スペースによる吸着と考えられる．Alの細胞膜の輸送機構はエンドサイトシス（endcytosis）の可能性と，Al吸収に対する阻害剤の影響やイオン半径を考慮した研究から，CaやMgのチャンネルを通過する可能性が示唆されている．

2) アルミニウムの過剰障害

i) **根組織における障害** Alは，根端分裂域から伸長域の表皮細胞に集積し，短時間のうちに縦方向への伸長を阻害する．その結果，根は横に膨らんだ形態をとる．表皮細胞の伸長が阻害されるが内部の皮層細胞は伸長するため根表面に亀裂が生じそこからカロースが分泌される．したがって，カロースの分泌はAl障害の指標となる．また，エンドウ根ではAl集積部位において脂質過酸化の促進が，コムギ根では伸長域にリグニンの蓄積がみられる．Alの曝露時間が長くなると細胞分裂阻害がみられるようになり，根の生育が停止する．

ii) **細胞器官における障害** Alは細胞壁と原形質膜の表層に分布する．原形質膜はAlの主要な標的で，膜のリン脂質の親水部にAlが結合することで，膜の流動性が低下し，膜の剛性が増す．この膜の剛性が高まるにつれFeイオ

ンが触媒する脂質過酸化反応が起こりやすくなり，膜の酸化が進行し膜機能が喪失する．また，Alによって膜に局在するタンパク質の活性が変動しCaチャンネルが阻害される．さらに細胞内では，細胞骨格の安定性が阻害されたり，DNAやRNAなど核酸中のリン酸とAlが反応することによってDNA複製阻害や転写阻害が起こる．

3） アルミニウムの有用性

Alは前述したように，土壌中のリン酸の固定や，通常は植物根の伸長を阻害するなど，植物にとっては有害な元素として扱われることが多い．しかし，Alを乾物あたり1,000 mg kg^{-1}以上含有する植物が存在し，それらはAl集積植物と呼ばれ，酸性土壌で生育するものが多い．Alが有用元素となる植物は少ないが，植物種によってはAlの存在で生育が促進されるものがある．チャはAlによって生育が促進される植物の1つで，新葉のAl含量は低いが，古葉には大量のAlが含まれ（30,000 mg kg^{-1}にもなる），そのほとんどは表皮細胞に分布する．古葉の表皮細胞の細胞壁は著しく肥厚しており，Alは肥厚した二次細胞に封じ込められていると考えられる．また，チャはカテキンを大量に含んでおり，カテキンはAlとキレート化合物を形成して無害化している．チャはリン酸過剰を受けやすい植物であるが，Alがリン酸を不溶化して過剰のリン酸による害が抑制されて生育が促進される可能性がある．

ある程度のAlがあった方が生育がよい植物として，チャ（*Camellia sinensis*）（トピックス「チャの栄養生理」参照）のほか，ススキ（*Miscanthus*

図6.6 熱帯樹種 *Dipterocarpus kerrii* のアルミニウム添加による生育の促進効果（田原ら 2007）

sinensis),ハギ(*Lospedeza*),ユーカリ(*Eucalyptus*),クランベリー(*Vaccinium macrocarpon*)や東南アジアの酸性硫酸塩土壌地帯に生育する草本性植物テンツキ(*Fimbristylis alboviridis*),シログアイ(*Eleocharis dulcis*),ケミズキンバイ(*Ludwigia adscendes*)や木本性植物の *Melastoma malabathricum*,*Melaleuca cajuputi*,*Acacia mangium* などがある.また *Dipterocarpus kerrii* などは,1 mM の Al の添加によって根の伸長が著しく促進される(図6.6).しかし,これら植物の Al による生育促進作用の機作は不明である.

●トピックス● チャの栄養生理

　チャ(*Camellia sinensis*(L.)O. kuntze)は永年性の樹木であり,その葉は世界的な嗜好飲料である茶として利用されている.国内では,チャは貴重な換金作物として古くから栽培され,静岡県や鹿児島県,京都府などが茶産地として知られている.

　チャは他の植物にみられない栄養生理的な特性を有している.日本の茶園土壌は pH4 を下回る強酸性を示すものが半分以上を占め,古くから耐酸性に強いことが知られている.チャを水耕栽培し,好適 pH 域を調べてみると,アルミニウム(Al)を与えていない場合に pH3.5〜4.5で良好な生育を示し,チャが酸性を好む好酸性植物であることがわかる(図1).また,Al を与えると,Al を与えない場合より好適 pH 域が広がり,生育量も増加し,Al 添加により生育が促進される.一般に,酸性土壌では植物の生育は強く抑制され,その主要な原因の1つは土壌から溶出する Al イオンである.しかし,チャは,酸性条件下で Al を添加することにより生育が促進され,Al を有益元素とする特異な生理的な特性を有する.Al の生育促進効果としては,リン酸の吸収・利用の調節,ホウ素の代替作用に加え,最近は活性酸素種の低減等を通じて老化抑制に働いているのではないかと推測されている.

　一方,チャは Al 集積植物としても知られる.葉の Al 含量は生育が進むにつれて増加し,成葉になると 30,000 ppm にも達することがある.主要な蓄積部位は表皮の細胞壁である.樹体内の Al の存在形態については,

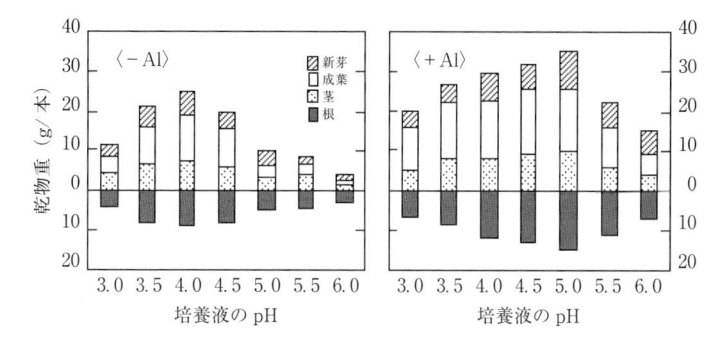

図1 pHとアルミニウムの有無（−Alと＋Al）が茶の生育に及ぼす影響
グラフは2年生挿し木苗を，写真は1年生挿し木苗を水耕栽培下で約3ヶ月処理した比較．「＋Al」区はどちらも400 μM添加．

根ではAl-シュウ酸複合体，樹液ではAl-クエン酸複合体の存在が示されている．つまり，チャは吸収した有害なAlイオンを有機酸とキレート形成させることにより無毒化していること，また根から導管に移る際に化学的構造をAl-シュウ酸複合体からAl-クエン酸複合体に変化させる複雑な体内解毒機構を有していると考えられている．チャは，Alのほかにフッ素，マンガン含量も高く，これらの特徴も好酸性と関係していると考えられている．

チャの栄養生理的な特性は窒素に対する応答でもみられる．チャは，硝酸態窒素（NO_3-N）よりアンモニア態窒素（NH_4-N）を好む好アンモニア性植物である．NO_3-NとNH_4-Nが共存する場合，先にNH_4-Nを吸収し，その後NO_3-Nを吸収する．また，吸収移行もNH_4-Nの方が明らかに速

やかで，根での蓄積量も多い．長期の施用試験では，NH_4-N：NO_3-N が 5：5〜7：3 で生育が最も良好であった．このため，茶園では硫酸アンモニウムなど NH_4-N を含む窒素肥料が多用されている．

　日本の緑茶はアミノ酸，アミド含量が多いほど品質，特に味が良くなるとされる．一方，窒素に対する贅沢吸収域が広いというチャの生理的な特性と，施肥位置がうね間に限定されるという肥培管理上の特徴があいまって，茶園では窒素の過剰障害がほとんどみられない．むしろ，チャ葉中のアミノ酸含量は，NH_4-N 施与下で，また窒素施与量が多いほど増加する傾向がある．このため，実際の栽培では窒素が必要以上に施用されてきた．しかし，過剰な窒素施用は地下水への硝酸汚染を引き起こし，環境負荷をもたらす．現在，肥効調節型肥料や施肥後の無機態窒素の発現予測ソフトなどを活用し，肥料の効率的な利用により窒素施用量を削減する取り組みが行なわれている．

　チャ葉中には，テアニン（γ-glutamylethylamide；図 2 左）というチャに特異的なアミドが存在し，遊離アミノ酸含量の約半分を占めている．テアニンは旨味成分であり，茶の品質を左右する．チャと近縁な植物であるサザンカにもわずかに含まれる．テアニンは，おもに根でグルタミン酸とエチルアミンから合成される．これは，エチルアミンが根に局在するためである．根で生成したテアニンは，他のアミノ酸類よりも速やかに地上部に転流し，しかも他の物資へはほとんど代謝されない．したがって，窒素移行形態としてのテアニンの役割が示唆される．葉中のテアニンは，グルタミン酸とエチルアミンに分解し，その後エチルアミン炭素がポリフェノール類に取り込まれる．このテアニンの代謝は，露光下で速く，遮光下で抑制される．また，温度が低いほどゆっくり進む．「銘茶産地は朝霧深い山間である」と言われるが，これは日照制限と冷涼な気候によるテアニンの代謝抑制（蓄積）によると考えられている．

　また，チャは，カフェインとカテキン類を多く含む特徴を有する．それぞれが苦味，渋味を呈し，茶の味を左右する．カフェイン（図 2 右）は，かつてテインと呼ばれ，古くから茶に含まれるアルカロイドとして知られている．茶葉中のカフェイン含量は 1〜4％ 程度である．生合成経路は，コーヒーと基本的に同じで，キサントシンのメチル化で始まり，数段階を

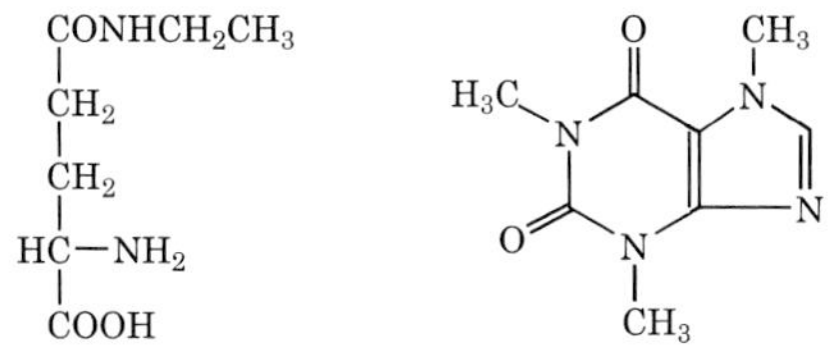

図2 チャに含まれるテアニン（左）とカフェイン（右）の化学構造

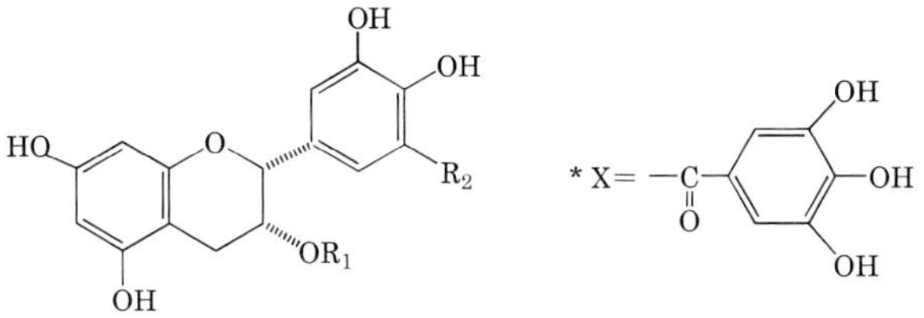

(−)-エピカテキン　　　　　　　：R_1=H, R_2=H
(−)-エピガロカテキン　　　　　：R_1=H, R_2=OH
(−)-エピカテキンガレート　　　：R_1=X*, R_2=H
(−)-エピガロカテキンガレート：R_1=X*, R_2=OH

図3 チャの主要カテキン類の科学構造

経てテオブロミンからカフェインが生成する（Ashihar & Crozier 2001）. 一方，チャに含まれる主要なカテキン類は，（−）-エピカテキン（EC），（−）-エピカテキンガレート（ECg），（−）-エピガロカテキン（EGC）および（−）-エピガロガテキンガレート（EGCg）の4種である（図3）. この中で，EGCgの含有量が最も多く全体の50〜60%を占める．緑茶用品種では10〜18%，中国種や紅茶用品種では20〜25%のカテキン類を含んでいる．C_6-C_3-C_6骨格は，p-クマロイルCoAと3分子のマロニルCoAの縮合によりつくられる．チャのカテキン生成は露光下で増加し，遮光下で低下する．これはカテキン生合成の鍵酵素であるフェニルアラニンアンモニアリアーゼの活性調節によるところが大きいと考えられている．

以上のように，チャは酸性条件下で生き抜くために，強い低pH耐性とAl耐性を有しているというより，むしろ積極的にアンモニアを吸収し，テアニン，カフェインなどの特異な窒素化合物に同化することにより培地の酸性化を促し，溶け出すAlを有益元素として利用するなど，酸性条件を不可欠とした特異な栄養生理特性を有している植物といえる．そして，

これらにカテキン類が組み合わさり,独特の茶の香味が生まれ,人々の暮らしの潤いと健康に寄与している. 〔森田明雄〕

c. コバルト (cobalt, Co)

Coは植物体内に$0.005〜0.03\,mg\,kg^{-1}$(新鮮重)程度含有されている元素であるが,その吸収や移行に関する知見はほとんどない.しかし,Co欠乏土壌ではマメ科植物に黄化葉など窒素飢餓が現れ,土壌へのCoの添加,Co溶液の葉面散布または種子への塗布により,根粒重,バクテロイド量,窒素固定活性が増加し,生育が回復することが報告されている.これは,窒素肥料を与えないで窒素固定のみに依存した状態でのマメ科植物の例であって,窒素肥料を十分施用したマメ科植物では正常に生育し,Co施用の効果は認められない.また,ユーグレナなどの下等植物を除けば,高等植物の代謝ではCoの要求性は認められないこと,根粒菌が成育にCoを含むビタミンB_{12}が必要であること,共生窒素固定に必要なヘモグロビン合成にもCoが必要であること,などから,Co要求性は根粒菌が関与する窒素固定と関連する現象であると考えられている.

Coはコバラミン分子(ビタミンB_{12}およびその誘導体)の構成成分で,3価の状態でポルフィリン環の中に存在しており,コバラミンはメチオニン合成酵素 (methionine synthase), リボヌクレオチド還元酵素 (ribonucleotide reductase), メチルマロニルCoAムターゼ (methylmalonyl-CoA mutase) などの重要な酵素活性に必要な補酵素であることが証明されている.

一方,Co欠乏土壌で栽培された牧草類はCo含量が低くなることから,反芻家畜のルーメン微生物(反芻胃内に生息する微生物群)が合成するビタミンB_{12}の合成量が低下し,反芻家畜にビタミンB_{12}欠乏症がでることがある.

d. セレニウム (selenium, Se)

Seはイオウ(S)と同族元素で化学的性質は比較的よく似ている.植物は土壌や水耕液から硫酸と同様にセレン酸塩もしくは亜セレン酸として吸収するが,セレン酸の方が好まれて吸収される.根でのセレン酸塩の吸収は,セレン酸塩と硫酸塩の吸収サイトが似ているため競合し,硫酸塩供与で著しく抑制さ

れる．吸収された Se は S の同化系の諸酵素上で競合し組み入れられながら同化される．その1つは硫酸からアデノシンフォスフォスルフェイト（APS）を生成する ATP スルフリラーゼであり，S の代わりに Se を含んだセレノシステインやセレノメチオニンを生成する．一般の植物では，こうしたセレノアミノ酸がタンパク質に取り込まれるとタンパク質機能が失われ，酵素タンパク質に入ると酵素機能が損なわれ障害が発生する．

　一方，Se 過剰地帯に生育する *Astragalus*（ゲンゲ属植物），*Xylorrhiza*, *Stanleyea* などの植物の地上部には数千〜3万 mg kg^{-1} にも達する Se が蓄積され，Se 集積植物と呼ばれる．これらの Se 集積植物では有害となるセレノメチオニンを生成せず，セレノシステインのような非タンパク質アミノ酸に形を変えて貯蔵する．また，マスタードやブロッコリーなどのアブラナ科植物も比較的多くの Se を集積して耐性を示す．イネ，ブロッコリー，キャベツなどは葉から Se を揮散させることが知られ，そのおもな化合物はジメチルセレナイドである．

　Se の有益性については不明確である．*Astragalus* 属植物でその施用効果が認められており，P が過剰レベルで Se が供与されると P 過剰害が軽減されて生育がよくなるが，P が過剰レベルでない場合は Se 施用効果がみられない．

7. ストレスに対する植物の反応

　現在の世界人口は約65億人といわれているが，2025年には約80億人，2050年には90億人となることが予測されており，21世紀の重要課題の1つは増加する人口に見合う安全な食料の確保である．

　人口の急激な増加とともに世界経済の著しい発展と豊かな生活は，同時に地球環境の悪化をもたらしたといっても過言ではない．地球温暖化に伴う陸地の乾燥化や砂漠化，塩類集積，さらに熱帯雨林の破壊，酸性雨，さらには人為起源の有害物質による汚染など環境破壊は枚挙にいとまがない．こうした人間活動に起因した地球環境の悪化は，食料生産に適した土地をさらに減少させることとなり，増加する人口に見合う安全な食料を確保するには，破壊された環境を修復するとともに，作物生産に不適当な問題土壌（problem soil）での農業生産を可能にするための技術開発が必要である．その1つにストレス耐性植物の利用が重要な手段となるが，それには植物のストレス応答に関する基礎的な知見の裏付けが必要である．

7.1　植物に負荷されるストレスとは

　ストレス（stress）という言葉は，ラテン語のStringereに由来し，力がかかっているという意味で，物理学では物体に外力（単位：ニュートン）を加えた場合の応力（単位：圧力パスカル）のことをいい，それを生物に当てはめるとこの応力をストレスという．その結果として起こる物体の縮みや伸びを"ひずみ"といい，"ひずみ"が可逆的で弾性を示す段階から不可逆的な可塑性を示す段階への変化のようすが物質の特徴を示すことになる．この応力－ひずみの関係は生物学でもよく使われ，生物に付加されるストレス要因とストレス応答を理解するのに用いられる（図7.1）．この場合，物体が植物であり，それに外か

7.1 植物に負荷されるストレスとは

ストレス要因
乾燥
加湿　（外力）
高温
低温
凍結
強光
紫外線
塩類過剰
重金属過剰など

物体＝生物
（応力）
N　Pa　ストレス応答

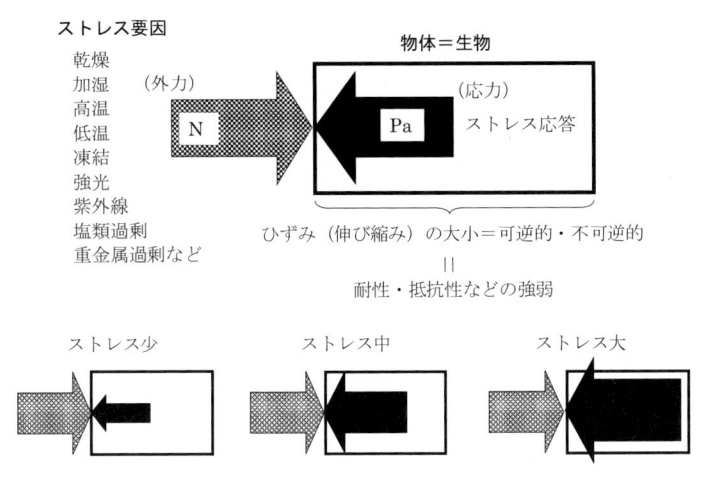

ひずみ（伸び縮み）の大小＝可逆的・不可逆的
‖
耐性・抵抗性などの強弱

ストレス少　　ストレス中　　ストレス大

図 7.1　ストレス要因とストレス応答の関係模式図

ら加えられる力（外力）に相当する刺激がストレス要因である．このストレス要因に対する応力がストレス応答であり，その結果生じる"ひずみ"が可逆的な段階の場合が抵抗性，耐性あるいは適合性があるといい，不可逆的な段階に至ると枯死することになる．

植物は，いったん発芽するとその場所で生活環をまっとうしなければならないため，その間に受けるさまざまなストレス要因に対して自らの生活環境を制御したり，形態や生理機能を変化させたりすることによってストレスから回避する機能をもっている．この機能は，植物が環境に応答して適応するための能力であり，生存にとって不可欠である．

植物に対してストレス要因が付加されると，それを認識する機構（レセプター）が作動してシグナル伝達が行われ，その結果，ストレス応答機構が作動するようになる（図7.2）．このストレス応答機構では，① 適応するため生体内の物質の量的変化によって対応する．たとえば，重金属の過剰に対してリガンド（結合物質）としてのフィトケラチンの合成を高めたり，塩類過剰に対して適合溶質であるグリシンベタインやプロリンの合成を高めたりすることなどが知られている．② 適応のために分子構造を質的に変化させる．たとえば，低温にさらされると膜のリン脂質の脂肪酸の構造が変わって耐凍性が増加することがある．③ 分子の官能基を変化させる．たとえば嫌気的条件に植物をお

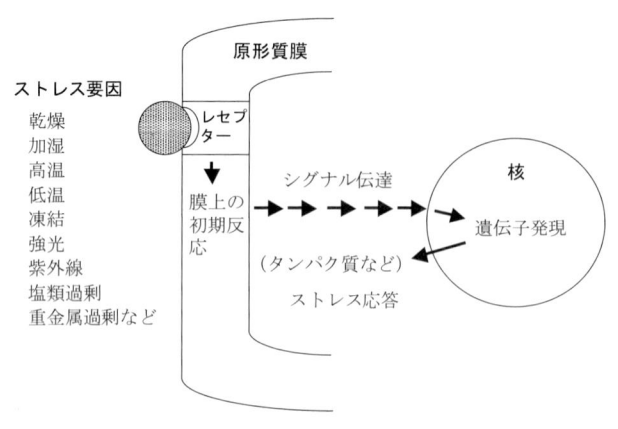

図7.2 ストレス応答のシグナル伝達

くと，TCA回路にかわって嫌気的な呼吸回路を誘導して適応することがある．

7.2 養分の欠乏ストレス

a. リン酸欠乏ストレスに対する植物の応答

リン（P）は，多量要素の獲得と機能の項で記載したように，光合成代謝に必須であるばかりでなく，細胞を構成する各種炭水化物，タンパク質，脂質をはじめとするほぼすべての化合物の合成・代謝と細胞分裂に必須の元素である．また，遺伝情報をつかさどる核酸（DNA，RNA）の構成成分でもある．そのため，P欠乏は植物の生育に大きなダメージを与える．しかし，PはAlやFeに結合して不溶化するなど自然界で最も利用されにくい元素で，生物の生育にとって制限因子となることが多い．そのため，植物はPを獲得するために多様な機能を備えている．

1）リン要求性

こうした機能を有するPも，植物によって要求性が異なる．この要求性の差異は，根で吸収したPの体内での循環的利用のシステムを確立している植物と循環的利用のシステムが効率的でない植物で異なり，後者はP要求性が高いと考えられる．また，トマトなどのように発芽後長期間にわたって新しい栄養生長器官を形成し続ける植物と，イネのようにある時期から栄養生長が停止する植物では，全植物体に対する若い部位の割合が多い前者は，やはりP

要求性が高くなる．

　Pが欠乏する土壌での植物の生育は，求められるP要求量をリン酸獲得機構によって充足しうるか否かによって決定される．

　2)　リン酸獲得機構（図7.3）

　i)　**根の伸長と根毛の発達**　　土壌溶液に溶存するリン酸濃度は著しく低い．土壌固相からのリン酸の溶出速度は遅く，しかも土壌中での移動は土壌溶液の拡散に依存している．そのため，植物は根を次から次へと土壌中に伸長させることによって，そこに溶存するリン酸を吸収する．P欠除処理した植物では，P吸収サイトを多くするために根長が長くなったり根数が増加したりする現象が起こる．

　また，マメ科牧草であるルーピン（*Lupinus*）は，低リン酸条件下になるとクラスター根，あるいはプロテオイド根と呼ばれる根を形成する．クラスター根とは試験管ブラシ状の形態となった根をいい，難溶性リン酸塩の可溶化能やリン吸収能力が高いことが知られている．

　ii)　**根のリン酸吸収能**　　根のリン酸吸収能を示すパラメーターとしてI_{max}, K_m, C_{min} がしばしば用いられる．K_m と C_{min} は低リン酸濃度の培地から

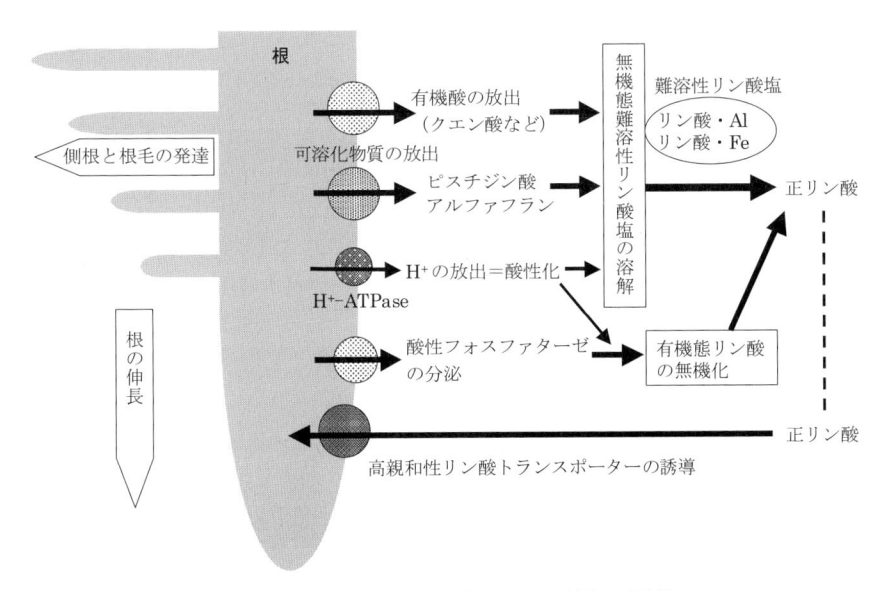

図7.3　植物根による低リン酸ストレスに対する応答機

の吸収能をよく反映する値で, K_m と C_{min} はともに値が低いほどリン酸濃度が低い培地からのリン酸吸収能が高く, 低P土壌に対する植物の適応性にとってプラスに機能する. また, リン酸トランスポーターに関する研究も進み, P要求性の高い植物では, 低P栄養条件下で高親和性リン酸トランスポーターの発現量が増加してリン酸吸収能力が高まる.

iii) 難溶解性リン酸塩の溶解物質の分泌　多くの植物では, 根からクエン酸, リンゴ酸, コハク酸, シュウ酸, アコニト酸, マロン酸などの有機酸が分泌される. これらのうちクエン酸の分泌によって, 根圏土壌に存在するリン酸鉄, リン酸アルミニウム, リン酸カルシウムなどの難溶性リン酸塩のカチオンと錯塩を形成して無機リン酸を溶出する. キマメが出すリン酸鉄溶解物質であるピスチジン酸 (pistidic acid) や, アルファルファが出すアルファフラン (alfafuran) もリン酸鉄を溶解する鉄キレーターで, リン酸を可溶化する機能がある (図 7.4).

iv) 酸性フォスファターゼの分泌　低P栄養条件下では植物が根から酸性フォスファターゼを分泌する. この酵素は根圏に存在する各種有機態P化合物を加水分解して無機リン酸のかたちとし, 植物はそれを吸収する. このとき, 根表皮細胞に存在する H^+-ATPase の活性が同時に高まって H^+ を放出し, 根圏域の pH を下げ酵素活性を高めている. この酸性フォスファターゼ分泌能には植物種間差があり, ルーピンやレタスは分泌能が高い. 植物体内には多くの酸性フォスファターゼ・アイソザイムがあるが, 多量に分泌される酸性フォスファターゼは1種類である. ルーピンの分泌性酸性フォスファターゼについては, その遺伝子の全塩基配列も解明されている. また, 根の細胞の細胞壁にも酸性フォスファターゼが局在しており, マス・フローに伴って根細胞表面に到達した有機態P化合物を分解して無機リン酸を生成させただちに吸収する. 植物による各種有機態P化合物の利用は, こうした分泌性および細胞壁局在性酸性フォスファターゼによる2段階によって行われている.

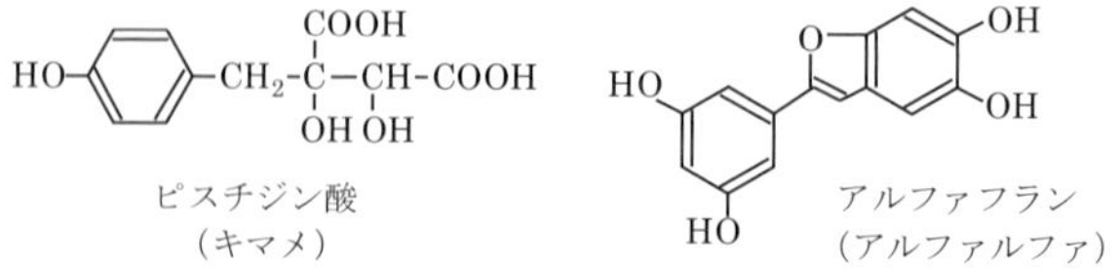

図 7.4　植物根から分泌されるリン酸鉄溶解物質の構造式

v) **RNase の誘導**　リン酸欠乏によってシロイヌナズナやトマト培養細胞では RNase（RNA 分解酵素）活性の増大が誘導されることが知られている．この P 欠乏誘導 RNase は，液胞に存在するものや分泌性のものがあり，P 欠乏条件下では細胞内の余剰な RNA を分解し，その分解物をさらにフォスフォジエステラーゼや酸性フォスファターゼが分解し，無機リン酸を植物に供給すると考えられる．

vi) **リン酸レギュロン**　P 欠乏誘導遺伝子（phosphate starvation inducible：PSI）は，リン酸の利用や吸収を高める作用をもつものでリン酸レギュロンと呼ばれる．この *psi* 遺伝子によって作られるタンパク質が，リン酸レギュロンの多くの遺伝子のプロモーター領域に結合し，それらの発現を高める．このリン酸レギュロンという考え方は，酵母や細菌の P 獲得応答として見つかったものであるが，最近では，植物においてもリン酸レギュロンのタンパク質が見つかり始めている．

b. 鉄欠乏ストレスに対する植物の応答

植物の Fe 欠乏ストレスに関しては，Al の過剰ストレスと並んで最も多くの研究がなされており，この分野においてわが国の植物栄養学研究者が果たした役割は大きい．

1) 鉄欠乏に伴う根の形状の変化

植物の Fe 吸収に関しては，前章に記したように Strategy I と Strategy II の 2 つの吸収機構があるが，Fe 欠乏時の根の形状変化も Strategy I と Strategy II では異なる．Strategy I の Fe 吸収機構を有する植物は，Fe が欠乏すると根端部分の直径が増し，根の先端が膨らんでいるようにみえる．これは，根端部分に根毛が密集することによるが，この根毛密集部位は Fe^{3+} を Fe^{2+} に還元する活性が顕著に強く，しかも，この部位の細胞は輸送細胞（transfer cell）の形成を伴っており，ミトコンドリアの数も増加する．これは Fe を水溶性の Fe^{2+} に還元し，根の外皮細胞が輸送細胞に形態変化することによって，Fe 吸収を増大させているものと考えられている．

Strategy II の鉄吸収機構をもつイネ科植物は，根の先端部はわずかに膨らむが，輸送細胞の形成はみられない．Fe 欠乏のオオムギ根の表皮細胞内には，周囲にリボソームが付いた膜をもつ特殊な顆粒が観察され，その消長がムギネ

酸類の分泌パターンとよく一致することから，合成されたムギネ酸類が分泌されるまでの間，貯蔵される部位ではないかと考えられている．

2) 分子レベルでの鉄欠乏耐性機構

i) **Strategy I の鉄吸収機構をもつ双子葉植物**　Fe が欠乏すると根細胞膜の H^+-ATPase によりプロトンの放出や，鉄キレート物質の放出が起こる．それによって $Fe(OH)_3$ は，その一部が可溶化し，弱いながらもキレート物質と結合して，水吸収によって起こる根への水移動に伴い根細胞膜表層へ到達する．これが根細胞膜に存在する鉄（Fe^{3+}）還元酵素によって Fe^{2+} に還元され，Fe^{2+} トランスポーターを通して細胞内に取り込まれる．この Fe 還元活性には NADH, FAD, FMN, アスコルビン酸などが関与しているといわれている．

Fe キレート物質としては，根が分泌するクエン酸やリンゴ酸，またいくつかのフェノール酸（フェラル酸，クマール酸など）が挙げられ，いずれも弱いキレート能を有する．P 欠乏の項に記載したキマメが分泌するピスチジン酸，アルファルファが分泌するアルファフランなどもキレート能をもつ Fe 溶解物質である．

こうした双子葉植物による鉄吸収機構に関与する遺伝子として，Robinson *et al.* (1999) によって Fe^{3+} 還元酵素遺伝子 *fro2* がシロイヌナズナからクローニングされ，また，Eide *et al.* (1996) によって Fe^{2+} トランスポーター遺伝子 *IDT1* がやはりシロイヌナズナからクローニングされた．

ii) **Strategy II の鉄吸収機構をもつイネ科植物**　根が Fe 欠乏シグナルを感知すると，根端組織においてメチオニンを前駆体としてムギネ酸類が合成され，日の出直後から数時間以内に根圏に集中して分泌される．ムギネ酸は Fe^{3+} の強いキレーターで，根圏で形成された Fe-ムギネ酸化合物は，特異的なトランスポーターを通して，そのままの形で細胞内に取り込まれる（図 7.5, 前章コラム参照）．このトランスポーター活性は，Fe 欠除処理によって数倍に上昇する．また，このトランスポーター遺伝子 *ys1* は Walker *et al.* (2001) によってトウモロコシからクローニングされた．

3) 遺伝子レベルでの鉄欠乏耐性機構

Fe 欠乏時に根から分泌される低分子化合物生合成経路に働く酵素の合成は，遺伝子の転写レベルか翻訳レベルで，Fe^{2+} により制御されていると考えられている．体内への Fe の取り込みが停止，あるいは体内 Fe 濃度が減少などの

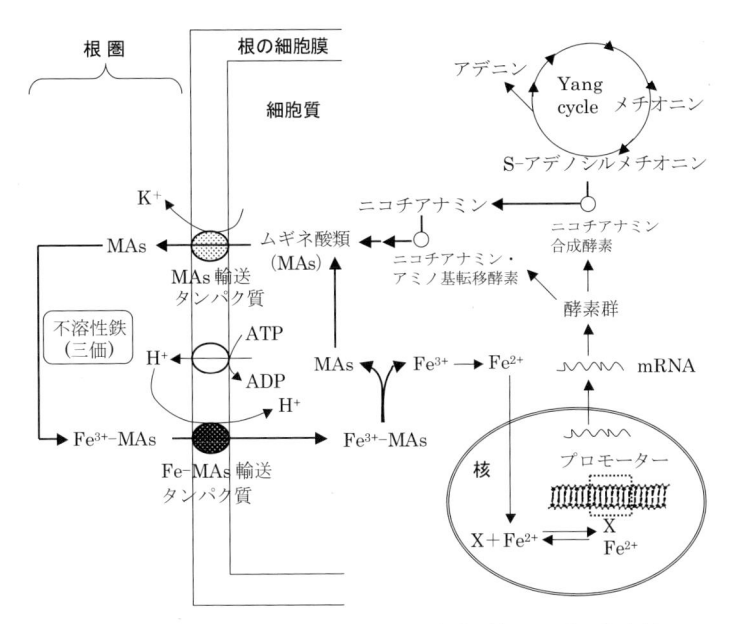

図 7.5 ムギネ酸類の生合成・分泌と鉄吸収機構（森 2002 を一部改変）

条件をシグナルとして酵素タンパク質の合成が促進され，その結果，化合物の合成が促進されるようになる．

一方，細胞中の Fe の貯蔵体としてのファイトフェリチン（phytoferritin）は，すべて葉緑体のストロマに存在し，可溶性 Fe の濃度調節にかかわっている．生体内 Fe 含量が増加すると，遺伝子の転写レベルの発現が増加してファイトフェリチンタンパク質の合成が増加する．増加したフェリチンは葉緑体に運ばれ，Fe の貯蔵体として機能すると同時に，過剰の Fe をフェリチン-Fe 化合物にすることにより生体内における Fe^{2+} の過剰害（主として O_2^- の生成）を抑制すると考えられる．

c. その他の養分欠乏ストレスに対する植物の応答

植物の必須養分が欠乏したときの生育，欠乏症状などに関する研究は多いが，欠乏条件下での植物ストレス分子応答に関しては，P と Fe 以外は著しく少なく，その耐性機構についてもほとんど明らかにされていない．

一般に，低養分ストレスに対する耐性機構は，根による吸収能力の強弱，地

上部への輸送能力の強弱，分配および利用効率の高低によって決まる．高い吸収力，強い輸送能，高効率の分配などの能力をもつ植物が欠乏ストレス耐性といえる．最近，低栄養条件でも比較的よく生育する品種が報告されるようになってきた．これらを高栄養条件を好む品種と比較することで，養分欠乏ストレスに対する応答機構の解析が可能になろう．

カルシウム（Ca）の吸収には代謝エネルギー依存型と非依存型があり，前者によって吸収された Ca は細胞質内に入り，後者は根のカチオン交換容量と関連して吸収され組織内のアポプラストに沈積すると考えられる．ササゲの低 Ca 耐性種と感受性種（低 Ca 濃度に耐性の低い品種）を低濃度から高濃度までの Ca 栄養条件で栽培した場合，感受性種は低 Ca 条件下（$10\,\mu M$ Ca）で枯死するが，耐性種の生育は通常濃度の Ca 条件下とほとんど変わらない．一方で両者の Ca 吸収量には差がなく，Ca の吸収能力の差が低 Ca 耐性の原因ではないことが示唆されている（Horst et al. 1992）．

トマトの低 Ca 耐性種は，低 Ca 条件下で吸収した Ca をゆっくり，連続的に地上部の生長部位（頂芽や展開葉）に移送するが，感受性種では吸収した Ca は下位葉に沈積し，上位葉への移行が著しく少ないことが報告されている（Horst, 1992）．このことは，Ca は蒸散流（導管流）によって移動することから，耐性種の生長部位への Ca 分配能が蒸散を上回っていることを意味し，耐性種では Ca は蒸散が多い古い葉を避けて移行していることを示唆しているが，その機作は不明である．

また，トマトの低 Ca 耐性種と感受性種の体内の水溶性 Ca と不溶性 Ca の比をとると，耐性種の方が水溶性 Ca は多い（Jonathan, 1989）．このことは，耐性種が移行性の小さい Ca を有効に利用する仕組みをもっていることを意味する．このように，低 Ca への耐性は地上部への Ca の輸送，分配および利用率に関連しているといえよう．

7.3　元素の過剰ストレス

a. 塩類過剰ストレスに対する植物の応答

塩類過剰ストレスは，土壌の塩濃度が高いことで生じる作物の生理障害である．海岸沿いで海水が侵入しやすい耕地，また灌漑水の塩濃度が高かったり，

7.3 元素の過剰ストレス

塩濃度の高い地下水が耕地の乾燥により地表で析出するなどして作土に塩が集積する農地では，高濃度のナトリウムによって作物の生育が阻害される．また，灌漑管理の失敗や過剰施肥などによっても発生する．土壌溶液の塩濃度が高いと植物は浸透圧ストレスによって吸水が阻害され，さらに植物に取り込まれた塩により細胞内にも浸透圧ストレスが負荷され，代謝が撹乱されるイオンストレスが生じる．一般に塩害といわれるのは，この浸透圧ストレスとイオンストレスが同時に起こっているものである．

塩類過剰ストレスの発生する地帯は，土壌のpHは概して中性～アルカリ性(pH8～9)で，土壌は乾燥（時期によっては過湿にもなる），高温，強光などの条件が同時に負荷されストレスを助長する．

水耕栽培したイネを塩化ナトリウム（NaCl）100 mM 以上含む水耕液に移植すると吸水が停止し，200 mM 以上になると回復せず枯死する．根から侵入した塩は地上部に移行し細胞間隙，細胞壁で濃縮され細胞に浸透圧ストレスを生じさせる．さらに塩は細胞内に侵入して，代謝を阻害したり溶質を流失させたりする（イオン過剰ストレス）．

1) 植物の耐塩性と塩生植物

植物の塩類過剰に対する感受性は，種によって異なる．耐塩性の強い植物としては，アスパラガス，シュガービート（サトウダイコン），ワタ，オオムギ，ライムギ，ソルガムなどがあり，逆に弱い植物としてイネ，トウモロコシ，エンドウ，インゲン，キュウリ，ニンジン，タマネギなどがあげられる．

塩類過剰感受性の植物でも，イネはNaが地上部に移行して集積することで生育障害が発生するが，ダイズなどはNa^+は茎に集積し，葉中のCl^-の濃度が上昇し，葉身でのカチオン-アニオンバランスが崩れて障害が発生する．このように，作物の耐塩性は，どのくらいの浸透圧ストレスに耐えられるか，どの程度まで地上部への塩の侵入を抑えられるかということによる．

耐塩性の弱い植物に対して，100 mM 以上のNaCl 共存下でも開花結実できる高等植物を塩生植物という．絶対的な塩生植物には，アカザ科のアツケシソウ属(*Salicornia*)，マツナ属(*Suaeda, Halocnemum*)，オカヒジキ属(*Salsola*)や，マングローブと呼ばれるヒルギ科の植物などがあり，これらの多くは低い水ポテンシャルの根圏から吸水をするために，葉身にナトリウム塩を1M 近く集積して水ポテンシャルを下げている．また，条件的塩生植物としてはイネ科，カ

ヤツリグサ科，イグサ科に属する多くの種やウラギク（*Aster tripolium*）などがあり，わずかに塩分が多いところに生育するが，あまり濃くなると生長が抑制される．イネ科塩生植物であるヨシなどは，ナトリウム塩の吸収を抑え，カリウム塩を蓄積して葉身の水ポテンシャルを低下させていることが知られている．

2) 塩類過剰に対する耐性機構

塩生植物は浸透圧調節のために多量の塩を葉身に蓄積するが，その蓄積された塩は細胞質にイオンストレスをもたらさないように液胞に隔離され，細胞質には液胞との水ポテンシャルバランスをとり生理機能の維持をはかるための機構を備えている．この機構には，ベタインやプロリン，ソルビトールやピニトールなど細胞質の浸透圧を構成したり代謝活性を保護すると考えられる溶質（適合溶質という）を蓄積する能力を有する（図7.6）．また，液胞へのNa封じ込め能力（Na^+-H^+アンチポート活性），そのエネルギー源であるプロトン勾配を形成するH^+-ATPase活性，導管柔組織でのNa再吸収と転送能力などがある（図7.7）．しかし，どの機構がどの程度耐塩性に寄与しているかは明らかでない．マンニトール合成酵素遺伝子を導入したタバコ，ベタイン合成酵素遺伝子を導入したイネなどで耐塩性が増加した報告もあり，今後，遺伝子工学的な手法による研究が進めば，各機構が耐塩性にどの程度寄与しているかが明らかになるであろう．その中でも注目されているのが，液胞膜のNa^+-H^+アンチポートタンパク質，細胞膜のKチャンネルタンパク質，細胞内のCa濃度調節に関与しているタンパク質などで，これらの遺伝子のクローニングが行われている．

3) 塩類過剰ストレスに対する応答の発現機構

塩類過剰ストレスに対する応答は，細胞の浸透圧上昇というシグナルによって発現するが，このシグナルは後述する植物に乾燥ストレスが負荷されて脱水

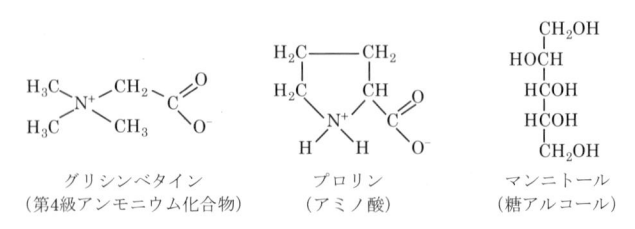

グリシンベタイン　　プロリン　　マンニトール
（第4級アンモニウム化合物）　（アミノ酸）　（糖アルコール）

図7.6 おもな浸透圧調節物質（適合溶質）

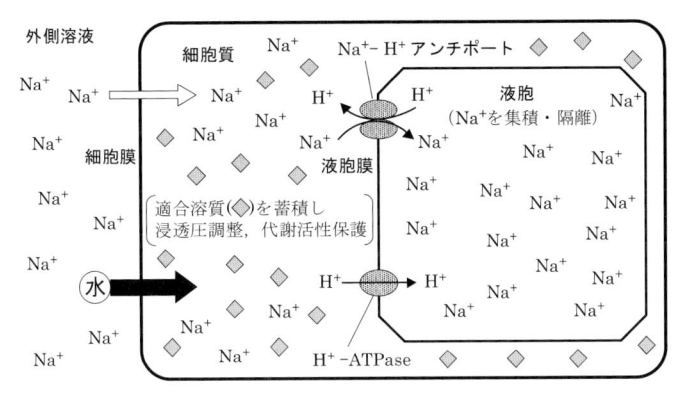

図 7.7 適合溶質による浸透圧ポテンシャルの調節

によっておこる浸透圧の上昇によって起こるものと同じである．浸透圧の変化というシグナルによって合成されるタンパク質には，植物を保護する機能をもっているものが多い．これらのタンパク質の合成にかかわる遺伝子は，塩類過剰ストレスや乾燥ストレスの過程で生成される植物ホルモンのアブシジン酸（abscisic acid, ABA）によって誘導される遺伝子と，ABA に誘導されない遺伝子に分けられる．ABA を介して発現される遺伝子には，イネの *rab16*, コムギの *Em* 遺伝子，シロイヌナズナの *myb* 遺伝子などがあり，これらの遺伝子には ABA の誘導にかかわっている相同性の高いプロモーター領域が存在する．ABA はメバロン酸からペンテニルピロリン酸を経て合成されるが，この過程は浸透圧変化のシグナルによって活性化されることが知られている．また，ABA の生理作用の 1 つは，気孔を閉じて水分の蒸散を防ぐことである．浸透圧ストレスによるシグナル伝達経路は不明な点が多いが，同じ真核細胞である酵母では，Sln1 タンパク質が浸透圧センサーとして機能し，シグナル伝達タンパク質として Ssk1, Ssk2, Pbs2, Hog1 が同定され，それぞれ MAP キナーゼキナーゼキナーゼ，MAP キナーゼキナーゼ，MAP キナーゼのカスケード型であることが明らかにされており，植物でも同様の機構が想定されている．

b. アルミニウム過剰ストレスに対する植物の応答

1) **生理的応答機構**（図 7.8）

アルミニウム（Al）による植物への害作用についてはすでに前章で述べら

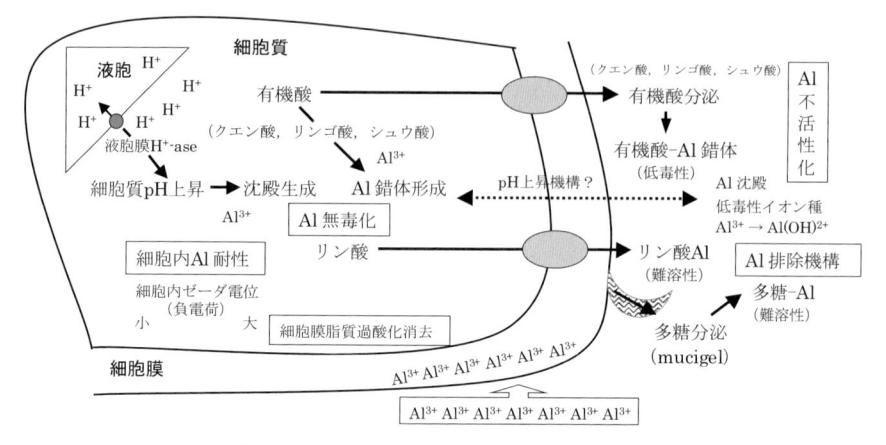

図7.8 アルミニウムの毒性と耐性機構の模式図

れているが，概略を述べると以下のようなものである．すなわち，Alは根端分裂域から伸長域の表皮細胞に集積し，短時間のうちに縦方向への伸長を阻害する．そして，Alの曝露時間が長くなると細胞分裂の阻害がみられるようになり，根の生育が停止する．また，Alは細胞壁と原形質膜の表層に分布し，膜のリン脂質の親水部にAlが結合することで，膜の流動性が低下し，Feイオンが触媒する脂質過酸化反応（フェントン反応）が起こりやすくなり，膜の酸化が進行して膜機能が喪失する．さらに，Alによって膜に局在するCaチャネルが阻害される．細胞内では，DNAやRNAなど核酸のリン酸とAlが反応することによってDNA複製阻害や転写阻害が起こる．

したがって，細胞外でAlを無毒化すれば，こうした害作用から逃れることができる．その機構の1つが根から有機酸を放出してAl-有機酸錯体を形成するというもので，根へのAl取り込みを阻止することができる．Al耐性は根から放出されるクエン酸，シュウ酸，リンゴ酸などのいずれかの量と正の相関があり，Al濃度に対してクエン酸は等モル，シュウ酸は3倍，リンゴ酸は10倍の量でAlの害をほぼ抑えることができるとされる．Alストレスを受けた根からの有機酸放出量は，根域全体の濃度と考えるとAlを定量的に解毒するには不十分であるが，根面域では耐性を説明できる程度の濃度であるため，重要な耐性機構と考えられている．同様な機構として，コムギや*Melastoma*属植物ではムシゲルと呼ばれる多糖を根表面に分泌しており，それがAlを捕捉して

いる.また,根からリン酸を放出して不溶性のリン酸アルミニウムを形成して無毒化するという機構も考えられているが,このとき,細胞内に流入したAlが細胞内でリン酸イオンと反応してリン酸アルミニウムが形成（Alは無害化されるが同時にPが無効化することを意味する）される状態で,Alの無害化のためにリン酸イオンが分泌されることへの疑問もあり,仮説にとどまっている.

根に到達したAlは,細胞壁・細胞膜外側表面に結合・吸着し,これが徐々に細胞内に移行し,これによって細胞膜の流動性が低下,カルモジュリンを介した情報伝達系が攪乱されることによって障害が起こる.したがって,Alの吸着・結合量の多寡が耐性の強弱となり,細胞壁・細胞膜表面の陽イオン交換容量（CEC）が小さい場合はAlの吸着が少なくなり,耐性をもつと考えられる.根表面のAl吸着量をヘマトキシリン染色によって視覚化してAl耐性を評価することができるのは,このためである.なお,Alストレスによってカロース（β-1,3-グルカン）が生成して細胞壁伸長が阻害される.これもAlストレスに対する応答現象の1つであるが,カロースの生成機構には不明の点が多い.

細胞内での耐性機構としては,クエン酸などの有機酸との錯体形成による解毒,液胞へのAlの隔離などが挙げられる.オオムギではAl負荷により液胞H^+-ATPaseの活性化が起こるが,これは細胞質pHの低下抑制を起こし,H^+勾配を利用した液胞へのAl集積の増加に至ると考えられる.

2) 遺伝子レベルでの応答機構

Al誘導性遺伝子群として,*wali*遺伝子群7個がコムギから単離されている.また,タバコ培養細胞からAl誘導性遺伝子としてグルタチオンS-トランスフェラーゼ（GST）をコードする*parB*を,シロイヌナズナからAl誘導性遺伝子*AtPox*,スーパーオキシダーゼなど酸化ストレス耐性遺伝子をコードするものが同定されている.Alストレスは細胞膜のリン脂質や膜タンパク質の過酸化を引き起こすことが知られているが,これらの酸化ストレス耐性遺伝子は生育障害の抑制に寄与していることが考えられる.さらに,シロイヌナズナからAlストレスに対して感受性を示す変異株が単離され,その解析から8つの遺伝子がAlストレスに関与していることを明らかにされた.こうしたAl誘導性遺伝子の多くは,他の金属イオンストレス,酸化ストレスのほか,P欠乏,病原菌感染,低温処理,植物ホルモン処理など種々のストレスによっても誘導

される遺伝子でもあり，Alストレスとこれらのストレスの間には共通の遺伝子発現機構が存在するものと考えられる．

c. 重金属過剰ストレスに対する植物の応答

植物が体内に集積できる重金属の含量と生育や収量との関係は，図7.9のようになる．必須元素の場合，欠乏領域では重金属含量が増加するに従って生育や収量は増大するが，必要量に達する（図中C）と生育や収量は，それ以上増加しない．さらに含量が増加しても生育や収量には影響しない．このCからTへの領域が耐性の領域となる．そして，Tを越えて増加すると生育や収量が減少し，Lのレベルに達すると枯死する．この領域が毒性領域となる．したがって，C-T が広い植物が耐性能の高い植物であり，狭い植物が感受性植物となる．この耐性領域（C-T）は，重金属種によって異なり，また植物種によっても異なる．植物は，C-T領域をできるだけ広くとるためにさまざまな仕組みをもっている．

重金属などの元素に対して特異的な応答を示す植物は，図7.10に示されるような3タイプに大別できる．すなわち，① 土壌中の濃度の増加に伴って植物体中の含有率も増加する植物（indicator）—古くから鉱山師などが鉱脈を探索する際の指標植物としたものもこれに分類される；② 土壌中の重金属濃度が高まっても植物中の体内含有率が高まらない植物（excluder）—重金属をあ

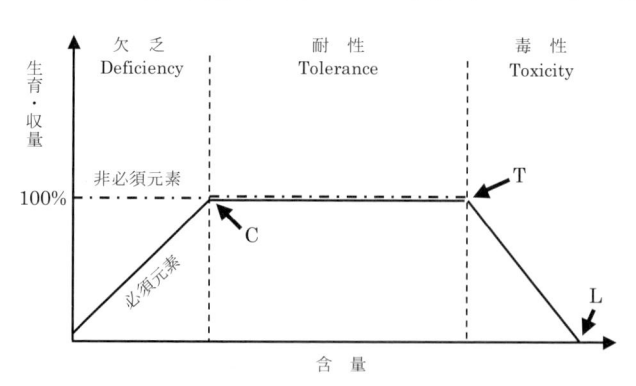

図7.9 必須元素および非必須元素の含量応答曲線（Berry and Wallace 1981を一部改変）
C：決定的な欠乏レベル（critical deficiency level），
T：過剰境界（toxicity threshold），
L：致命的な害作用（lethal toxicity）．

7.3 元素の過剰ストレス

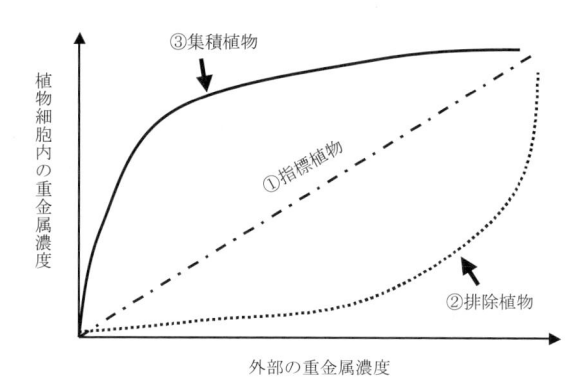

図 7.10 植物の重金属吸収に関する3パターンの特性（Greger 1999 を一部改変）

グラフ内ラベル：
- 縦軸：植物細胞内の重金属濃度
- 横軸：外部の重金属濃度
- ①指標植物
- ②排除植物
- ③集積植物

まり吸収しない仕組み，あるいは排出機能を有しているといわれている；③土壌中の重金属濃度よりも植物体中の含有率の方が高い植物（accumulator）—重金属集積植物といわれる．

Brooks（1977）はニッケル（Ni）を 1,000ppm 以上含有する植物を hyperaccumulator plant（重金属超集積植物）と名付けた．現在では，多数の重金属超集積植物が発見されている（表 7.1）．セイヨウカラシナ（*Brassica juncea*）やアブラナ科の *Alyssum lesbiacum*, *Thlaspi caerulescens* などは Ni やカドミウム（Cd）などを地上部に著しく集積することが知られており，N 含有率にも相当する乾物あたり 1～5% に達する場合もある．わが国でも，鉱脈を探索する際の指標植物として使われたシダ植物のヘビノネコザ（*Athyrium yokoscense* Christ）は"鉱毒草"あるいは"金山草"とも呼ばれ，鉱山周辺に生育しており古くから重金属を集積することが知られていた．また，最近では蛇紋岩地帯の高山に生育するタカネグンバイ（*Thlaspi japonicum*）が Ni を高濃度に集積することが発見された（Mizuno et al., 2003）．さらにハクサンハタザオ（*Arabidopsis halleri* ssp. *gemmifera*）による Cd の集積（永島ら，2005），モエジマシダ（*Pteris vittata* L.）によるヒ素（As）の集積（Ma et al., 2001），ミゾソバ（*Polygonum thunbergii*）による Cd の集積（Shinmachi et al., 2003）などが見つかっている．

植物が体内の重金属を無害化する機構については多くの研究例があり，体内の重金属イオンをクエン酸などの有機酸と結合して無害化したり，ヒスチジン

表7.1　重金属超集積植物の例

金属	含有率 (mg kg^{-1})	植物名	文献
As	31,000	*Jasione montana*	Steubing *et al.* 1989
As	22,630	*Pteris vittata*（イノモトソウ科モエジマシダ）	Ma *et al.* 2001
Au	57	*Brassica juncea*（アブラナ科カラシナ）	Anderson *et al.* 1998
Cd	1,800	*Thlaspi caerulescens*（アブラナ科の植物）	Brown *et al.* 1995
Cd	2,000	*Pesicaria thunbergii*（ミゾソバ）	Hasegawa *et al.* 1995
Cd	252	*Arabidopsis halleri*（アブラナ科ハクサンハタザオ）	Nagashima *et al.* 2005
Cu	12,300	*Ipomoea alpina*（ヒルガオ科サツマイモ）	Scott *et al.* 1996
Mn	8,000	*Vaccinium vitis-idaea*（ツツジ科ツルコケモモ）	Medappan *et al.* 1970
Mn	7,000	*Mechotria grandiflora*	Ernst *et al.* 1990
Ni	15,000	*Alyssum bertolonii*（アブラナ科の植物）	Vanselow *et al.* 1996
Ni	30,000～50,000	*Alyssum lesbiacum*（アブラナ科の植物）	Kamer *et al.* 1996
Ni	45,000	*Psychotria douarrei*（アカザ科カラシナ）	Ernst *et al.* 1990
Pb	34,500	*Brassica juncea*（アブラナ科カラシナ）	Wbbs *et al.* 1997
Pb	11,400	*Minuartia verna*（ナデシコ科コバノツメクサ）	Baumeiser *et al.* 1978
Se	15,000	*Astragalus adsurgens*（マナ科ムラサキモメンヅル）	Anderson *et al.* 1961
Zn	15,700	*Thlaspi sylvestre*（アブラナ科の植物）	Denayer *et al.* 1970
Zn	3,400	*Minuartia verna*（ナデシコ科バメツメクサ）	Denayer *et al.* 1970
Zn	4,000	*Ambrosia elatior*（キク科ブタクサ）	Bear *et al.* 1957
Zn	51,600	*Thlaspi caerulescens*（アブラナ科グンバイナズナ）	Brown *et al.* 1995
U	70	*Astragalus preussi*（マメ科カラスノエンドウの仲間）	Ernst *et al.* 1978
U		*Beta vulgaris*（アカザ科ビート）	Stephan *et al.* 1998

やシステインなどのアミノ酸と結合させて無害化したりしている（図7.11）.

　また，植物の栄養重金属含量の恒常的な維持や過剰重金属に対する耐性には，メタロチオネイン（MTs），フィトケラチン（PCs），グルタチオン（Glu-Cys-Glyのトリペプチド）などのシステイン含量が多いペプチドが関与していることが知られている．重金属イオンは，システイン残基のSH基と安定なチオール結合複合体をつくり無害化される．

　メタロチオネインは，ウマの腎臓で初めて見いだされた金属を多く含むペプチドである．多くの真核生物においてもCuやZnなど必須元素と結合して存在しており，これら元素の体内濃度を一定に保ったり，銀（Ag）やCdなどの有害重金属と結合し無害化したりしていることが知られている．メタロチオネインは60～62のアミノ酸残基からなる4～8KDaのポリペプチドであり，Cys-Xaa-Cys（Cys：システイン，Xaa：Cys以外のアミノ酸）をモチーフと

図 7.11 重金属のリガンドとしてのアミノ酸類とその重金属結合

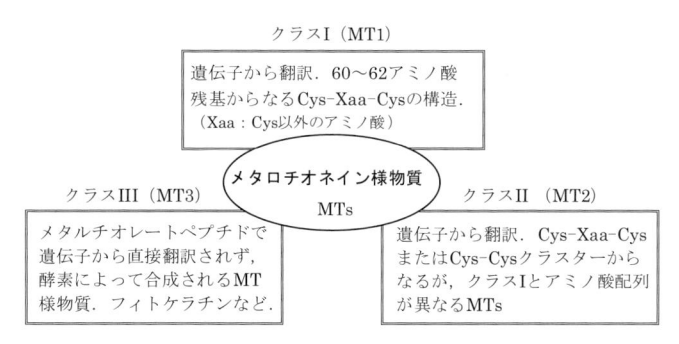

図 7.12 メタロチオネイン様物質の分類（Prasad 1999）
植物ではクラス III が主要である．

している（図 7.12）．ウマ，ヒト，マウスなどのほ乳類やコウジカビ（*Aspergirus niger*）などがもっているものをクラス I のメタロチオネインと呼ぶ．それに対して，クラス II のメタロチオネインは，Cys-Xaa-Cys または Cys-Cys のクラスターからなるが，クラス I のメタロチオネインとアミノ酸配列が異なっており，酵母などに含有されるものをいう．両メタロチオネインは，いずれも遺伝子から直接翻訳されて生成する．これらのオリゴまたポリペプチドに高濃度で含有される Cys 由来の-SH 基が，重金属と配位結合してチオール化合物を形成することで，体内濃度保持や無害化などの役割を果たす．

　フィトケラチンは，γ(Glu-Cys)nGly のオリゴペプチドで，上述したメタロチオネインの一種でもある（「クラス III」として分類される）．これまでに n が 2 個から 11 個までのものが見つかっている（なお，$n=1$ の場合はグルタチオンである）．フィトケラチンは，Cd などの重金属の存在によってフィトケラチン合成酵素（γ-glutamylcysteine dipeptidyl-transpeptidase）が活性化され

て合成される．この酵素はナデシコ科（*Caryophllaceae*）マンテマ属（*Silene*）植物の培養細胞から初めて精製されたが，酵素の遺伝子はシロイヌナズナやコムギからも単離されている．また，フィトケラチンはカルボキシペプチダーゼ（carboxy peptidase）によっても生成する．Cdで処理したキャベツの葉中ではCdとフィトケラチン（γ(Glu-Cys)nGly＝γECnG）のほとんどが液胞中に存在することから，γECnGが細胞内に入ったCdを液胞に運搬する役割を果たしていると推定されている（図7.13）．

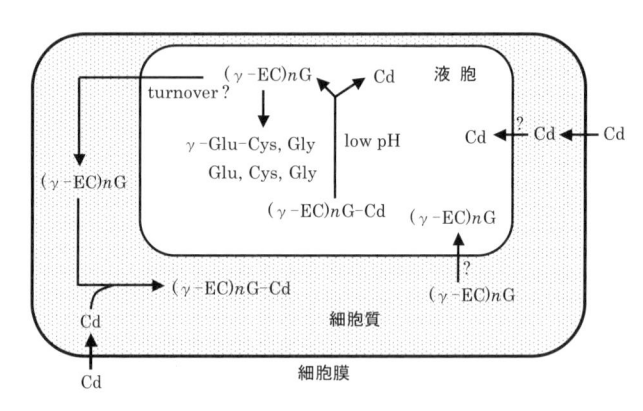

図7.13 カドミウムとフィトケラチンの細胞内分布（Vogeli-Lange & Wagner 1990を一部改変）

7.4 物理的ストレス

a. 水分ストレスに対する植物の応答

植物に乾燥が負荷されて起こる水分の欠乏は細胞の体積を縮小させ細胞液の溶質濃度を高め，原形質の水分含量を減少させる．水ポテンシャルの上昇によって，細胞の生長，タンパク質生合成，硝酸還元酵素活性などの抑制，アブシジン酸の増加，サイトカイニンの減少，気孔の閉鎖，光合成の抑制，呼吸の異常，可逆的な"しおれ"，老化などが引き起こされる．

植物に乾燥ストレスが負荷され水分の蒸散が増加すると，細胞に浸透圧ストレスが生じる．この浸透圧差がシグナルとなって植物ホルモンにより生理的調節が行われる．浸透圧ストレスでアブシジン酸（ABA）とエチレンが生成し，アブシジン酸は気孔を閉鎖し蒸散を少なくし，プロリンやベタイン，糖などの

7.4 物理的ストレス

適合溶質が増加して浸透圧の調節を行う．また，葉柄の老化が進行し離層が形成されて落葉が起こり水分の蒸散部位を少なくするが，この作用にはエチレンもかかわっている（図 7.14，図 7.15）．

　この乾燥に伴う細胞内水分量の減少によって生じる浸透圧差のシグナルは，

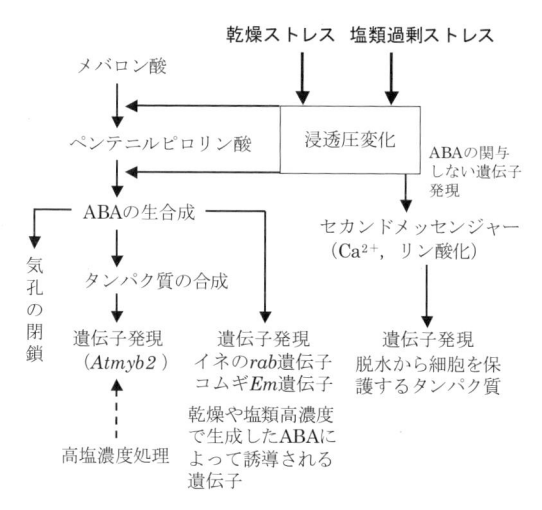

図 7.14 アブシジン酸（ABA）の生合成と機能

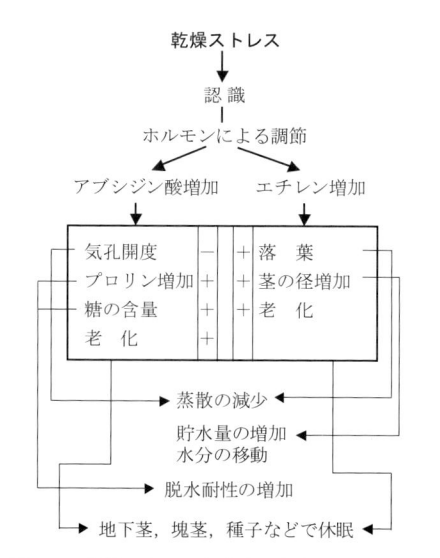

図 7.15 乾燥ストレスを受けたときのホルモンによる適応発現　（Tietz and Tietz 1982）

前述した塩類過剰ストレスに対する応答シグナルと同じで，乾燥ストレスと塩類過剰ストレスで生成する適合溶質や機能発現はほとんど同じである．

b. 温度ストレスに対する植物の応答

低温感受性植物は，ゆっくり低温におくと細胞膜脂質の脂肪酸が不飽和化され膜脂質の流動性が増加し，膜機能の維持が図られる．しかし，急激に低温下におかれると膜の流動性が失われる．亜熱帯原産のヤエナリやキュウリの実生苗を0℃におくとH^+-ATPaseは速やかに失活するが，低温耐性植物ではこの酵素は安定である．このように膜結合性酵素の低温適合性や構造安定性も低温ストレスに対する応答の1つである（図7.16）．

凍結障害は，細胞外凍結による脱水と収縮，細胞膜どうしの異常接近，脱水による細胞膜の構造的損傷が原因となる．それを防御するために脱水による細胞の収縮変形を緩和することや，細胞膜間に親水性物質を介在することで（細胞膜の疎水基との反発力によって）膜の異常接近を防ぐこと，膜タンパク質や脂質の組成を変えることで膜構造を安定化することなどが挙げられる．低温に馴化させる過程でグリシンベタイン，糖類などの溶質も増加することが報告さ

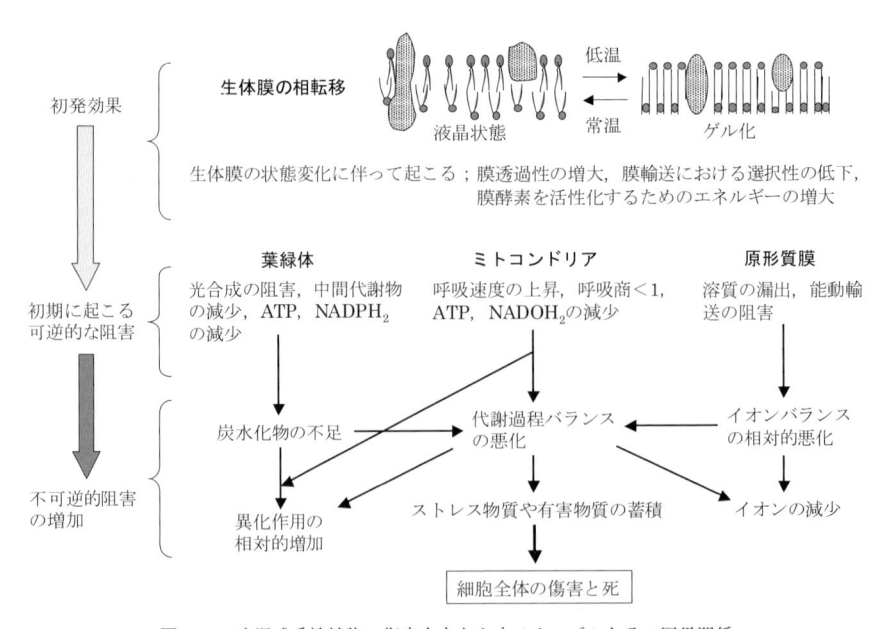

図7.16 冷温感受性植物に傷害をもたらすメカニズムとその因果関係

れているが，これらは浸透圧上昇による細胞の脱水を緩和したり，細胞膜との間に緩衝作用を持たせることに寄与しているものと考えられる．凍結耐性の植物では，低温でも安定なリン脂質を生体膜にもち，糖類，オリゴ糖などの可溶性炭水化物，ポリオール，アミノ酸やポリアミンなど，あるいは水溶性タンパク質によって凍結耐性を獲得する．すなわち細胞質のこれらの濃度を増加させることによって浸透圧ポテンシャルが低下し，吸水力が増加して水を失うのを防いでいる．

　植物の高温への適応は，熱ショックタンパク質（heat shock protein, HSP）の誘導によって行われる．このタンパク質は，高温によって速やかに転写され，細胞質で合成されて葉緑体やミトコンドリアに輸送される．HSPは，分子シャペロンともいわれ，タンパク質の熱による変性を防ぐために機能するタンパク質で，組織的にはクロマチンや生体膜の安定化，修復機構の活性化に寄与している．

7.5 生物的ストレス

a. 病原微生物ストレスに対する植物の応答

　植物はその周囲や体内に生存する生物，特に微生物や植物と多くのかかわりをもって生存している（図7.17）．植物病原性微生物には，糸状菌（カビ），細菌，ウイルスなどがあるが，菌類病が80％以上を占めているのが植物病の特徴である．病原菌の感染は，まず付着・侵入すると，宿主植物体からの抵抗反応

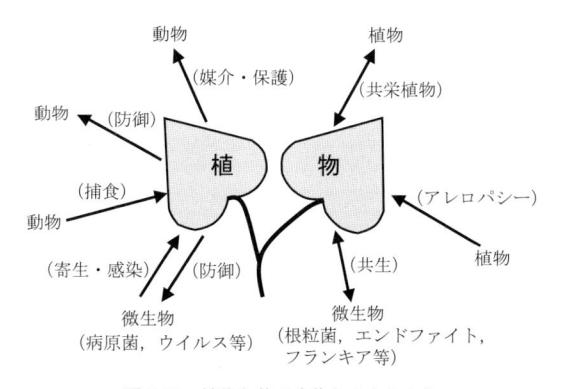

図7.17 植物と他の生物とのかかわり

が起こる．この抵抗反応が抑えられれば罹病することになる．

この抵抗反応の1つに過敏感反応（hypersensitive responsitive または hyperrespontitive reaction, HR）がある．この現象は病原菌が感染すると，感染細胞とその隣接細胞が速やかに死ぬ（能動的な死）ことにより植物は抵抗性を獲得し，病原菌を隔離してその成長を抑制する反応で，1902年にWardが発見した（図7.18）．これは，宿主植物が糸状菌，細菌，ウイルス，線虫に対して抵抗性を示す非親和性の組合せのときにのみ発生するプログラム細胞死（programmed cell death）の一種で，1972年に初めて提唱された動物細胞のアポトーシス apotosis に相当する．

また，病原菌の侵入に対しての抵抗反応によって感染を阻止する応答もある．病原菌胞子からは HST（host specific toxin）が放出され，宿主植物が HST 受容体をもつ感受性細胞の場合，細胞膜に機能障害が起こり接合器の侵入が起こる．この感受性細胞は同時に病原菌の発芽胞子から放出される抵抗反応誘導物質の受容体をもたないことから，植物による抵抗反応が起こらず感染が起こる（図7.19）．一方，抵抗性植物の場合，HSTの受容体がなく，逆に抵抗反応誘導物質の受容体を有することから，病原菌の侵入に対して抵抗反応が起こり

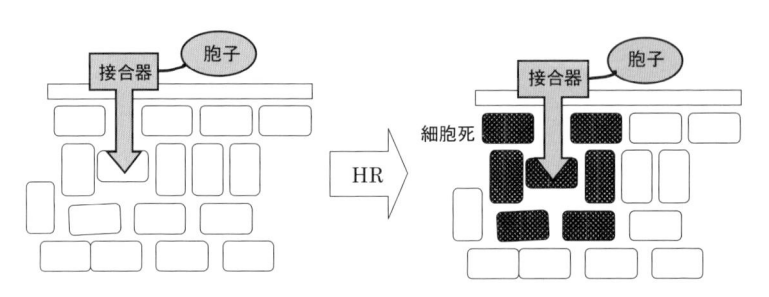

図7.18 植物病原菌の感染に伴って起こる過敏感反応（HR）（眞山 1993を一部改変）

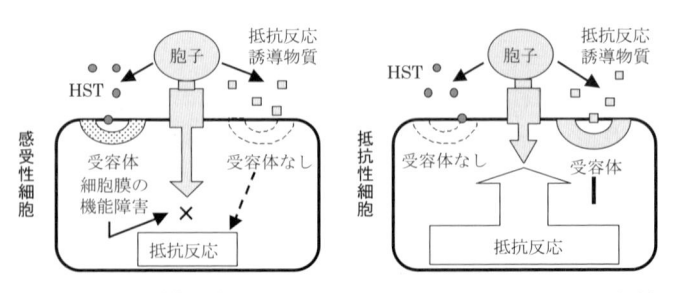

図7.19 抵抗性誘導物質による感染抵抗性反応（尾谷・甲元 1993を一部改変）

感染を阻止する．これが病原菌抵抗性植物と非抵抗性植物の違いである．

　病原菌が生産し，宿主の抵抗反応を誘導する物質をエリシター（eliciter）と呼ぶ．キチン，キトサン，ペプチド，糖ペプチド，タンパク質，脂質，多糖類，グルカンなど，病原菌の生産する多種多様な代謝産物がエリシター活性を示し，これらが病原菌の発芽胞子から分泌されることや，病原菌細胞壁から植物 β-1,3-グルカナーゼによって生成することなどが報告されている．一方，病原菌の生産するペクチン分解酵素によって生成した植物細胞壁断片（α-1,4-ガラクチュロン酸残基を含む）がエリシター活性を示すことも明らかにされ，内生エリシターと呼ばれている．一方，ウイルスや感染植物，ペクチン断片で処理された植物体に生成するサリチル酸やジャスモン酸が PR（pathogen relative）タンパク質を誘導し，これらは内生シグナルと考えられている．エリシター刺激で活性化された NADPH 酸化酵素に依存した O_2^- の生成が抗菌物質であるファイトアレキシン生産のシグナルとなる．ファイトアレキシンは，植物が病原菌の感染を受けたときに新たに生合成される抗菌作用を有する比較的低分子の化合物で，フラボノイドやテルペノイドに属する化合物が多い．イネでは十数種類のファイトアレキシンが知られている．

b. 競合植物（アレロパシー）ストレス

　植物は，自ら何らかの化合物を分泌し，他の植物や微生物に対して阻害的なあるいは促進的な作用を及ぼすことがある．これをアレロパシー（他感作用）といい，作用物質を他感物質（allelochemicals）という．アレロパシー現象は概念的には促進作用を含むが，一般には植物に対する害作用が顕著であるため，影響を受ける植物にとってはストレスとなる．多感物質には植物の二次代謝産物が多く，フェノール性物質，有機酸，脂肪酸，アルカロイド，フラボノイド，テルペノイド，クマリン類，キノン類など他感作用を有する物質が多数報告されており，その作用機作も植物の生長，養分吸収，生理，遺伝などの生化学的な機構にかかわるなど多岐にわたる．

　他感物質は，特定の植物にのみ多量に存在する物質である．タバコに含有されるニコチンは根で合成され，抗オーキシン作用やクロロフィル合成阻害作用があることが明らかにされているが，根から溶脱して周囲の植物に影響を与えるアレロパシーであるともいわれている．

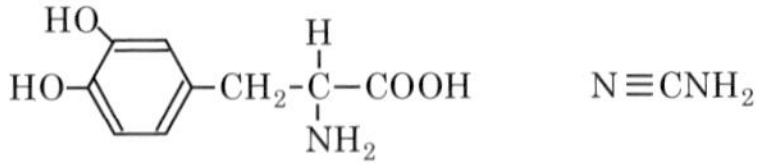

図 7.20 他感物質の例
(a) ムクナの他感物質 L-3,4-ジヒドロキシフェニルアラニン (L-DOPA),
(b) ヘアリーベッチの他感物質シアナミド

　藤井義晴らは，植物の他感物質について多くの研究を行い，マメ科のムクナ (*Mucuna pruriens*) の他感物質が L-3,4-ジヒドロキシフェニルアラニン (3,4-dihydroxyphenylalanine, L-DOPA) であり，これはトウモロコシ，ソルガムなどのイネ科植物の生育は抑制しないが，キク科やナデシコ科の植物に対しては 5～50 mg kg^{-1} で生育を抑制することや，ヘアリーベッチ (*Vicia villosa*) の他感物質がシアナミド (cyanamido) であることを示唆している（図 7.20）．

　他感物質は，葉などから揮発性物質として放出されて影響を及ぼす場合もあるが，一般的には根から物質が浸出する，あるいは生葉や落葉・落枝から雨水や霧滴に溶け出して他の植物の生育を抑制することが多い．そのため，他感物質を含む残渣や落葉を利用して雑草の防除などが試みられている．たとえば，ソルガムやライムギのわらで畑地を被覆すると雑草の量を 70～90% 減少させることができ，作物の収量には影響せず，その物質が β-フェニル酢酸，β-ヒドロキシ酪酸などであることが報告されている．ユーカリのテルペン類，ギンネムのミモシン，クルミのユグロン，ナギのナギラクトンなどは他の植物の生育を抑制する他感物質である．

7.6　ストレス耐性植物とその利用

a. 食料生産に向けて

　地球環境の劣化が進行する一方，増加する人口に見合う食料の持続的生産のための技術開発は重要な課題である．そのためには，各種のストレスに対する耐性をもった作物の作出が必要となるが，それには，植物のストレスに対する植物栄養学的あるいは植物生理学的な基礎知見が必要である．

7.6 ストレス耐性植物とその利用

　各種ストレスに対する耐性作物をスクリーニングするに際して，植物のストレス応答機構がわかっていれば，その機構を有する，あるいはその機構が強い作物を選抜することができる．たとえば，Al 耐性をもつ植物は根表面への Al の吸着が少ないことから，ヘマトキシリン染色によって耐性種の大まかなスクリーニングが可能である．あるいは，耐性機構をコードする遺伝子とその発現をマーカーとして利用することも可能となろう．さらには，ストレス耐性種を交雑育種に際しての遺伝子資源として利用した品種改良も考えられよう．

　さらに，耐性機構をコードしている遺伝子を遺伝子工学的な手法によって導入・発現させる分子育種が多く試みられている．たとえば，植物の耐塩性に関与するベタインは，グリシンにメチル基が 3 個ついたもので，コリンから生合成されるが，コリンからベタインアルデヒドを合成するコリンデヒドロゲナーゼをもたないタバコにこの酵素遺伝子を導入すると，ベタインを蓄積して 274 mM NaCl でも生育が可能になっている（図 7.21）．また，同じく適合溶質であるマンニトールはフルクトース 6-リン酸からマンニトール 1-リン酸を経て生合成されるが，大腸菌のマンニトール 1-リン酸デヒドロゲナーゼ遺伝子を導入したタバコは，マンニトールの蓄積が起こり 257 mM NaCl を含む水耕液でも生育できた．同様の試みがイネでも行われており，現時点では約 500 mM NaCl（海水の約半分の濃度）までしか耐塩性が増加していないものの，将来，海岸などで海水を使った水稲栽培が可能になれば，食糧問題解決に大き

図 7.21 代表的な浸透圧調節物質（適合溶質）の生合成経路

く貢献できるであろう．

また，Mori et al. (1999) は，鉄吸収機構のStrategy IIであるムギネ酸類の生合成経路とそれに関与する酵素の単離精製を行い，ニコチアナミン合成酵素遺伝子 nas，ニコチアナミンアミノトランスフェラーゼ合成酵素遺伝子 naat などのクローニングに成功した．さらに，naat-B と naat-A が同方向に並んでいるオオムギのゲノム断片をイネに導入することで，石灰質土壌でもイネが生育できることを証明した．将来，アルカリ性土壌でも水稲栽培が可能になることが期待される．

遺伝子工学的な手法によって植物にストレス耐性を付与することは有効であるが，作物としての生産性と両立させることが重要である（たとえば，耐塩性付与のため適合溶質を過剰に生合成することになれば，収穫物へ向けられる植物内の資源やエネルギーは制限を受けることになる）．そのために，特定の組織や器官などで発現する部位特異的プロモーターの開発利用や，導入した外来遺伝子を恒常的に発現させるのではなく光・温度など環境条件で誘導発現させる方法などが実用化されつつある．さらに，高生産性や高品質性を付与するために多重遺伝子導入系の検討や，導入後にマーカー遺伝子を除去する技術なども試みられている．

b. 環境の保全・修復に向けて

熱帯雨林の伐採地や大規模農地開発の失敗によって放置された土地は，パイライト(FeS_2)の酸化によって酸性硫酸塩土壌となる．こうした土地は，強酸性，Al高濃度のために植生が回復せず荒廃地となっている．しかし，こうした強酸性，高Al濃度の条件下でも生育可能な熱帯樹種（6.10節 b.の3）参照）がみつかり，それらを用いて熱帯林を再生する試みも行われている（Tahara et al., 2008）．

一方，有害な重金属による農用地の汚染は，食物連鎖によって人間の健康を脅かすことになる．そこで，重金属汚染土壌に植物を植え，その植物に土壌中の重金属を吸収させることで汚染土壌から重金属を吸収除去する方法，すなわちファイトレメディエーション（phytoremediation）の技術開発が行われている（図7.22）．植物による土壌からの重金属の収奪量は，植物体内の重金属含有率と植物体の大きさ（単位面積あたりの乾物生産量；バイオマス biomass）

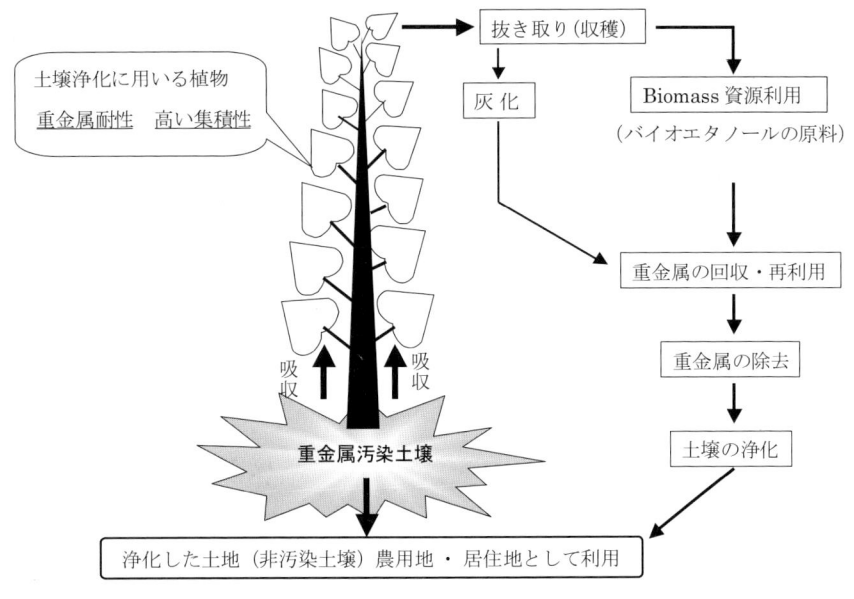

7.6 ストレス耐性植物とその利用

図7.22 ファイトレメディエーションの模式図

の積である.そのため,ファイトレメディエーションに用いる植物には,重金属を高濃度に集積でき(重金属耐性),しかもバイオマスが大きいことも重要な要件となる.前述した hyperaccumulator plant(重金属超集積植物)は有力な候補者となる.現在,実用化研究が進められているのがハクサンハタザオ(*Arabidopsis halleri* ssp. *gemmifera*)によるCdや(Nagashima *et al.*, 2005),ケナフ(*Hibiscus cannabinus*)などによるCd(Kurihara *et al.*, 2005),モエジマシダ(*Pteris vittata* L)によるヒ素(As)(Kitajima *et al.*, 2006),などのファイトレメディエーション技術の開発である.

しかし,ファイトレメディエーション技術の開発には,検討するべき課題が多い.たとえば,植物種によってよく吸収する重金属の種類が異なること,土壌の種類によって重金属の吸収量が異なること,さらには,土壌浄化を要する地域(気候条件等)によって植物の生育が異なるので,単位面積あたりのバイオマス量を増やすために複数の植物を用いた輪作体系の構築なども重要である.

一方,バイオマスが大きい植物に重金属耐性遺伝子を導入して耐性能を付与し,ファイトレメディエーションに供する植物を分子育種する研究が進

められている．Hasegawa *et al.* (1997) は，重金属耐性遺伝子として，酵母 (*Saccharomyces cerevisiae*) のメタロチオネイン合成遺伝子 *CUP1* を用い，カリフラワー (*Brassica oleracea* L. var. *botrytis*) などバイオマスの大きいいくつかの植物に導入して Cd に対する耐性能を付与しうることを報告している．このように，より有効なファイトレメディエーション技術の確立にあたっても，植物栄養学・生理学面からのアプローチーが大いに貢献するものと期持される．

引用文献および参考文献

赤尾勝一郎，横山　正，米山忠克：マメ科植物と根粒菌のコミュニケーション，化学と生物，**32**：135-140, 1994.
Akiyama K., Matsuzaki K. and Hayashi H.：Plant sesquiterpens induce hyphal branching in arbuscular mycorrhizal fungi. *Nature*, **435**：824-827, 2005.
安藤象太郎，大脇良成，後藤匡裕，米山忠克：エンドファイテック窒素固定，化学と生物，**43**：788-794, 2005.
安藤　豊：イネの生産性・品質と栄養生理（日本土壌肥料学会編），p. 58, 博友社，2006.
Arihara J. and Karasawa T.：Effect of previous crops on arbuscular mycorrhizal formation and growth of succeeding maize. *Soil Science and Plant Nutrition*, **46**：43-51, 2000.
Ashihara H., and Crozier A.：Caffeine: a well known but little explored compound in plant science, *Trends in Plant Sciences*, **6**：407-413, 2001.
麻生末雄：腐食物質の生理活性効果，肥料科学，**16**：71-85, 1993.
Bennett W. F. (ed.)：*Nutrient Efficiencies and Toxicities in Crop Plants*. APS press, 1996.
Buchanan B. B., Gruissem W. and Jones R. L. (ed.)：*Biochemistry & Molecular Biology of Plants*, John Wiley & Sons Inc, 2002.（杉山達夫監修，岡田清孝，内藤　哲，中村研三，長谷俊治，福田裕穂，前島正義監訳：植物の生化学・分子生物学，学会出版センター，2005.）
茅野充男，林　浩昭，藤原　徹：篩管による物質転流と生長，化学と生物，**26**：318-324, 1988.
Clarke R. and King J.［沖　大幹監訳，沖　明訳］：水の世界地図，丸善，2006.
出井嘉光，井上隆弘，真弓洋一，諸岡　稔：施肥の理論と実際，全国肥料商連合会，1991.
Epstein E. and Bloom A. J.：*Mineral Nutrition of Plants：Principles and Perspectives*. Sinauer Associateds, 2004.
Fitter A. H., Graves J. D., Watkins N. K., Robinson D. and Schrimgeour C.：Carbon transfer between plants and its control in networks of arbuscular mycorrhizas. *Functional Ecology*, **12**：406-412, 1998.
藤原俊六郎，安西徹郎，加藤哲郎：土壌診断の方法と活用，農文協，1996.
Giller K. E.：*Nitrogen Fixation in Tropical Cropping Systems. 2nd Edition*, CABI Publishing, 2001.
Gruber N. and Galloway J. N.：An earth-system perspective of the global nitrogen cycle. *Nature*, **451**：293-296, 2008.
袴田共之：アンバランスな食料貿易の環境影響，食料政策研究，**92**：42-89, 1997.
ハルトムート・ギムラー編［田沢　仁，松本友孝，増田芳雄訳］：植物生理学・栄養学の創始者ユリウス・ザックス，学会出版センター，1992.
Hayashi H., Fukuda A., Suzui N. and Fujimaki S.：Proteins in the sieve element-companion cell complexes：their detection, localization and possible functions. *Australian Journal of Plant Physiology*, **27**：489-496, 2000.

ヘニッヒ E. ［中村英司訳］：生きている土壌，日本有機農業研究会，2009.
ホーグランド［谷田沢道彦訳］：植物の無機栄養，養賢堂，1955.
北條良夫，石塚潤爾編：作物生理実験法，農業技術協会，1985.
ヒューイット E. J., スミス T. A. ［鈴木米三，高橋英一共訳］：植物の無機栄養，理工学社，1979.
石垣幸三：茶樹の栄養特性に関する研究，茶業試験場報告，**14**：1-152, 1978.
石塚喜明編：植物栄養学論考，北海道大学図書刊行会，1987.
Ito I., Kobayashi K. and Yoneyama T.: Fate of dehydromatricaria ester added to soil and its implications for the alleopathic effect of *Solidago altissima* L. *Annals of Botany*, **82**: 625-630, 1998.
JA全農 肥料農薬部：施肥診断技術者ハンドブック，全農 肥料農薬部，1999.
環境省：気候変動に関する政府間パネル（IPCC）第4次評価報告書統合報告書，2007.
河内　宏：共生窒素固定と根粒形成メカニズム，分子レベルからみた植物の耐病性，秀潤社，p. 28-37, 1997.
木村眞人，仁王以智夫，丸本卓哉，金沢晋二郎，筒木　潔，犬伏和之，植田　徹，松口龍彦，若尾紀夫，斎藤雅典，宮下清貴，山本広基，松本　聰：土壌生化学，朝倉書店，1994.
小西茂毅：茶樹の植物栄養，茶の科学（村松敬一郎編），p. 21-32, 朝倉書店，1991.
小西茂毅・葛西善三郎：茶樹における$^{14}CO_2$からのテアニン生合成とその部位：茶樹におけるテアニンおよびその関連物質の代謝と制御（第2報），日本土壌肥料学雑誌，**39**：439-443, 1968.
小西茂毅・高橋英一：茶幼苗におけるテアニンの代謝と代謝産物の再移動：茶樹におけるテアニンおよびその関連物質の代謝と制御（第6報），日本土壌肥料学雑誌，**40**：479-484, 1969.
越野正義編著：詳細肥料分析法，養賢堂，1988.
熊澤喜久雄：植物栄養学大要，養賢堂，1977.
熊澤喜久雄：リービヒと日本の農業，肥料科学，**1**：40-76, 1978.
熊澤喜久雄：水耕法の発達と春日井新一郎先生，肥料科学，**4**：49-76, 1981.
熊澤喜久雄編：明治農書全集（第十巻）土壌肥料，農文協，1984.
熊澤喜久雄：キンチとケルネル―わが国における農芸化学の曙―，肥料科学，**9**：1-42, 1986.
熊澤喜久雄：豊かなる大地を求めて，養賢堂，1989.
熊澤喜久雄：リービヒと日本の農業―リービヒ生誕200年に際して―，肥料科学，**25**：1-60, 2003.
栗原　淳，越野正義：肥料製造学，養賢堂，1986.
黒川　計：日本における明治以降の土壌肥料考（上巻/中巻/下巻），日本における明治以降の土壌肥料考刊行会，1975/1978/1982.
久馬一剛編：熱帯土壌学，名古屋大学出版会，2001.
久馬一剛，佐久間敏雄，庄子貞雄，鈴木　皓，服部　勉，三土正則，和田光史：土壌の事典，朝倉書店，1993.
Lambers H., Chapin III F. S. and Pons T. L.: *Plant Physiological Ecology*. Springer, 1998.
Larcher W. ［佐伯敏郎，舘野正樹監訳］：植物生態生理学，シュプリンガー・フェアラーク東京，2004.
リロンデル, J., リロンデル, J-L. ［越野正義訳］：硝酸塩は本当に危険か，農文協，2006.
Macdonald A. J., Powlson D. S., Poulton P. R. and Jenkinson D. S.: Unused fertilizer nitrogen in arable soils-its contribution to nitrate leaching. *Journal of the Science of Food and*

Agriculture, **46**:407-419, 1989.
Maeda T., Zhao B., Ozaki Y. and Yoneyama T.:Nitrate leaching in an Andisol treated with different types of fertilizers. *Environmental Pollution*, **121**:477-487, 2003.
牧野　周，前　忠彦：生物化学（小野寺一清他編著），p.136，朝倉書店，2005a.
牧野　周，前　忠彦：生物化学（小野寺一清他編著），p.138，朝倉書店，2005b.
Makino A. and Osmond B.:Solubilization of ribulose-1,5-bisphosphate carboxylase in the membrane fraction from pea leaves. *Photosynthesis Research*, **29**:78-85, 1991.
Marshner H.:*Mineral Nutrition of Higher Plants*. Academic press, 1993.
間藤　徹：朝倉植物生理学講座5 環境応答（寺島一郎編），p.128，朝倉書店，2001.
松本　聰，三枝正彦編：植物生産学（II）－土環境技術編－，文永堂，1998.
Matsumoto H., Hirasawa E., Morimula S. and Takahashi E.:Localization of aluminum in tea leaves, *Plant & Cell Physiology*, **17**:627-631, 1976.
Millstone E. and Lang T.［大賀圭治監訳，中山里美，高田直也訳］：食料の世界地図，丸善，2005.
陽　捷行：農医連携の視点から肥料を考える，季刊肥料，**106**:22-25, 2007.
南川隆雄：代謝I，植物生理学（旭　正編），p.223，朝倉書店，1981.
三井進午：新版　土と肥料，博友社，1971.
宮沢賢治：銀河鉄道の夜，p.225-241，新潮文庫，1961.
村山　登：肥料学管見，肥料科学，**2**:1-6, 1979.
村山　登：収穫漸減法則の克服，養賢堂，1982.
村山　登，平田　熙，矢崎仁也，但野利秋，堀口　毅，嶋田典司，前田乾一：作物栄養・肥料学，文永堂，1984.
Mohr H. and Schopfer P.［網野真一，駒嶺　穆監訳］：植物生理学，シュプリンガー・フェアラーク東京，1998.
森　敏，前　忠彦，米山忠克編：植物栄養学，文永堂，2001.
長塚　節：土，新潮文庫，1950.
中嶋常允：土といのち－微量ミネラルと人間の健康－，地湧社，1987.
中野政詩，宮崎　毅，松本　聰，小柳津広志，八木久義：土壌圏の化学，朝倉書店，1997.
Näsholm T., Kielland K. and Ganeteg U.:Uptake of organic nitrogen by plants. *New Phytologist*, **182**:31-38, 2009.
日本土壌肥料学会：肥料をかしこく使おう！－豊かで安全な食料の生産のために－，2008.
日本化学会編：土の化学，学会出版センター，1989.
日本有機農業研究会編：基礎講座　有機農業の技術，日本有機農業研究会，2007.
西岡秀三監修：ニュートン別冊（地球温暖化），ニュートンプレス，2008.
農業環境技術研究所編：農業生態系における炭素と窒素の循環，養賢堂，2004.
農林水産省農業研究センター編：農耕地における有機物施用技術，農林水産技術情報協会，1985.
織田健次郎：わが国の食飼料システムにおける1980年代以降の窒素動態の変遷，日本土壌肥料学雑誌，**77**:519-524, 2006.
小俣達男：朝倉植物生理学講座2 代謝（山谷知行編），p.51，朝倉書店，2001.
岡島秀夫：土壌肥沃度論，農文協，1976.
奥田　東：肥料学概論，養賢堂，1978.
尾和尚人，木村眞人，越野正義，三枝正彦，但野利秋，長谷川功，吉羽雅昭編：肥料の事典，朝倉書店，2006.

Pate J. S.: Uptake, assimilation and transport of nitrogen compounds by plants. *Soil Biology and Biochemistry*, **5**: 109-119, 1973.

Paungfoo-Lonhienne C., Lonhienne T. G. A., Rentsch D., Robinson N., Christie M., Webb R. I., Gamage H. K., Carroll B. J., Schenk P. M. and Schmidt S.: Plants can use protein as a nitrogen source without assistance from other organisms, *Proceedings of National Academy of Sciences, U.S.A.*, **105**: 4524-4529, 2008.

李家正文:糞尿と生活文化,泰流社,1989.

斎藤雅典:陸上植物と菌根菌の共進化,化学と生物,**42**:252-257, 2004.

佐々木泰子:トウモロコシ根中におけるリン酸の移行に関する研究,日本土壌肥料学雑誌,**56**:171-172, 1985.

Schlesinger W. H.: *Biogeochemistry: An Analysis of Global Change*. Academic press, 1997.

関本 均,西澤直子,建部雅子,石川 覚,藤原 徹,間藤 徹:人間の健康に資する植物栄養学,日本土壌肥料学雑誌,**78**:535-543, 2007.

関本 均,米山香織:植物栄養のシグナル機能,日本土壌肥料学雑誌,**79**:573-577, 2009.

清水 武:原色 要素障害診断事典,農文協,1990.

Shindo J., Okamoto, K., Kawashima, H. and Konohira, E.: Nitrogen flow associated with food production and consumption and its effect on water quality in Japan from 1961 to 2005. *Soil Science and Plant Nutrition*, **55**: 531-545, 2009.

Sprent J. I. and Raven J. A.: Evolution of nitrogen fixing symbiosis. *Proceedings of the Royal Society of Edinburgh*, **B85**: 215-237, 1985.

植物栄養実験法編集委員会編:植物栄養実験法,博友社,1990.

植物栄養・肥料の事典編集委員会編:植物栄養・肥料の事典,朝倉書店,2002.

高橋英一:比較植物栄養学,養賢堂,1974.

高橋英一:施肥農業の基礎,養賢堂,1984.

高橋英一:肥料の来た道帰る道,研成社,1991.

高橋英一:肥料になった鉱物の物語,研成社,2004.

高橋英一,谷田沢道彦,大平幸次,山田芳雄,田中 明:作物栄養学,朝倉書店,1980.

高橋英一,吉野 実,前田正男:新版 原色作物の要素欠乏・過剰症,農文協,1980.

田中 明編:作物比較栄養生理,学会出版センター,1982.

田中 明:肥料学・作物栄養学・植物栄養学,肥料科学,**5**:1-8, 1982.

テイツ L., ザイガー E.編 [西谷和彦,島崎研一郎監訳]:植物生理学(第3版),培風館,2004.

綱島不二雄:戦後化学肥料産業の展開と日本農業,農文協,2004.

徳冨健次郎:みみずのたはごと,岩波文庫,1938.

UNEP: *Introduction to Climate Change, The Present Carbon Cycle*. UNEP/GRID-Arendal, 1996.

渡辺和彦:原色 生理障害の診断法,農文協,1986.

渡辺和彦:作物の栄養生理最前線,農文協,2006.

Waters J. K., Hughes II B. L., Purcell L. C., Gerhardt K. O., Mawhinneg T. P. and Emerich D. W.: Alanine, not ammonia, is excreted from N_2-fixing soybean nodule bacteroids. *Proceedings of National Academy of Sciences, U.S.A.*, **95**: 12038-12042, 1998.

山田 裕:フィールドから展開される土壌肥料学―新たな視点でデータを採る・見る―4. ^{15}N自然存在比から見た畑の窒素形態変化,日本土壌肥料学雑誌,**72**:812-818, 2001.

山崎耕宇,杉山達夫,高橋英一,茅野充男,但野利秋,麻生昇平:植物栄養・肥料学,朝倉書店,

1993.
山崎　傳：微量要素と多量要素, 博友社, 1966.
安田　環, 越野正義：環境保全と新しい施肥技術, 養賢堂, 2001.
米山忠克：マメ科作物における固定窒素の代謝, 農業および園芸, **63**：1217-1223, 1988.
米山忠克：栄養診断と土つくり, 圃場と土壌, **280**：79-86, 1992.
米山忠克, 石川隆之, 建部雅子, 正岡淑邦：植物生体液の溶質濃度：汁液栄養診断の基礎, 農業および園芸, **70**：951-957, 1995.
米山忠克, 加藤万里代, 西山玲子, 安藤祐子：篩管による栄養素とシグナルの移行, 化学と生物, **46**：187-193, 2008.
米山忠克, 増田泰三：植物栄養のシグナル機能, 農業および園芸, **72**：1049-1053, 1997.
吉田武彦：リービヒ「化学の農業及び生理学への応用」再読, 肥料科学, **25**：61-98, 2003.
Yoshida T., Kawai S. and Takagi S.：Detection of the regions of phytosiderophore release from barley roots, *Soil Science and Plant Nutrition*, **50**：1111-1114, 2004.
有機質資源化推進会議編：有機廃棄物資源化大事典, 農文協, 1997.

索　引

欧　文

ADP-グルコースピロホスホリラーゼ　71
AOX（オルターナティブオキシダーゼ）　84
ATP 合成酵素複合体　83
ATP スルフリラーゼ　177
ATP 生産　64, 82
a 型プロテオバクテリア　118

BB 肥料（バルクブレンド肥料）　40
b 型プロテオバクテリア　119

C/N 比　43
C_4 光合成　72, 105
CAM 光合成　74
CDU　38
CF1　66
CGR（個体群成長速度）　87
CO_2 飽和　77
CO_2 補償点　76
Cytbc_1c オキシダーゼ複合体（複合体 III）　82
Cyt$c$ オキシダーゼ複合体（複合体 IV）　82

DAP　39
DHAP（ジヒドロキシアセトンリン酸）　69
DNA ポリメラーゼ　159

FBPase（フルクトース-1, 6-ビスリン酸ホスファターゼ）　69, 71
Fd（フェレドキシン）　66, 153
FT タンパク質　141

GS-GOGAT 反応　124

H^+-ATPase（H^+ ポンプ）　21, 23
H^+ 共役輸送　66
HST　200

IBDU　38
in situ　144

LAI（葉面積指数）　87
LAR（葉面積比）　86

MAP　39

NADH 脱水素酵素複合体（複合体 I）　82
NAD-ME 型　73, 105
NADP-ME 型　73
NADP リンゴ酸酵素　73
NAD リンゴ酸酵素　73
NAR（純同化速度）　86
Nod D タンパク質　119
Nod ファクター　119
N 地力　57

P 680　64
P 700　64
PCK 型　73, 105
PEP（ホスホエノールピルビン酸）　72
PEPC（PEP カルボキシラーゼ）　72
PEP カルボキシキナーゼ　73
PGA（3-ホスホグリセリン酸）　67
PPDK（ピルビン酸リン酸ジキナーゼ）　73
PS I（光化学系 I）　63
PS II（光化学系 II）　63, 155
PS I 複合体　66
PS II 複合体　65

PSI（リン欠乏誘導遺伝子）　183
RGR（相対成長率）　86
RNA　139
RNase（RNA 分解酵素）　183
RNA ポリメラーゼ　159
Rubisco（RuBP カルボキシラーゼ・オキシゲナーゼ）　67, 78, 79, 111
Rubisco アクティベース　68
RuBP（リブロース-1, 5-ビスリン酸）　67
RuBP カルボキシラーゼ・オキシゲナーゼ（Rubisco）　67, 78, 79, 111

smallRNA　139
SPS（スクロースリン酸ホスファターゼ）　71
Strategy I　148, 149, 183
Strategy II　148, 149, 183

TCA 回路（クエン酸回路）　81, 82

Uptake hydrogenase　123
UQH$_2$ オキシダーゼ　83

whole-plant regulation　132

γ-グルタミルシステイン　137

ア　行

亜鉛　158
　——の生理作用　158
亜鉛酵素　158
アクアポリン　24
アグロフォレストリー　58
亜酸化窒素　3, 10, 90

索引

亜硝酸イオン　9, 94
アスコルビン酸　123, 136, 157
アスコルビン酸オキシダーゼ
　　157
アスパラギン　123
アセトアルデヒド縮合尿素
　　（CDU）　38
圧ポテンシャル　14, 16
圧流説　20
アーノン・スタウトの基準　25
アーバスキュラー菌根　127
アーバスキュラー菌根菌　13
アブシジン酸　139, 189, 196
アポプラスト　17
アミノ化　95
アミノ酸　92, 98, 122
アラントイン酸　124
亜硫酸イオン　106
アルカロイド　137
アルファフラン　182, 184
アルミニウム　170, 172
　　——の過剰障害　170, 189
　　——の有用性　171
アルミニウム-有機酸錯体　190
アルミニウム誘導性遺伝子群
　　191
アレロケミカル（他感物質）
　　144, 201
アレロパシー（他感作用）　201
アンチポート（対抗輸送）　23
アントシアン　100
アンモニア合成　34, 35
アンモニウムイオン　9, 92, 94
アンモニウムトランスポーター
　　122

イオウ　105
　　——の生理作用　106
イオンストレス　187
維管束　18
維管束鞘細胞　72
育苗箱全量施肥　51
イソブチルアルデヒド縮合尿素
　　（IBDU）　38
一次能動輸送　23
一次輸送　101
遺伝子の水平移行　119

陰葉　75

ウォーター・フリー・スペース
　　19
ウレアーゼ　98, 162
ウレイド　122, 123, 161

栄養診断　28, 29
栄養生長　53
栄養素・代謝物のシグナル機能
　　132
栄養特性　28
エキソサイトシス　24
液胞　94, 103, 188
液胞膜　24
エチレン　196
エネルギー作物　88
エリシター　201
エロージョン　8
塩基性肥料　48
園芸試験場処方液　27
塩生植物　187
塩素　165
　　——の生理作用　166
エンドサイトシス　24
エンドファイティック協同的窒
　　素固定システム　115, 116
エンドファイト　117
塩類過剰ストレス　186, 198

オーキシン　140
2-オキソグルタール酸　95
オートレグレーション　121,
　　142
オルターナティブオキシダーゼ
　　（AOX）　84
温室効果ガス　2, 10, 90
温度ストレス　198

カ行

外生菌根　113, 127
外生菌糸　129
解糖系　80, 81
外部徴候　30
化学的脱窒　10
化学肥料　34, 37, 48
核酸の代謝　159

過剰症　30
春日井A液　27
カスパリー線　18
化成肥料　39, 48
花成ホルモン　141
下層栄養分　58
下層施肥　51
家畜排泄物　6
家畜ふん堆肥　43
活性酸素　76, 136
カテキン類　175
仮導管　19
過敏感反応　200
カフェイン　174
カーボンニュートラル　87
可溶性リン　38
カリウム　13, 101
　　——の固定　13
　　——の生理作用　103
カリウムイオントランスポー
　　ター　102
加里質肥料　39
過リン酸石灰　34, 35, 39
カルシウム　107
　　——の生理作用　107
カルビン回路　67, 68
カルモジュリン　108
カロース　170, 191
カロチノイド　64
灌漑　6
環境保全型農業技術　59
乾燥ストレス　188, 196

器官形成シグナル　141
気孔の開閉　77, 79, 103
キサントフィルサイクル色素
　　64
木村B液　27
キャビテーション　19
キャリアー　21, 22
吸収拮抗　29
厩肥　43
競合植物ストレス　201
共生系　112
共生的窒素固定システム　113,
　　115
共通シグナル伝達経路　128

共輸送（シンポート） 23, 91
局所施肥 51
菌根菌 113, 126
金属-キレート結合体 136
金属結合体 135
金属-リガンド結合体 136

グアノ 34
クエン酸 15, 182, 190
クエン酸回路（TCA 回路）
　81, 82
クエン酸可溶性（ク溶性） 38
苦土石灰 41
苦土肥料 40
クノップ液 27
ク溶性（クエン酸可溶性） 38
クラスター根 181
グラステタニー 109
グラナチラコイド 61
グリコシノレート 137
クリステ 62
グルタチオン 15, 106, 137,
　140, 195
グルタミン合成酵素 95
グルタミン合成酵素-グルタ
　ミン酸合成酵素反応（GS-
　GOGAT 反応） 124
グルタミン酸合成酵素 95
クルックス 34
黒ボク土 13
クロロシス 30
クロロフィル 63, 110, 153

珪化細胞 167
ケイ酸質肥料 40
ケイ素 166
　――の生理作用 168
　――のトランスポーター
　　167
系統 48
茎粒 118
下水汚泥肥料 43, 44
欠乏症 29, 30
解毒 106
原形質連絡 137

好アンモニア性植物 173

光化学系 I（PS I） 63
光化学系 II（PS II） 63, 155
交換態 13, 14
光合成 61
　――の環境応答 74
好酸性植物 172
高度化成肥料 39
呼吸 80
　――の環境応答 84
固結 37
個体群成長速度（CGR） 87
コハク酸脱水素酵素複合体（複
　合体II） 82
コバラミン 176
コバルト 176
根圧 18
根圏 8
根圏協同的窒素固定システム
　115, 116
コンポスト 43
根粒 118
根粒菌 113, 118
根粒形成遺伝子 119
根粒超着生 142

サ 行

最小養分律 49
サイトカイニン 139
細胞壁 107
作条施肥 51
錯体 15
サトウキビ 116
サリチル酸 140
酸性肥料 48
酸性フォスファターゼ 182
酸素拡散障壁 121, 123
酸素毒 123

シアナミド 37, 202
シアノバクテリア 113, 118
シアン耐性呼吸 84
ジカルボン酸 122
ジカルボン酸トランスロケー
　ター 81
篩管 20, 131, 133
篩管液 134
篩管液タンパク質 137

自給肥料 35
シグナル物質 132, 140
シグナル分子 117
脂質過酸化反応 190
システイン 106
システミン 141
シトクロム 152, 156
シトクロム $b6/f$ 複合体 65
シトクロムオキシダーゼ
　156
シニグリン 137
ジニトロゲナーゼ 121, 161
ジニトロゲナーゼレダクターゼ
　121
ジヒドロキシアセトンリン酸
　（DHAP） 69
ジャスモン酸 140
収穫漸減の法則 49
重金属 45
重金属過剰ストレス 192
重金属集積植物 193
重金属耐性遺伝子 205
重金属超集積植物 193, 194,
　205
重金属誘導鉄クロロシス 154
集光・光化学反応 63
集光性色素タンパク質 63
シュウ酸 56
従属栄養 132
樹枝状体 127
受動輸送 22
循環的電子伝達経路 66
純同化速度（NAR） 86
硝化抑制材（剤） 11
商系 48
硝酸イオン 9, 10, 56, 92, 94
硝酸汚染 10
硝酸化成（硝化） 9
硝酸還元酵素 94, 160
条施 51
硝石 34
消石灰 40
食品廃棄物堆肥 43
植物栄養学 32
植物栄養診断 29
植物可給態養分 57
植物可給態リン 12

216　索　引

植物根環境の機能性物質　143
植物生理学　32
植物ホルモン　139
食料自給率　4
食料生産システム　3
食料貿易　5
ショ糖の合成　71
徐放化　41
尻腐れ果　107
シンク　20, 131
芯腐れ　107
ジンクフィンガータンパク質　159
深層施肥　51
浸透圧　16, 103
浸透圧ストレス　187
浸透ポテンシャル　14, 16
シンプラスト　17
シンポート（共輸送）　23, 91

水耕液　26, 27
水耕法　27
スクロースリン酸ホスファターゼ（SPS）　71
ストリゴラクトン　142
ストレス　178
ストレス応答　179
ストレス要因　179
ストロマ　61
スーパーオキシドジスムターゼ　136, 155, 156
スベリン　18

ゼアキサンチン　64, 76
生育相　53
生殖生長　53
生石灰　40
セイタカアワダチソウ　145
生理的塩基性肥料　48
生理的酸性肥料　48
石灰質肥料　40
石灰窒素　37
石灰誘導鉄クロロシス　154
石膏　39
接触施肥　51
施肥　49
施肥位置　51

施肥時期　50
施肥量　49
施肥論　32
セレニウム　176
セレニウム集積植物　177
穿孔板　20
全層施肥　51
全量元肥施肥　41

相対成長率（RGR）　86
側条施肥　51
ソース　20, 131
ソルベー法　35

タ　行

耐塩性　187
対抗輸送（アンチポート）　23
体積流　20
堆肥　42
他感作用（アレロパシー）　201
他感物質（アレロケミカル）　144, 201
脱窒　2, 10
多量要素　25, 147
炭酸カルシウム　40
炭酸同化反応　67
炭素　8
　──の循環　1
炭素率　43
単肥　48
地球温暖化　2, 87
窒素　9, 92
　──の循環　1, 2
　──の生理作用　98
窒素飢餓　44
窒素固定　2
窒素固定システム　113, 117
窒素固定微生物　114
窒素質肥料　37
窒素要求性　126
チャの栄養生理　172
チャンネル　21
チラコイド　61
地力　56
　──と環境　56
　──の形成　59

追肥　50

テアニン　174
低温耐性植物　198
低度化成肥料　39
適合溶質　188
デスクリミネーションセンター　133
鉄　148
　──の生理作用　152
鉄-イオウタンパク質　153
鉄獲得機構　148
鉄キレーター　182, 184
鉄（欠乏）クロロシス　149, 154
鉄欠乏ストレス　183
電気化学ポテンシャル　21
電子伝達系　64, 82, 83, 157
転送細胞　131
デンプン合成　71

銅　155
　──の生理作用　156
導管　19, 131, 133
導管液　134
凍結障害　198
銅酵素　156
動的平衡　8
動力噴霧機　51
特殊肥料　42, 46
独立栄養（無機栄養）　132
独立栄養生物　61
土壌改良材　42
土壌学　32
土壌圏　7
土壌診断　29
土壌生産力　57
土壌微生物　8, 57
土壌肥料学　32
土壌有機物　57
土壌溶液　8, 14
トランスポーター　21, 92
ドリルシーダ　51
ドロマイト　41
ドンナン・フリー・スペース　19

ナ行

内生エリシター　201
内生菌根　113, 127
ナトリウム　103, 105
生ごみ堆肥　43, 44
難溶性リン酸塩　182

ニコチン　201
二次鉱物　15
二次代謝産物　136
二次能動輸送　23
二次メッセンジャー　108
二重親和性キャリアー　23
二次輸送　101
二次要素肥料　40
ニッケル　161
　──の生理作用　162
日長　141
ニトロゲナーゼ　116, 121, 125, 160
尿酸　98, 161, 122
尿素　37, 97, 98, 162

ヌクレオチド　100

根　17
　──のリン酸吸収能　181
ネクロシス　30
熱ショックタンパク質　199
粘土鉱物　8

農業機械　51
農産物の品質　54
能動輸送　21
ノジュリン遺伝子　121

ハ行

バイオ炭化物　89
バイオマスエネルギー　87
配合肥料　40, 48
バクテロイド　121
バーチャル・ウォーター　7
ハーバー・ボッシュ法　34, 35
パラスポニア　118
バルクブレンド肥料（BB肥料）40

反応中心クロロフィル　64
販売肥料　35

光-光合成曲線　75
光呼吸　69, 97
　──の経路　70
光傷害　76
光阻害　76, 78
光飽和　75
光補償点　74
肥効調節型肥料　42, 51
ピスチジン酸　182, 184
必須元素　25, 147
被覆尿素　51
被覆肥料　41
病原微生物ストレス　199
標準葉色票　30
表面施肥　51
肥沃度　57
肥料　33
　──の分類　46, 47
　──の歴史　33
肥料学　32
肥料取締法　42, 46
微量要素　25, 147
微量要素肥料　40
ピルビン酸キナーゼ　104
ピルビン酸リン酸ジキナーゼ（PPDK）　73

ファイトアレキシン　201
ファイトシデロフォア　151
ファイトフェリチン　185
ファイトレメディエーション　204
ファクター1（CF1）　66
フィチン酸　99
フィトケラチン　15, 106, 137, 195
フェノールオキシダーゼ　157
フェレドキシン（Fd）　66, 153
複合体I（NADH脱水素酵素複合体）　82
複合体II（コハク酸脱水素酵素複合体）　82
複合体III（Cytbc_1複合体）　82
複合体IV（Cyt$c$オキシダーゼ

複合体）　82
複合肥料　39, 48
腐植　8, 15
普通肥料　42, 46
物質生産　85
物質（イオン）選択性　22
フード・マイレージ　3
フライアッシュ　39
ブラシノステロイド　139
プラストキノン　65
プラストシアニン　66, 157
フラボノイド　119
フルクトース-1,6-ビスリン酸ホスファターゼ（FBPase）69, 71
ブルー銅タンパク質　157
プロテオイド根　181
ブロードキャスタ　51
プロリン　188
分子シャペロン　199
分施　50

ペクチン　18, 107
ベタイン　188, 198, 203
ヘム鉄含有タンパク質　152
ペリバクテロイド膜　121
ペントースリン酸経路　80, 81

膨圧　17
抱合体　106
ホウ酸-ペクチン質多糖複合体　164
ホウ素　162
　──の生理作用　163
ホウ素トランスポーター　163
ホウ素肥料　41
ホーグランド・アーノン液　27
ホスホエノールピルビン酸（PEP）　72
ホスホエノールピルビン酸カルボキシラーゼ（PEPC）　72
ホスホエノールピルビン酸カルボキシキナーゼ　73
3-ホスホグリセリン酸（PGA）　67
ポリリン酸　129

マ 行

膜電位 21
膜動輸送 24
マグネシウム 109
　——の生理作用 110
膜輸送 22
マスフロー 17
マトリクス 62
マニュアスプレッダ 51
マメ科植物 113, 118
マンガン 154
　——の生理作用 155
マンガン肥料 41

ミカエリス・メンテン式 22
ミコリザ 126
水のフロー 6
水ポテンシャル 14, 16
ミトコンドリア 62, 82

無機栄養（独立栄養） 132
無機栄養説 33
無機化 9
ムギネ酸 15, 148, 149, 185
ムギネ酸系ファイトシデロフォア 148
ムギネ酸類 183
ムシゲル 8, 190

メタロチオネイン 15, 194
メタン 2
メチオニンサイクル 152

木部 18
元肥 50
もみがら堆肥 43, 44
モリブデン 94, 125, 160
　——の生理作用 160

ヤ 行

有機化 9
有機酸 15, 182, 190
有機質資材 42
有機質肥料 42
有機農業 45
有用元素 25, 166
輸送細胞 183

葉色計 30
養水分フロー 1
熔成リン肥（熔リン） 39
溶脱 13, 58
養分欠乏症 29, 31
養分欠乏ストレス 180
葉面散布 37, 46
葉面積指数（LAI） 87
葉面積比（LAR） 86
陽葉 75
葉緑体 61, 94, 110

ラ 行

リガンド原子 136
リービッヒ 33, 49
リブロース-1,5-ビスリン酸（RuBP） 67
リポキトオリゴサッカライド 119
リボゾーム 110
硫化物イオン 106
硫酸アンモニウム（硫安） 37

硫酸イオン 105
リン 11, 99
　——の循環 2, 3
　——の生理作用 100
リン欠乏誘導遺伝子（PSI） 183
リン鉱石 36, 39, 99
リンゴ酸 15
輪作 33
リン酸 99
リン酸アンモニウム（リン安） 39
リン酸一アンモニウム（MAP） 39
リン酸化 101, 108
リン酸獲得機構 181
リン酸欠乏ストレス 180
リン酸質肥料 38
リン酸石膏 40
リン酸トランスポーター 99, 130, 182
リン酸二アンモニウム（DAP） 39
リン酸レギュロン 183
リン脂質 100
リン要求性 130, 180

レアメタル 46
励起エネルギー 64
レグヘモグロビン 121, 123, 125

ローズ 34
ロータリーシーダ 51

ワ 行

わら堆肥 43, 44

新植物栄養・肥料学			定価はカバーに表示	

2010年4月20日　初版第1刷
2018年8月5日　　　第9刷

	著者	米　山　忠　克
		長　谷　川　　　功
		関　本　　　均
		牧　野　　　周
		間　藤　　　徹
		河　合　成　直
		森　田　明　雄
	発行者	朝　倉　誠　造
	発行所	株式会社 朝 倉 書 店

東京都新宿区新小川町 6-29
郵便番号　162-8707
電　話　03(3260)0141
ＦＡＸ　03(3260)0180
http://www.asakura.co.jp

〈検印省略〉

© 2010〈無断複写・転載を禁ず〉

印刷・製本　東国文化

ISBN 978-4-254-43108-7　C 3061　　Printed in Korea

JCOPY　<(社)出版者著作権管理機構 委託出版物>

本書の無断複写は著作権法上での例外を除き禁じられています．複写される場合は，そのつど事前に，(社) 出版者著作権管理機構 (電話 03-3513-6969, FAX 03-3513-6979, e mail: info@jcopy.or.jp) の許諾を得てください．

植物栄養・肥料の事典編集委員会編

植物栄養・肥料の事典

43077-6 C3561　　　A5判 720頁 本体23000円

植物生理・生化学，土壌学，植物生態学，環境科学，分子生物学など幅広い分野を視野に入れ，進展いちじるしい植物栄養学および肥料学について第一線の研究者約130名により詳しくかつ平易に書かれたハンドブック。大学・試験場・研究機関などの専門研究者だけでなく周辺領域の人々や現場の技術者にも役立つ好個の待望書。〔内容〕植物の形態／根圏／元素の生理機能／吸収と移動／代謝／共生／ストレス生理／肥料／施肥／栄養診断／農産物の品質／環境／分子生物学

但野利秋・尾和尚人・木村眞人・越野正義・三枝正彦・長谷川功・吉羽雅昭編

肥　料　の　事　典

43090-5 C3561　　　B5判 400頁 本体18000円

世界的な人口増加を背景とする食料の増産と，それを支える肥料需要の増大によって深刻化する水質汚染や大気汚染などの環境問題。これら今日的な課題を踏まえ，持続可能な農業生産体制の構築のための新たな指針として，肥料の基礎から施肥の実務までを解説。〔内容〕食料生産と施肥／施肥需要の歴史的推移と将来展望／肥料の定義と分類／肥料の種類と性質（化学肥料／有機性肥料）／土地改良資材／施肥法／施肥と作物の品質／施肥と環境

農工大 岡崎正規・農工大 木村園子ドロテア・農工大 豊田剛己・北大 波多野隆介・農環研 林健太郎著

図説 日　本　の　土　壌

40017-5 C3061　　　B5判 192頁 本体5200円

日本の土壌の姿を豊富なカラー写真と図版で解説。〔内容〕わが国の土壌の特徴と分布／物質は巡る／生物を育む土壌／土壌と大気の間に／土壌から水・植物・動物・ヒトへ／ヒトから土壌へ／土壌資源／土壌と地域・地球／かけがえのない土壌

安西徹郎・犬伏和之編 梅宮善章・後藤逸男・妹尾啓史・筒木　潔・松中照夫著

土　壌　学　概　論

43076-9 C3061　　　A5判 228頁 本体3900円

好評の基本テキスト「土壌通論」の後継書〔内容〕構成／土壌鉱物／イオン交換／土壌生態系／土壌有機物／酸化還元／構造／水分・空気／土壌生成／調査と分類／有効成分／土壌診断／肥沃度／水田土壌／畑土壌／環境汚染／土壌保全／他

前滋賀県大 久馬一剛編

最新 土　　壌　　学

43061-5 C3061　　　A5判 232頁 本体4200円

土壌学の基礎知識を網羅した初学者のための信頼できる教科書。〔内容〕土壌，陸上生態系，生物圏／土壌の生成と分類／土壌の材料／土壌の有機物／生物性／化学性／物理性／森林土壌／畑土壌／水田土壌／植物の生育と土壌／環境問題と土壌

前静岡大 仁王以智夫・名大 木村眞人他著

土　壌　生　化　学

43056-1 C3061　　　A5判 240頁 本体4900円

〔内容〕物質循環の場としての土壌の特徴／生化学反応と微生物／微生物バイオマス／土壌酵素／土壌有機物の分解と炭素化合物の代謝／窒素の循環／リン・イオウ・鉄の形態変化／共生の生化学／分子生物学と土壌生化学／環境問題と土壌生化学

東大 宮崎　毅・北大 長谷川周一・山形大 粕渕辰昭著

土　壌　物　理　学

43092-9 C3061　　　A5判 144頁 本体2900円

大学初年級より学べるよう，数式の使用を抑え，極力平易に解説した土壌物理学の標準的テキスト。〔内容〕土の役割／保水のメカニズム／不飽和浸透流の諸相／地表面の熱収支／土の中のガス成分／土中水のポテンシャルの測定原理／他

東大 森田茂紀・大阪府大 大門弘幸・東大 阿部　淳編著

栽　　培　　学
―環境と持続的農業―

41028-0 C3061　　　B5判 240頁 本体4500円

人口増加が続く中で食糧問題や環境問題は地球規模で深刻度を増してきている。そのため問題解決型学問である農学，中でも総合科学としての栽培学に期待されるところが大きくなってきている。本書は栽培学の全てを詳述した学部学生向教科書

上記価格（税別）は 2018 年 7 月現在